基于 Proteus 和汇编语言的单片机原理、应用与仿真

赵林惠　李一男　赵双华　编著

科学出版社

北　京

内 容 简 介

本书着重介绍单片机的内部结构、工作原理、程序设计,以及各种常用的接口技术,包括中断系统、定时器/计数器、8255 I/O扩展、显示器和键盘接口、数模和模数转换技术、串行通信及总线技术。另外,以Proteus和Keil开发软件为基础,结合具体实例,讲解利用Proteus ISIS和Keil uVision开发环境进行应用系统虚拟仿真设计的方法。书中给出了所有实例的ISIS仿真电路图及汇编语言程序清单,且实例均在ISIS 7.7 SP3和uVision 3软件平台上调试通过,可直接运行。

围绕使学生掌握如何运用单片机解决具体问题这一目的,在设计实例时采取循序渐进的方式,按照章节内容的安排改变或添加功能,最终实现较复杂的任务,旨在培养和锻炼学生的基本应用技能。以图解的方式说明问题是本书的另一大特色。

本书适合作为采用教、学、做相结合的项目式教学模式的单片机课程教材,也适合作为单片机技术初学者的入门教材。

图书在版编目(CIP)数据

基于Proteus和汇编语言的单片机原理、应用与仿真 / 赵林惠,李一男,赵双华 编著.—北京:科学出版社,2014.5

    ISBN   978-7-03-040074-1

Ⅰ.基⋯ Ⅱ.①赵⋯ ②李⋯ ③赵⋯ Ⅲ.①单片微型计算机-系统仿真-应用软件②单片微型计算机-汇编语言-程序设计 Ⅳ.① TP368.1 ② TP313

中国版本图书馆CIP数据核字(2014)第045388号

责任编辑:孙力维 杨 凯 / 责任制作:魏 谨
责任印制:赵德静 / 封面设计:于启宝
北京东方科龙图文有限公司 制作
http://www.okbook.com.cn

科 学 出 版 社 出版
北京东黄城根北街16号
邮政编码:100717
http://www.sciencep.com

骏杰印刷厂 印刷
科学出版社发行 各地新华书店经销
*
2014年5月第 一 版 开本:720×1000 1/16
2014年5月第一次印刷 印张:23 1/4
印数:1—3 000 字数:505 000

定价:59.00元

(如有印装质量问题,我社负责调换)

前　言

随着嵌入式应用的发展，单片机所具有的体积小、使用方便灵活、成本低等特点使其广泛用于电子、家用电器、玩具、航空航天、汽车、仪器仪表等领域，因此对单片机的应用能力成为当代工科大学生不可或缺的一种技能。

单片机技术是一门应用性很强的专业课，可以广泛用于机械、自动化、检测、电子工程及信息技术等各类专业。但在多年的教学中发现，学生在学习单片机课程时总是感觉很困难，对其中的很多知识点觉得难以理解，更谈不上掌握。同学们往往在努力一个学期后收获甚微，有的甚至连基本概念都没有建立起来。为此，我院近几年一直在尝试新的教学和考试方法，强调培养学生运用单片机解决具体问题的能力和动手操作能力，而淡化枯燥的理论知识。只有先将学生的兴趣培养起 来，才能激发他们进一步学习的热情，而且，只有先掌握了最基本的技能，才能唤起他们对单片机深层次知识学习的渴望。这个思想促成我们编写了本书。

本书围绕着"什么是单片机？"、"单片机由什么组成？"、"单片机能够做什么以及怎么做？"这几个问题展开，力求通俗易懂、深入浅出、循序渐进。书中利用大量插图帮助读者直观地理解相关内容。本书以学习单片机基础知识为出发点，不详述学术理论方面的细节，而以实用为主，几乎每章都配有学生可以实际动手完成的任务，因此，适合作为采用教、学、做相结合的项目式教学模式的单片机课程教材，也适合作为单片机技术初学者的入门教材。

本书的最大特点是基于Proteus仿真软件和Keil开发环境详细讲解51单片机汇编语言应用程序的设计、仿真与调试方法。

本书第1至7章由赵林惠编写，第8至10章由李一男、赵双华编写，第11章中的课程设计项目由李一男、张保钦完成，全书的校对工作由李一男和刘晓彤负责。编写过程中，得到了许多同行的帮助和支持，感谢他们提出的宝贵意见和建议。另外，对于家人在编写过程中的支持与奉献，在此一并表示感谢。

由于编者水平有限，时间仓促，书中存在错误在所难免，敬请读者批评指正。

目　录

第1章　单片机概述

第2章　Proteus ISIS的使用

第3章　单片机的结构和原理

第4章　单片机的指令系统

第5章 汇编语言程序设计

第6章 中断系统

第7章 定时器/计数器

第8章 常用接口技术

第9章　串行总线及串行接口技术

第10章　单片机应用系统的设计与开发

第 *11* 章 课程设计项目

附 录

第1章
单片机概述

本章首先介绍有关单片机的基本知识，包括单片机的概念、嵌入式系统的概念、位和字长的概念等，通过具体实例说明单片机的功能和应用领域；然后介绍学习单片机所应具备的数学基础知识，包括数制、编码和基本运算；最后介绍单片机系统开发所使用的语言、开发工具。

1.1　单片机与嵌入式系统

问题　什么是单片机？它与大家熟知的个人计算机（微机）有什么不同？

解释　如图1.1所示，常用的计算机实际上是一个微型计算机系统，包括硬件部分和软件部分。其中的硬件核心部分是微型计算机，由CPU（Central Processing Unit，中央处理单元）、内存储器 [由RAM（Random Access Memory，随机存储器）和ROM（Read Only Memory，只读存储器）构成]、输入/输出接口（串行口、并行口等）组成。在个人计算机上，微型计算机被分成若干块芯片或者插卡，安装一个称为主板的印刷线路板上。而在单片机中，这些部分全部被集成在一块电路芯片中，因此称之为单片微型计算机（Single Chip Microcomputer，SCM），简称单片机。图1.2即为两种不同封装类型的单片机。

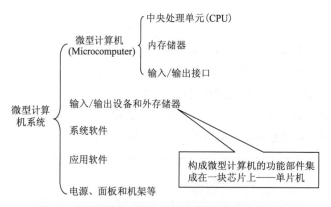

图1.1　微型计算机系统、微型计算机与单片机组成图

图1.2　单片机实物图

※ **重要概念　单片机系统是硬件和软件结合的产物**

由图1.1可看出，日常使用的实际上是一个微型计算机系统，购买计算机后都要安装操作系统（Windows，UNIX，Linux）以及各种应用软件（Words，Excel，IE，Realplay等）才能写文档、上网、发邮件、看电影等。与此相同，今后要学习

的各种单片机的应用也均是一个个单片机系统，也就是说，不但需要学习它的硬件组成，还要学习如何用单片机的语言（汇编语言）编写程序。硬件与软件，二者缺一不可。

问题 什么是嵌入式系统？它与单片机有什么关系？

解释 嵌入式系统（Embedded System）是指嵌入到工程对象中能够完成某些相对简单或者某些特定功能的计算机系统。这个概念是相对于通用计算机系统而来的，二者的主要区别如表1.1所示，个人计算机就属于通用计算机系统。

表1.1 嵌入式计算机系统与通用计算机系统的比较

计算机系统	定 义	特 点
通用计算机系统	满足海量高速数据处理的计算机系统的统称	对运行速度要求高
嵌入式计算机系统	面对工控领域的测控对象，嵌入到应用系统中的计算机系统的统称	对控制功能要求高

单片机最早就是以嵌入式微控制器的面貌出现的，因其体积小、现场运行可靠，可以很好地满足嵌入式应用的要求。在嵌入式系统中，它是最重要的也是应用最多的智能核心器件。单片机嵌入到对象系统中，并在对象环境下运行，与对象领域相关的操作主要是对外界物理参数进行采集、处理，实现控制，并与操作者进行人机交互等。

单片机的发展从嵌入式应用的角度可分为SCM、MCU和SoC三大阶段。

SCM阶段，主要是寻求最佳的单片形态、嵌入式系统的最佳体系结构。

MCU即为控制器（Micro Control Unit）阶段，主要是不断扩展满足嵌入式应用和设计系统要求的各种外围电路与接口电路，以突显其智能控制能力。

SoC即片上系统（System on Chip）阶段，主要是寻求应用系统在芯片上的最大化解决。随着微电子技术、IC设计、EDA工具的发展，基于SoC的单片机应用系统设计会有较大的发展。

问题 什么是位、字节、字长？

解释 计算机使用二进制数，即只有"0"和"1"两个数码。

• 位（bit）：表示一个二进制数的最基本也是最小的单位。如100为3位二进制数，10011011是8位二进制数。

• 字节（Byte）：一字节等于8位二进制数。

• 字长：指CPU一次能够处理二进制信息的位数，通常也指CPU与输入/输出设备或内存储器之间一次传送二进制数据的位数。计算机的字长与处理能力和计算精度有关，字长越长，计算精度越高，处理能力越强，但使计算机的结构变得更复杂。

CPU的字长有1位、4位、8位、16位、32位和64位，对应的计算机就是1位机、4位机、8位机、16位机、32位机和64位机。目前单片机大多是8位或16位的，本书所介绍的51系列单片机就是8位机，这意味着如果要处理16位数据的话就应该分两次处理。

1.2　单片机与C51系列单片机

一提到单片机，你就会经常听到这样一些名词：MCS-51、8051、C51等，它们之间究竟是什么关系呢？

MCS-51是指由美国英特尔公司生产的一系列单片机的总称。这一系列单片机包括了许多品种，如8031、8051、8751等，其中8051是最典型的产品，该系列单片机都是在8051的基础上进行功能的增减改变而来的，所以人们习惯于用8051来称呼MCS-51系列单片机。

英特尔公司将MCS-51的核心技术授权给了很多其他公司，所以有很多公司在做以8051为核心的单片机，当然，功能或多或少有些改变，以满足不同的需求。其中较典型的一款单片机是由美国Atmel公司以8051为内核开发生产的AT89C51（简称C51）。本教材就以此单片机为基础，各种任务与实例均用此种单片机实现。

1.3　单片机的应用及其工作内容

1.3.1　应用领域

目前，个人计算机、笔记本电脑的使用非常普遍，连小学生都懂得如何上网、发邮件、打游戏，那么还学习单片机干什么？而且与计算机相比，单片机的功能少得多，那学它究竟有什么用呢？实际上，随着自动化程度的提高，工业和现实生活中的许多需要计算机控制的场合并不要求计算机有很高的性能，因为这些应用场合对数据量和处理速度要求不高，如果使用计算机将增加成本。单片机凭借体积小、质量轻、价格便宜等优势，成为计算机的替代品。例如，空调温度的控制、冰箱温度的控制等都不需要很复杂高级的计算机。应用的关键在于是否满足需求，是否有很好的性能价格比。

单片机已经渗透到各行各业以及生活的各个领域：导弹的导航装置、飞机上各种仪表的控制、工业自动化过程的实时控制和数据处理、广泛使用的各种智能IC卡、民用豪华轿车的安全保障系统、录像机、摄像机、全自动洗衣机、程控玩具、电子宠物、机器人、智能仪表、医疗器械等。

1.3.2　单片机的工作内容

下面用两个例子来解释一下单片机在控制中所起的作用，希望读者能够明白单片机究竟能够做哪些事情，以便对单片机的工作内容有一个大概的了解。

实例1.1　智能空调控制系统[1]

智能空调中的温度、湿度、种种运行模式的控制都是依靠单片机实现的。其中，单片机作为控制器，其作用是根据各种不同的输入信号及空调的当前状态，通过预定的指令打开或关闭继电器所实现的开、关控制，如图1.3所示。

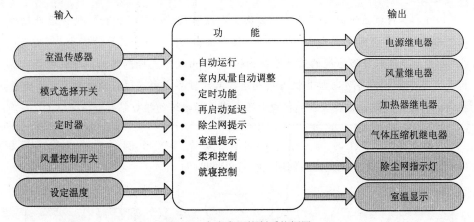

图1.3 室内空调控制系统框图

单片机的基本工作首先是将从室温传感器测得的温度值与设定的室内温度值相比较，根据比较的结果决定是接通还是断开空调中空气压缩机（或加热器）的电源。除此之外，通过单片机控制还可以实现其他功能。例如，当空调的模式选择开关选至"就寝模式"时，单片机就会在空调定时器运行1小时之后，自动将室温控制在比设定值高3℃（暖风时降低5℃）的舒适温度上，这样人睡着后不会感觉冷（或热）。另外，当模式选择开关选至"柔和模式"时空调所实现的风量自动调节及再启动时的3分钟延时（为延长气体压缩机的使用寿命，再启动时要延时一段时间后才接通电源开关），都是通过单片机控制实现的。再有，用发光二极管（LED：Light Emitting Diode）一直显示室内温度，当换气扇累计运行100小时后，自动点亮提示清扫除尘网的指示灯等，这些功能也都是由单片机控制完成的。

综上所述，当室内空调中嵌入了单片机后，就使该空调具有了以往机械式空调无论是从结构还是从价格上都不可能实现的"极其细致"的功能，使空调从舒适、节能、操作简便等方面都得到了很大的提高。

在这个例子中，嵌入实用机器中的单片机芯片是从相当于人"五官"的输入设备中接收信号，并对它们进行仔细的"处理"后，再将相应的输出信号送至相当于人"手和脚"的输出设备，由它们来执行相应的控制，以此提高机器的性能。在这里，相当于人脑的单片机，要按预先给定的程序，根据当时的各种输入信号对机器的运行状态进行判断，即按照一定的控制算法，计算出实施最佳控制所需要的各种控制信号，并将这些信号送给输出设备。这里程序的好坏决定了这个单片机在机器中的应用价值。换句话说，即使采用同一型号的单片机，如果编写不同的程序，就可以使被控机器或设备具有不同的功能。在此，重申一遍前面提到的一个重要概念：单片机系统是硬件和软件结合的产物，二者缺一不可。另外，可看出这个单片机应用系统的硬件除了作为控制器的单片机以外，还由输入设备（用于设定温度）、输出设备（用于显示温度）、传感器（用于测量温度）、继电器（用于开或关电源、加热器等设备）等设备组成，构成了一个典型的单片机应用系统。

※ 重要结论

（1）单片机系统的设计包含两方面，即硬件设计和软件设计。硬件设计指输入、输出等设备的选择及其与单片机的连接方法；软件设计指程序的设计。

（2）单片机应用系统的硬件系统由输入/输出设备、传感器、执行机构等设备构成，其中有的设备可与单片机直接相连，有的设备需要通过接口电路再与单片机相连，因此需要设计这些设备的接口电路或者选择合适的接口芯片。

关于单片机在工作时具体是怎样进行的，在下一个例子中通过程序流程图（Flowchart）详细说明。流程图中使用的符号说明见图1.4。

处理框　　　　　判断框　　　　　起止框　　　连接点　　　　流向线

图1.4 程序流程图主要符号

实例 1.2 汽车发动机燃料喷射控制[1]

自从Bosch首次开发出发动机电喷装置以来，EFI（电子控制燃料喷射）在日本已广为人知。近来的ECCS、TCCS装置，不仅仅对燃料的喷射进行控制，而且还能够对发动机的点火时刻、发动机低速运转时的转速等方面进行控制。图1.5给出了TCCS（丰田车用控制系统）基本功能之一的燃料喷射控制流程图。

在TCCS的EFI中，单片机是根据预先存放在单片机中的各种基准数据和从传感器得到的信号，计算出控制燃料喷嘴的开启时间（长度）。如果发动机是6缸的，就需要计算出6个这样的控制信号来控制相应的喷嘴工作。喷嘴的基本喷射时间，可以根据此刻发电机中吸入空气量的大小和此时发动机的转数计算得出。在这个运算中，包含有乘法运算和除法运算。在基本喷射时间确定的基础上，再根据当时的各种条件，相应地加上或减去一个适当的量（增量），就可以得到最佳的喷嘴开启时间。

例如，对于刚刚启动后的发动机，其基本喷射的时间等于启动后喷射时间。在此基础上，可以从预先存放在单片机中对应冷却水温的增量表得知此时的相应增量（这一增量需要随时间的增长而逐渐衰减），将这一增量与基本时间相加就可以得到最佳喷射时间。还有，当发动机高负荷运转时，应在基本喷射时间的基础上加入此时发动机转数所对应的增量，当汽车加速度运行时也要加进增量，开暖风时还要加进增量。这些加增量的处理都是为了使单片机实际输出的最佳喷嘴开启时间与实际要求相符。另外，在初次启动汽车时，其基本喷射时间的计算方法与上述的方法不同，它只取决于当时测量的冷却水温和修正电压值。特别是在低温启动时，为了保证发动机能可靠运行，还要进行启动可靠喷嘴工作来保证点火成功。修正电压是指由于汽车电瓶的电压下降时，引起喷嘴的响应变差，产生了动作延迟，从而使燃料喷量发生变化。为了防止这种因电压下降所产生的燃料喷射量的变化，可以采取相应延长喷嘴的喷射时间来进行弥补。

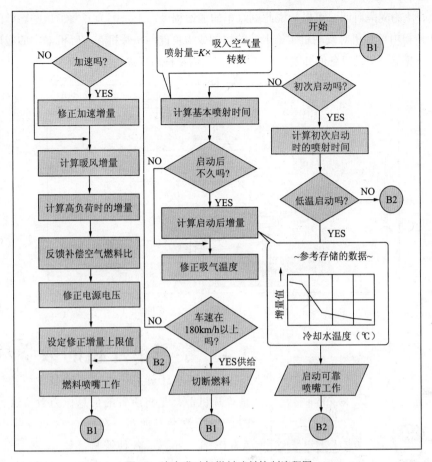

图1.5 汽车发动机燃料喷射控制流程图

这样, 在EFI的单片机中, 就需要存放着大量有关描述被控发动机特性的二元或三元函数。参考它们, 单片机就可以计算出当时需要的最佳燃料喷射时间。在熟知被控发动机"脾气"(特点)的基础上, 就可以对该发动机采取极其细致的控制措施。

在上述发动机的控制中, 使用了大量的传感器和驱动设备。例如, 用于检测发动机内吸入空气量的气体流量传感器, 用于检测发动机冷却水温度的热敏电阻, 用于检测发动机是处于低速状态还是处于高负荷运行状态或者是处于加速运行状态的油门位置传感器, 测量吸入气体温度的传感器, 车速传感器, 检测排放尾气中CO_2浓度的传感器, 以及控制喷射燃料的喷嘴, 可实现火花塞点火的点火器, 还有控制汽车在低速运行时的速度控制阀等, 这些传感器和驱动设备都是人们想尽各种办法开发出来并加以应用的。

作为一个例子, 图1.6给出了与加速器踏板相连的油门位置传感器的原理图。在这个传感器中, 通过低速触点和电源触点, 不仅可以产生标准的开度信号和高负荷时的开度信号, 而且当用力踩下加速器踏板时, 还会产生交替信号A_1、A_2, 通过测量

此时A_1、A_2的间隔时间，可以知道此刻汽车的加速程度。正是因为开发了这些巧妙的传感器，才使得用单片机对发动机实施上述的控制成为可能。单片机在实际机器中的应用，通常是和传感器及驱动设备的开发同步进行的，它们是相辅相成共同提高的。

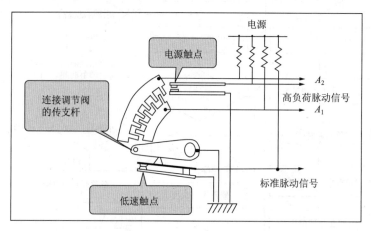

图1.6   油门位置传感器示意图

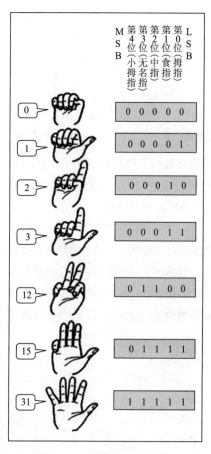

图1.7   用手指表示二进制数

1.4   学习单片机的数学基础

在数字电子计算机中，无论是大型计算机还是单片机，都是将所有的信息作为数值进行处理的，包括数字（如7、−8、4）、英文字符（如A、B、k、m）、各种符号（如+、−、%、@、>、<），本节就来学习上述信息的表示方法，以及二进制数的加减运算方法。

1.4.1   二进制

在日常生活中，经常使用十进制数来表示数值，而在计算机中却只能使用每位只有"0"和"1"两种数码构成的二进制数来表示数值。

参看图1.7，先练习一下用手指表示二进制数。规定用手指弯曲表示"0"、用手指伸展表示"1"，用大拇指表示二进制数的最低位（LSB：Least Significant Bit）、用小拇指表示二进制数的最高位（MSB：Most Significant Bit）。初次练习的人，可慢一点地按0，1，2，3……的顺序边念边数。用5个手指可以顺序地数到十进制数的31。如果将查数时5个手指的弯曲、伸展状态换成"0"和"1"来表示，得到的就是对应的5位二进制数。

用电量可以很容易地将"0"和"1"表示出来。例如，有没有电压，是否有电流流过，是否被磁化，电容中有没有电荷等，都可以对应地表示成"0"或"1"。但如果要用电量来表示十进制数，就非常困难了。因为用电量表示十进制数时，就必须找到一个能够表示0～9的具有10个不同级别的电量来。为了实现这一点，电路的结构会很复杂，而且可靠性也难以保证。

因此，在计算机中使用的数值全部是采用二进制数的。从图1.7中可知，采用十进制数时，用5个手指只能从0数到5；而采用二进制数时，用5个手指却可以从0顺序地数到31。这也是采用二进制数的优点。

1. 原码与补码

问 题　二进制中的负数如何表示？

解 释　在二进制中，没有"+"、"-"符号，因此只能使用"0"和"1"来表示"+"和"-"。由此计算机中的数就有无符号数和带符号数之分。

无符号数：二进制数中的所有位都表示数值。

带符号数：二进制数中的位既有符号位又有数值位，如图1.8所示，通常约定一个二进制数的最高位为符号位："0"表示正号；"1"表示负号。这样就将正负号数字化了。

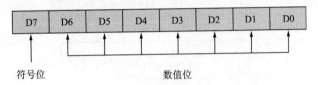

符号位　　　　　　　数值位

图1.8　8位带符号数示意图

带符号二进制数有几种表示方法，本书只介绍两种：原码与补码。因此学习原码与补码是为了表示二进制中的正、负数。

1）原码的表示方法

表示方法：最高位表示符号，正数的符号用"0"表示，负数的符号用"1"表示，数值部分用绝对值表示，记作：$[X]_原$。

原码是带符号二进制数中最简单的一种表示方法，求解过程如图1.9所示。

原码的表示方法虽然很简单，但是"0"的原码不唯一，有两种形式：

$$[+0]_原 = 00000000B$$

$$[-0]_原 = 10000000B$$

2）补码的表示方法

表示方法：正数的补码等于原码；负数的补码等于原码除符号位外，数值位按位取反，末位加1，记作：$[X]_补$。

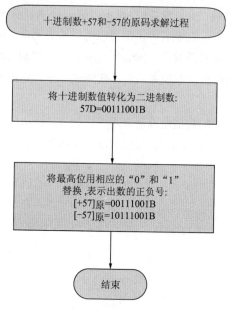

图1.9 原码求解过程流程图

补码的求解过程如图1.10所示。补码的表示方法虽然有些复杂，但是"0"的补码唯一：

$[+0]_补 = [-0]_补 = 00000000B$

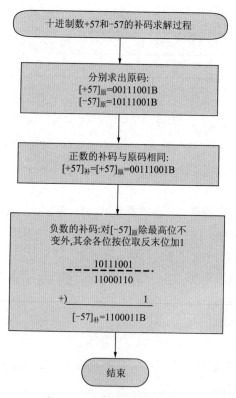

图1.10 补码求解过程流程图

　　图1.11列举了几个用补码表示的带符号二进制数的例子。可以验证绝对值相等的正、负两个带符号8位数的8位之和恒为零。另外，采用上述方法，用带符号的二进制数表示十进制数+128和-128时，会得到两个形式完全相同的数。为了避免这样的一数多义，规定用8位带符号的二进制数不能表示+128。如果遵守这一规定，用8位带符号的二进制数可以表示的正数范围是十进制数的+1～+127，可表示的负数范围则是十进制数的-1～ -128。有关8位无符号数和带符号数的表示范围，见表1.2。

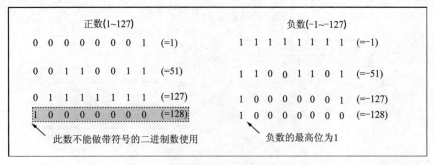

图1.11 带符号的8位二进制数的补码举例

表1.2 数的表示范围

8位二进制数	无符号数	原　码	补　码
00000000	0	+0	+0
00000001	1	+1	+1
00000010	2	+2	+2
…	…	…	…
01111111	127	+127	+127
10000000	128	-0	-128
10000001	129	-1	-127
…	…	…	…
11111110	254	-126	-2
11111111	255	-127	-1

※说明

　　采用原码与补码表示一个二进制数时，正数的最高位必定为0，负数的最高位必定为1。这样就非常容易通过这个二进制数的最高位来判断所表示数的正与负。

2. 二进制数的加法

　　51单片机是8位的，因此，CPU中的数据运算是以8位二进制数为单位进行的。图1.12列出了两个8位二进制数加法的例子。在二进制的加法运算中，采用0+0=0，0+1=1以及

1+1=10的运算规则。在图的右边，还列出了对应的用十进制数进行的加法运算，以便对照参考。

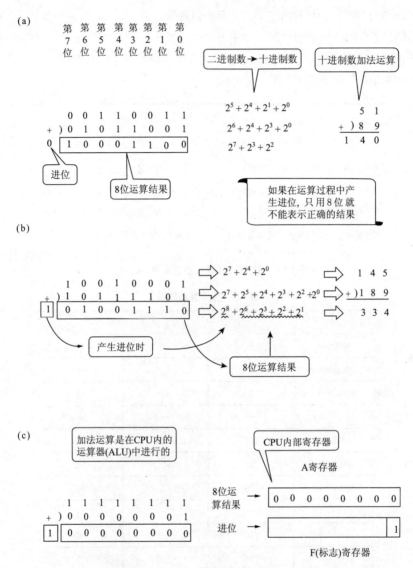

图1.12   8位二进制数的加法运算

在图1.12（a）的加法运算中，运算结果也是8位以内的数（转换成十进制数，在$2^8-1=255$以内），所以得到的这个8位运算结果是正确的。然而，在图1.12（b）的加法运算中，在运算过程中产生了向9位（第8位）的进位。因此，得到的8位运算结果就不正确了。如果在加法的运算过程中产生了进位（Carry），则应该在8位运算结果的基础上再加上$2^8=256$后，才能得到正确的运算结果。因此，为了得到8位二进制数加法运算的正确结果，不仅要知道8位的运算结果，还必须知道在运算过程中是否产生了进位，因此CPU内的程序状态寄存器中专门设置了"进位标志（Cy）"，以反映在运算中是否产生了进位。

在单片机中，8位二进制数的加法运算是在算术逻辑单元（ALU）中进行的。运算结束后，其8位的运算结果存放在A寄存器（也称累加器）中。同时，运算中是否产生了进位将会反映到"Cy"位上，图1.12（c）示意了这一关系。因此，通过CPU中的A寄存器和标志位，就可以得到两个8位二进制数加法运算的正确结果。

3. 二进制数的减法

减法器的硬件电路复杂，一般计算机的算术逻辑单元都只有能实现加法运算的硬件电路。因此通常采用补码，将减法运算变为加法运算。下面以十进制为例进行说明。

234-112 = 234+（-112）

做减法运算时，首先要求出减数的负数的补码（称为"求负"或"求补"），再做加法运算。

"求负"或"求补"的方法：将减数补码的各位（包括符号位）按位取反，末位加1。

减法运算过程如图1.13所示。将图中的二进制数转化为十进制数可知，被减数00011000B是+24的补码，减数10011100B是-100的补码，减数求负后01100100B是+100的补码，最后结果01111100B是+124的补码，可见计算结果正确，而且利用补码将减法转为加法可使计算简化。

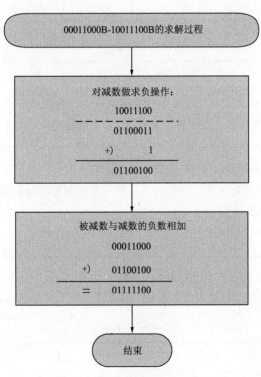

图1.13 8位二进制数的减法运算

1.4.2 十六进制

二进制数虽然简单，物理容易实现，但书写冗长。为了消除这一不便，引入了十六进制数来描述二进制数。

　　十六进制数共有16个数码：0～9、A～F，与十进制数的0～15相对应。表1.3列出了十进制数、二进制数、十六进制数的对应关系。从表中可以看出，4位二进制数正好和一位十六进制数相对应。因此，8位二进制数可以用两位十六进制数来表示。这样一来，当采用十六进制数来描述二进制数时，就会使描述变得非常简单。

表1.3　十六进制数

十进制数	二进制数	十六进制数	十进制数	二进制数	十六进制数
0	0000	0	9	1001	9
1	0001	1	10	1010	A
2	0010	2	11	1011	B
3	0011	3	12	1100	C
4	0100	4	13	1101	D
5	0101	5	14	1110	E
6	0110	6	15	1111	F
7	0111	7	16	10000	10
8	1000	8	17	10001	11

※说明

　　到此可知，一个数值共可以用三种数制来表示，为区分各个数制，今后在数值后都要加上字母进行标注：十六进制数为H，十进制数为D，二进制数为B。

　　例如，11D，11H，11B分别对应十进制数11，17，3。

　　另外，为了与变量进行区分，如果要表示的十六进制数的最初数码是A～F中的某一个时，要在这个最初数码的前面加上一个"0"。

　　例如，0B6H表示十六进制数B6（对应二进制数10110110）。

※掌握

　　对照表1.3，掌握各种数制间的转换，特别是二进制与十六进制之间的转换，要点见图1.14。

1.4.3　BCD码

　　二进制数容易实现且运算简单，但我们日常惯用的是十进制数，这两者间的转换需要一定的计算。为了免去这一计算，引入了BCD（Binary Coded Decimal）码，即二进制编码的十进制数。

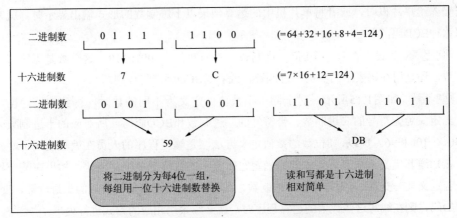

图1.14 二进制与十六进制之间的转换方法

BCD码虽然具有二进制数的形式，却有十进制数的特点。这是一种每位只由简单的"0"和"1"构成的、可以表示十进制数的数，共有10个数码，分别与十进制数0～9相对应。常用的是8421BCD码，即用4位二进制数给1位十进制数编码，见表1.4。

表1.4 8421BCD码

十进制数	二进制数	8421BCD码
0	0000	0000
1	0001	0001
2	0010	0010
3	0011	0011
4	0100	0100
5	0101	0101
6	0110	0110
7	0111	0111
8	1000	1000
9	1001	1001
10	1010	0001 0000
11	1011	0001 0001
12	1100	0001 0010

由表1.4不难看出，将十进制数中的每位数字（0～9）用对应的4位二进制数来替换，就得到BCD码。两位十进制数可用8位的BCD码来表示。

例如，将十进制数69中的6和9分别替换成对应的4位二进制数后，得到的BCD码就是01101001。

由于BCD码与十进制数之间的转换非常简单，因此在需要将大量的、用十进制表示的数据输入给单片机时，或者将单片机中的运算结果以十进制数的形式输出显示时，就常常使用这种BCD码。

问题 假设现在有一个8位二进制数，它的数值为10010110。这个数是无符号的二进制数，还是用补码表示的负的二进制数，或者是BCD码，怎样判断？

解释 如图1.15所示，对于同一个数值，定义为不同的数时，得到的结论也就不同。当定义为无符号的二进制数、带符号的二进制数和BCD码时，所对应的十进制数分别是150，-106和96。所以，8位数的数值定义方法，是编写程序的人员在编程前规定好的。只有在知道其定义方法之后，才能够确定它所表示的数值是多少。因此，如果在某一程序中，若定义某一变量x为无符号的二进制数，变量P为可正可负的带符号的二进制数，变量z为BCD码，则在编写这些数值的运算程序时，就必须采用相应的方式进行处理。

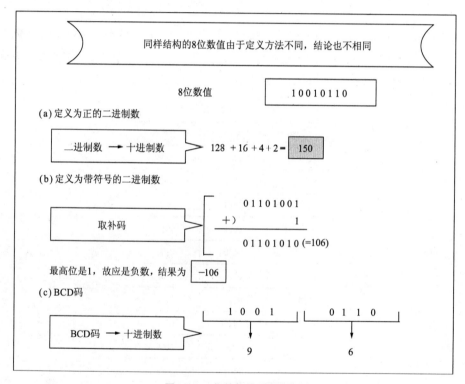

图1.15 8位数值的不同定义

1.4.4 ASCII码

除了数值数据以外，计算机还常常处理大量非数值数据，如字母、专用符号等，这些数据也必须编写为二进制代码。

目前应用最广泛的是ASCII码（American Standard Code for Information Interchange，美国标准信息交换代码），用于对计算机中的非数值数据进行编码。ASCII码由7位二进制代码组成，可表示十进制数字0～9、26个英文字母的大写和小写、标点符号以及数据控制的其他专用字符，如表1.5所示。

表1.5　ASCII字符表

低位＼高位		0 000	1 001	2 010	3 011	3 100	5 101	6 110	7 111
0	0000	NUL	DLE	SP	O	@	P	`	P
1	0001	SOH	DC1	!	1	A	Q	a	q
2	0010	STX	DC2	"	2	B	R	b	r
3	0011	ETX	DC3	#	3	C	S	c	s
4	0100	EOT	DC4	$	4	D	T	d	t
5	0101	ENQ	NAK	%	5	E	U	e	u
6	0110	ACK	SYN	&	6	F	V	f	v
7	0111	BEL	ETB	'	7	G	W	g	w
8	1000	BS	CAN	(	8	H	X	h	x
9	1001	HT	EM	)	9	I	Y	i	y
A	1010	LF	SUB	*	:	J	Z	j	z
B	1011	VT	ESC	+	;	K	[	K	{
C	1100	FF	FS	,	<	L	\	L		
D	1101	CR	GS	-	=	M	]	m	}
E	1110	SO	RS	.	>	N	↑	n	~
F	1111	SI	US	/	?	O	←	O	DEL

使用时，常用十六进制数来表示相应的ASCII码。例如，9的ASCII码是39H，A的ASCII码是41H。

由于数据传送时通常以字节为单位，因此在处理和传输时会在7位ASCII码的最高位加上1位校验位构成8位代码。这样，通过对校验位的判断可以判别此次传送是否正确。

1.5　单片机应用程序的开发语言

计算机只能识别二进制数据，因此其最终执行的指令代码都是二进制的，为书写方便用十六进制表示，通常称这样的指令为"机器指令"。机器指令在阅读、书写和记忆程序时都极为不便，因此采用助记符（英文缩写）的形式来表示，这就是"汇编语言指令"。两者的对比见表1.6。

用汇编语言指令编写的程序就是汇编语言程序，这是一种单片机系统开发常用的编程语言，除此以外，近年来C51语言作为单片机开发的编程语言也被广泛采用。本书主要介绍汇编语言。

不论是汇编语言程序还是C51语言程序都可以在计算机上进行编辑，当然需要有相应的应用软件予以支持。目前流行的方法是利用开发系统中提供的编辑环境，且一般的单片机开发系统都具有汇编语言和C51语言的编辑功能。

表1.6　机器指令与汇编语言对比

指令形式	举例	优点	缺点
机器指令：直接用二进制编码表示的指令	74H E6H	计算机可直接执行、速度快	难懂、难记、易出错
汇编语言指令：用助记符形式表示的指令	MOV A, #0E6H	易记、易懂、使用方便、不易出错	计算机不能直接识别，需要汇编

由于汇编语言和C51语言毕竟不是机器语言，计算机无法识别，因此在执行用这些语言编写的程序时需要先将指令翻译成计算机可识别的机器语言，这个翻译过程称为"汇编"。汇编通常由专门的翻译程序，即汇编程序来完成。在一般的单片机开发系统中，都集成有汇编程序，使用非常方便。

1.6　单片机开发工具

单片机的开发包括硬件和软件两部分，但由于单片机本身并不具有开发功能，因此必须借助开发工具来排除应用系统的各种硬件故障和程序错误。单片机的开发工具通常是一个特殊的计算机系统，称为单片机仿真系统，如图1.16所示。

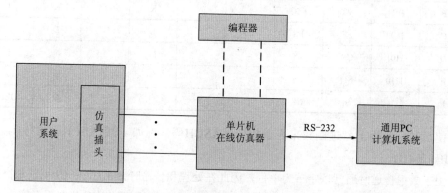

图1.16　单片机仿真系统连接示意图

与一般通用计算机系统相比，单片机仿真系统在硬件上增加了在线仿真器、编程器等部件，在软件上增加了汇编和调试程序等。仿真器是通过串行口与PC机相连的，用户可以利用仿真软件在PC机上编辑、修改源程序，然后通过汇编软件生成目标代码，再传送给仿真器，之后就可以进行调试了。通常单片机开发环境都集成有调试功能，能够设置/清除断点、单步运行、连续运行、启动/停止控制、查看系统资源（如程序存储器、数据存储器、各种寄存器、I/O端口等）的状态等。调试用户系统时，必须把仿真插头插入用户系统的单片机插座上。现在有不少单片机具有JTAG接口，可以不再使用仿真插座，而直接对单片机进行在线系统仿真调试。

专用的开发工具一般利用PC的资源实现对单片机的汇编、反汇编、编辑、在线仿真、动态实时调试及各种ROM的固化等功能。目前市场上使用较多的单片机开发系统是Keil C51，这是美国Keil Software公司出品的51系列兼容单片机C语言软件开发系统，提供了包括C编译器、宏汇编、连接器、库管理和一个功能强大的仿真调试器等在内的完整开发方案，通过一个集成开发环境（uVision）将这些部分组合在一起，其方便易用的集成环境、强大的软件仿真调试工具会令单片机应用系统的开发事半功倍。

近年来，由英国LabCenter Electronics 公司开发的电子设计软件Proteus集强大的功能与简易的操作于一体，成为嵌入式系统领域技术最先进的开发工具。Proteus软件提供了30多个元器件库、上万个元器件，涉及300多种微控制器及各种阻容感元件、变压器、放大器、继电器、门电路、终端等。Proteus软件提供了10多种虚拟仪器，包括信号发生器、逻辑分析仪、示波器、定时/计数器、电压表、电流表、串/并口调试器等。Proteus作为交互可视化仿真软件，提供了各种数码管、LED、LCD、按钮、键盘、电机等外设。利用Proteus软件可以进行数字电路、模拟电路、微控制器系统仿真以及PCB设计。特别是对于单片机系统的设计，由于软、硬件的设计与调试都可以在计算机虚拟环境下进行，大大缩短了开发周期，提高了设计的效率，受到越来越多专业人士的喜爱。

本书通过一系列具体实例介绍单片机系统的设计与仿真方法，所有实例均在Proteus ISIS 7.7SP3及uVision3开发环境中调试通过。

知识与技能归纳

（1）单片机的主要作用就是控制，即按照预先设计的程序，根据各种输入信号按照一定的控制算法计算出各种控制信号，并将这些信号送给输出设备。

（2）单片机系统是硬件和软件结合的产物，单片机系统的设计包含两方面，即硬件设计和软件设计。硬件设计指输入设备、输出设备的选择及其与单片机的连接；软件设计指程序的设计。

从前面的例子中也可以看出，单片机通常是将开关、可变电位器以及各种传感器作为它的输入设备，将继电器、提示用发光二极管（LED）以及各种驱动设备（电磁铁、步进电机等）作为它的输出设备。因此，要想将单片机作为控制工具嵌入实用的机器中时，就必须首先选定适合于该机器的输入、输出设备（也称I/O设备），并设计出将它们与单片机芯片连接起来的电路。然后，再编写指示单片机进行具体工作的程序。

（3）学习单片机的数学基础知识：带符号二进制数的表示、二进制数的加减法、十六进制、BCD码和ASCII码。

思考与练习

1. 什么是嵌入式系统？与单片机有什么关系？

2. 请举出一两个单片机作为控制器应用的例子。

3. 求下列各数的原码和补码（用8位二进制数表示）

（1）x=+27

（2）y=−53

（3）z=−118

4. 把下列BCD码转换为十进制数

（1）x = 100010010101B

（2）y = 010000111000B

（3）z = 010001110011B

5. 用十六进制表示出下列字符的ACSII码

（1）Control

（2）Microcomputer

（3）Enter

第2章

Proteus ISIS的使用

Proteus软件由ISIS和ARES两部分构成，其中ISIS是电子系统仿真软件，ARES是印制电路板设计软件。本书只介绍ISIS软件的应用，重点在于51系列单片机的仿真。

单片机系统的仿真是Proteus ISIS的一大特色。Proteus ISIS将源代码的编辑、编译和仿真整合到同一设计环境中，这样使得用户可以在设计中直接编辑、编译、调试代码，并直观地看到用户源程序修改后对仿真结果的影响。

Proteus软件支持许多通用微控制器，如PIC、AVR、HC11以及8051，包含强大的调试工具，可对寄存器、存储器实时监测；具有断点、单步调试功能；具有对电机、键盘、按钮、显示器等外设进行交互可视化仿真的功能。此外，Proteus可对IAR C-SPY、Keilμ Vision2等开发工具的源程序（可以是汇编语言也可以是C语言）进行调试，可与Keil实现联调。Proteus甚至能仿真多个CPU，能便利地处理两个或以上微控制器的联结与设计。

本章主要以一个简单的LED控制实例，说明Proteus ISIS的单片机仿真过程。

2.1 在ISIS中输入电路原理图

2.1.1 Proteus ISIS工具简介

执行ISIS软件后，进入主界面如图2.1所示。各个菜单的详细功能说明见附录A。

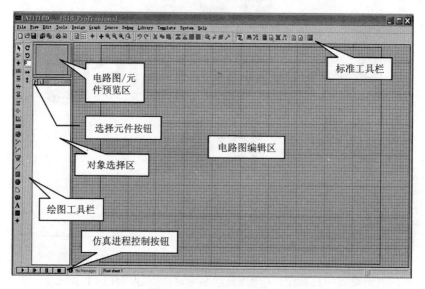

图2.1 Proteus ISIS主界面

1）标准工具栏说明

标准工具栏给出了一些常用的工具按钮以便于用户的操作，包括四部分：文件操作工具、视图工具、编辑工具和设计工具。例如图纸的放大与缩小，块操作，电气规则检查，从元件库中选择元器件放入对象选择区，显示元件清单，是否显示栅格，设置元件属性，等等。当鼠标指向工具按钮时，会给出相应功能说明。所有工具都可以在菜单中找到。用户也可以根据自身的需要来定制工具栏中的工具按钮，通过"View"菜单下的"Toolbars"进行选择。工具按钮的功能详见附录A，在此仅将常用的属性分配工具做一介绍。

属性分配按钮，其快捷键为"A"，单击标准工具栏上的，或者直接按字母"A"，或者单击"Tool"菜单下的"Property Assignment Tool"，都可以弹出图2.2所示的属性分配窗口，为元件参数赋值。例如通过鼠标半自动为网络标号赋值，为元件相关参数进行局部或整体修改，等等。

"String"中常用的属性如下：

● NET：网络标号。例如"String"输入"NET=D#"，"Count"输入初值4，"Increment"输入增量1，则在电路图相应连线处连续单击时会自动放置网络标号D4，D5，D6，…

● REF：元件的标号。例如"String"输入"REF=R#"，"Count"输入3，"Increment"输入1，则连续单击相应电阻后，电阻的标号分别为R3，R4，…

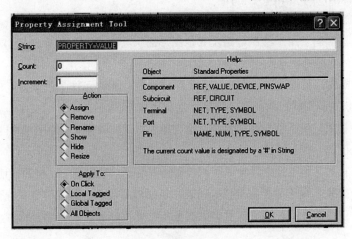

图2.2 属性分配窗口

• VALUE: 元件参数。例如"String"输入"VALUE=1k",单击相应元件,则将其参数改为1k。

※小窍门

　　不知道或者不熟悉某些元件的特殊属性名称时,可以双击该元件,出现元件属性编辑"Edit Component"窗口,选中"Edit all properties as text",将在此窗口中以文本方式显示该元件的属性。例如LED的文本属性如图2.3所示。其IMAX=10mA,说明显示的最大电流为10mA,如想将最大电流修改为5mA,则在图2.2中的"String"输入"IMAX=5mA",单击"OK",再单击电路中欲修改的LED即可,这样可方便地修改多个参数相同的元件。

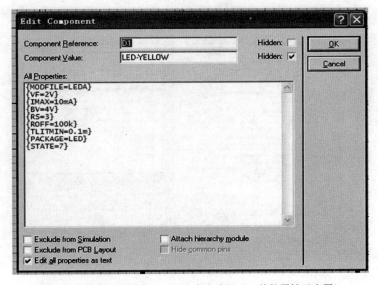

图2.3 元件属性编辑窗口(以文本方式显示元件的属性示意图)

2）绘图工具栏说明

绘图工具栏给出了用于绘制电路及其他图形的工具按钮，下面给出几个常用的工具说明。工具的具体功能见附录A。

：选择模式，可以通过鼠标拉出一个区域选定，此时元件颜色变为红色，表示被选中，可以用右键选择旋转、块操作、剪贴、复制等功能。

：元件模式，用于将已经放置在对象选择区的元件放置在电路图编辑区内。

：总线模式，用于绘制总线。

：端子模式，用于绘制各种端子，包括输入端子、输出端子、电源、地等。

：图表模式，用于放置各类信号图表，包括模拟信号、数字信号、混合信号、频率响应分析、转移特性分析、噪声信号、失真分析、傅里叶分析、音频分析、直流扫描、交流扫描等。

：信号源模式，用于放置各种激励信号源，如直流、交流、脉冲、时钟等信号。具体见附录A。

：分别是电压探针和电流探针，用于实时测量所放置点的电压或电流值。

：虚拟仪器模式，用于放置各种虚拟仪器，包括示波器、逻辑分析仪、虚拟终端、信号发生器、SPI调试器、I^2C调试器等。具体见附录A。

3）仿真进程控制按钮说明

仿真进程共有4个按钮：，依次为全速、单步、暂停和停止。当绘制完电路图并编译完程序后，可以点击进程控制按钮进行仿真或者调试。需要注意的是，这里的单步并不是指单步运行程序，而是指单步进行动画显示，单步显示的时间可在"Systen"菜单下的"Set Animation Option"中进行设定。如在调试时需要单步执行程序，则可在暂停仿真的状态下，通过点击"Debug"菜单或者源代码窗口中的实现，如图2.4所示。

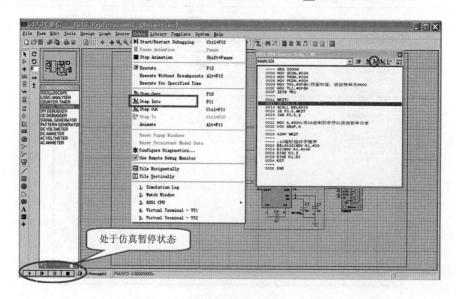

图2.4 单步调试

4）元件选取方法

绘制电路图前，需要先从元件库中选择所需的元件，并放入对象选择区。Proteus按照元件的功能将元件放在不同的库中，每一个元件均有元件名称、库名、类说明、子类说明、制造商和元件描述。各元件大类的说明详见附录B，初学者可进行参考以便查找所需的元件。

在"元件模式"下，单击▣按钮，则进入拾取元件界面，如图2.5所示。如果读者比较熟悉元件库，可逐步在界面的左部大类→子类→制造商中进行选择以缩小元件的可选范围。如果对元件库不熟悉则可以在界面的左上角输入相关的关键字进行查找。关键字可以是元件名称、元件类型、元件描述中的词语等。例如，想选择一个电解电容，可以输入"elec"，则界面中上部给出搜索结果为167个，在其中可以找到"CAP-ELEC"，双击，或者选中该元件然后单击右下角的"OK"按钮，即可将该元件放入对象选择区。

界面的右上部为该元件的模型，右下部为其封装图。注意有的元件没有仿真模型，会在元件模型处给出"No Simulator Model"，那么对该元件就不能进行仿真。如果确实需要则考虑选择其他有仿真模型的元件或者为该元件建立一个仿真模型。有的元件没有封装，但不影响仿真，只是在进行PCB设计需要为该元件建立一个封装。如果输入的关键字可以找到太多匹配的元件，软件会给出提示"There are too many results....."，则需要输入更精确的关键字。

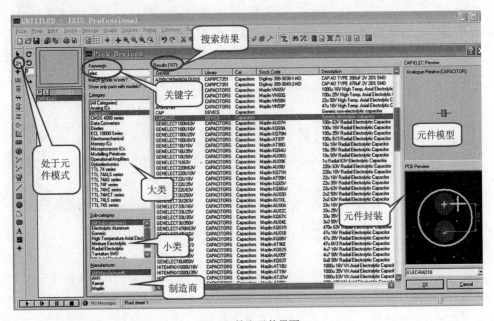

图2.5　拾取元件界面

2.1.2　原理图设计实例

下面以绘制一个LED控制系统的电路原理图为例，如图2.6所示，说明Proteus的电路图绘制过程。

1）选择元件

单击图标💠进入"元件模式"，单击按钮，进入拾取元件界面，按照表2.1给出的元件清单将所需的元件放入对象选择区。可以采用搜索的方法，也可以采用按类寻找的方法。完成后，在对象选择区会出现所选的元件名称，如图2.6所示。

表2.1　LED控制系统元件清单

元件名称	所属类	所属子类
AT89C51（单片机）	Microprocessor ICs	8051 Family
CAP（电容）	Capacitors	Generic
RES（电阻）	Resistors	Generic
CRYSTAL（晶振）	Miscellaneous	——
BUTTON（按钮）	Switches & Relays	Switches
LED-YELLOW（黄色发光二极管）	Optoelectronics	LEDs
CONN-SIL2（2针插座）	Connectors	SIL

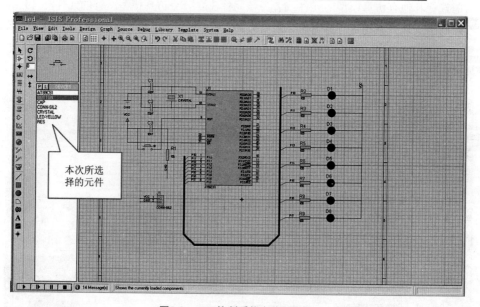

图2.6　LED控制系统电路原理图

2）放置元件

在对象选择区依次单击元件，然后在电路图编辑区适当位置单击，便可放置元件。元件在放置前可通过绘图工具栏中的旋转工具↺↻↔↕调整为合适的角度，也可在放置后右键单击元件或块，通过弹出菜单中的旋转工具来调整角度。两种方法的不同之处在于，前者调整的是整个对象选择区中所有元件的角度，而后者只调整所选元件或块的角度。

放置电源和地时，可先单击绘图工具栏中的▤，进入端子模式，从中分别选择"POWER"和"GROUND"，然后在编辑区单击鼠标即可，视需要进行旋转以调整角度。

如果有多处的电路是相同或类似的，可利用块拷贝的方法以加快绘制的速度，如图2.7

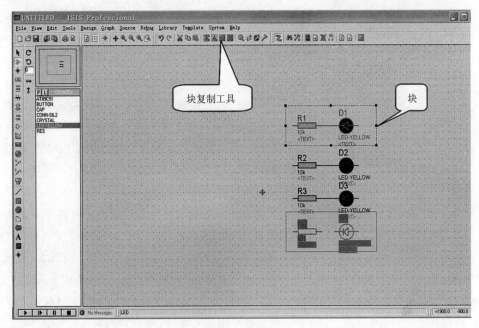

图2.7　块拷贝

所示。具体操作如下：将相同或相似部分的电路、元件设为块，方法是用鼠标拖动出一个矩形框，调整大小直至将电路、元件包围，此时块中的元件以红色显示；进行块复制，方法是右键单击块，然后在弹出的菜单中选择"Block Copy"，或者直接单击标准工具栏中的圈按钮，此时会出现一个粉色块跟随鼠标移动；在编辑区的适当位置单击即可完成一次块拷贝，连续单击可进行多次拷贝。

注意，有时不同的电路需要用到相同的电路部分，例如单片机的时钟和复位电路，在任何一个单片机系统电路中都是必不可少的。因此需要将电路拷贝至另一个电路图中。此时不能使用块拷贝，而是在设定好块后，右键单击，在弹出的菜单中选择"Copy to Clipboard"，或者在"Edit"菜单下单击"Copy to Clipboard"，然后在另一个电路图中右键单击，在弹出的菜单中选择"Paste From Clipboard"，或者在"Edit"菜单下单击"Paste From Clipboard"。两者的区别在于前者是将电路复制到同一个电路图中，而后者是将电路复制到不同的电路图中。

3）连接元件

绘制连线可以在选择模式或元件模式下进行，将鼠标移到元件的引脚处，光标变成绿色小笔，就可以放置连线了。

如需要绘制总线，可以先单击，进入总线模式，再进行绘制。

注意Proteus的元件之间一定要用导线相连，而不能像PROTEL那样可直接将元件的引脚相连。因此放置元件时应考虑这点，使元件的引脚之间留出足够的空间。

4）标注网络标号

Proteus的默认设置已将全局标注设置好，读者可通过"Tools"菜单下的"Global

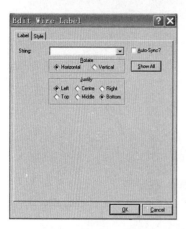

图2.8 导线标号编辑窗口

Annotator"选项查看。因此元件的标注是自动完成的。当然，也可以进行手动标注，方法同下面的导线标注。

导线的标注视需要进行。单根导线的标注有两种方法：一种方法是选中导线后右键单击，在弹出的菜单中选择"Place Wire Lable"；另一种方法是先单击绘图工具栏中的 按钮，进入导线标号模式，然后单击需要标注的导线。两种方法均会弹出"Edit Wire Lable"界面，如图2.8所示，在"String"中输入标号即可，还可根据需要对标号的位置、显示字体等进行设置。

如果有多根导线的标号是连续的，可以使用前面介绍过的属性分配工具。方法如下：按快捷键"A"或单击标准工具栏上的 进入属性分配窗口，如图2.9所示。

在"String"中输入"NET＝P1＃"，"Count"中输入"0"，"Increment"中输入"1"，"Action"中选择"Assign"，"Apply to"中选择"Global Tagged"，单击"OK"完成设置。该设置的功能是每单击一次鼠标，就会在单击处出现一个标注"P1＃"，其中"＃"为0开始的数字，每单击一次，该数字自动加1。利用这种方法可快速对图2.6中的P10～P17进行标注。

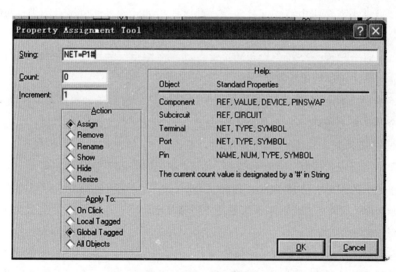

图2.9 属性分配窗口（设置导线标号）

5）修改元件参数

如果只修改单个元件的参数，直接右键单击该元件，在弹出的菜单中选择"Edit Properties"，进入"Edit Component"窗口，如图2.10所示，修改相关的参数即可。晶振的频率、电阻R1的阻值、电容C1～C3的容值都可以采用这种方法。

如果需要将多个元件的参数设为相同的数值，则可以利用前面提到的属性分配工具，方法同多根导线标注。R2～R9的阻值相同，可以采用这种方法。打开属性分配窗口后，在

"String"中输入"Value=100"，然后依次单击需要赋值的电阻R2～R9即可。如果想减少单击的次数，可以先将R2～R9设为一个块，再进行属性分配操作，那么设置完成后，块中的所有电阻的阻值均被修改为100。

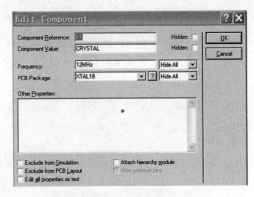

图2.10　元件属性编辑窗口

6）电气规则检查

电路图绘制完成后，还要对电路进行电气规则检查，以便检查出人为的错误或者疏忽。ISIS提供了对用户设计好的电路进行测试的功能，且会自动生成测试报表，给出各种可能存在的错误。例如空的引脚、没有连接的电源、没有连接的网络标号、引脚间虚接等。电气规则检查方法如下：单击"Tools"菜单下的"Electrical Rule Check"，ISIS自动完成对原理图的检查，生成图2.11所示的报表。

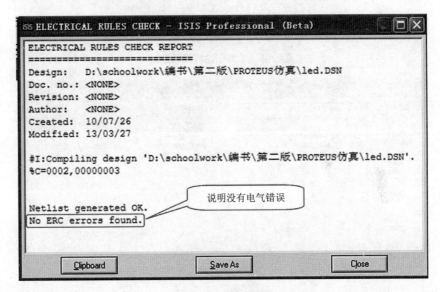

图2.11　电气规则报表

至此，基本完成了电路图的设计工作，当然还有一些后续工作，例如对电路图进行一些说明，根据电路的大小重新选择图纸的尺寸等等，就不在这里详述了，读者可自行试做，以便更快地熟悉Proteus。

2.2　在ISIS中进行软件设计

2.2.1　创建源代码文件

单击"Source"菜单中的"Add/Remove Source Files"，弹出"Add/Remove Source Code Files"界面，如图2.12所示。单击"Code Generation Tool"下方的下拉式菜单，将列

出系统提供的代码生成工具，本例单片机为8051，因此选择ASEM51代码生成工具。

单击"New"按钮，弹出"New Source File"界面，输入文件名，如"led_test"，指定文件的类型为"ASEM51 source file（*.ASM）"，如图2.13所示。

单击"打开"按钮，将出现是否创建该文件的提示，单击"是"，即可完成新文件的创建和添加。此时在图2.12的"Source Code Filename"处会出现刚创建的文件名，单击"OK"完成源代码文件的创建。

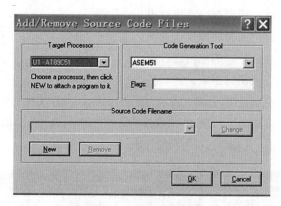

图2.12 添加/删除源代码界面

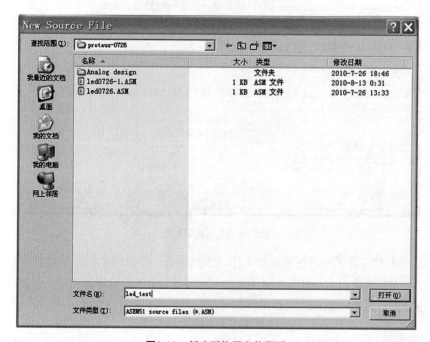

图2.13 新建源代码文件界面

2.2.2 编辑源代码

打开"Source"菜单，已创建的源代码文件出现在最下方，如图2.14所示，单击该文件，可打开源文件编辑窗口，如图2.15所示，在其中输入图2.16中的程序并保存。

按下"Alt＋Tab"键，可在源文件编辑窗口和ISIS编辑环境之间进行切换。

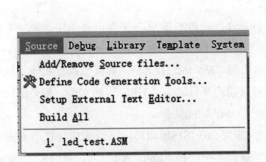

图2.14 "Source"菜单

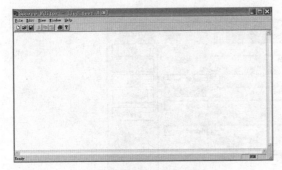

图2.15 源文件编辑窗口

图2.16 LED控制程序

2.2.3 将源代码生成目标代码

单击"Source"菜单下的"Build All"，ISIS将会运行相应的代码生成工具，对所有源文件进行编译、链接，生成目标代码。完成后会弹出"BUILD LOG"窗口，如图2.17所示，给出编译的信息。如果源代码存在语法错误，会给出相应的信息，用户可据此在源文件编辑窗口修改程序，然后重新进行编译，直至消除语法错误，生成目标代码。本例中的源代码没有语法错误，并且生成了目标代码。

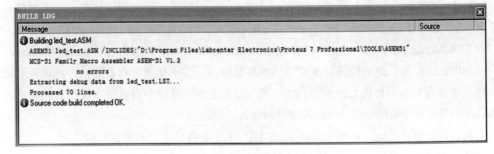

图2.17 "BUILD LOG"窗口

2.3   在ISIS中进行系统仿真

2.3.1   将目标代码添加到电路

在ISIS编辑环境中,双击单片机AT89C51,或者右键单击在弹出菜单中选择"Edit Component",都可以打开属性编辑窗口,如图2.18所示。默认设置下,此时"Program File"文本框中的文件应该是刚生成的目标代码"led_test.HEX",如果想执行其他目标代码,可单击右侧的浏览按钮进行选择。注意只能选择后缀为".HEX"的文件,如果源代码是用C语言编写的,那么还可以选择后缀为".OMF"的文件。

完成后,就将目标代码加到了电路中。如果想在ISIS编辑环境下看到单片机当前正在执行的是哪个程序,可在浏览按钮右侧的下拉菜单中选择"Show All",如图2.18,这样在单片机的下方会出现"PROGRAM=led_test.HEX"。

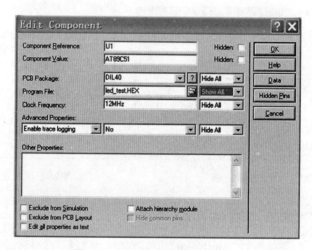

图2.18   "AT89C51"属性编辑窗口

2.3.2   系统仿真及调试

这里只结合简单的LED控制实例给出工具的使用方法及仿真调试过程,在以后的章节中将详细给出各种程序的调试方法。

单击"Debug"菜单下的"Start/Restat Debugging"进入程序调试状态,可通过选中"Debug"菜单下的"8051 CPU Source Code-U1"、"8051 CPU Registers-U1"、"8051 CPU SFR Memory-U1"、"8051 CPU Internal (IDATA) Memory-U1"、"Watch Window"等,如图2.19所示,调出代码调试窗口、寄存器窗口、特殊功能寄存器窗口、片内存储器窗口、查看窗口等,如图2.20至图2.24所示,用于在调试过程中查看指令执行后相关寄存器、存储单元、变量的结果,方便程序逻辑错误的定位。

代码调试窗口"8051 CPU Source Code-U1"右上角提供了几种调试按钮。

全速运行(RUN):启动程序全速运行。

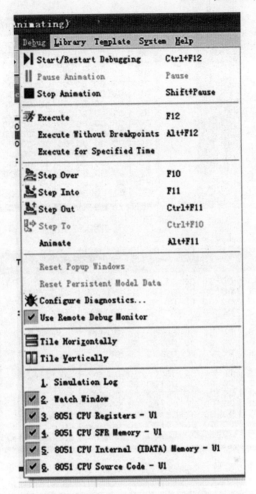

图2.19 调试状态"Debug"菜单

```
8051 CPU Source Code - U1                                          ×
led_test.SDI
    ---- ORG OH
▶  0000 SJMP MAIN
    ---- ORG OBH
   000B SJMP INT_TO
   000D MAIN:   MOV THO,#3CH
   0010           MOV TLO,#0B0H
   0013           MOV TMOD,#01H
   0016           SETB ETO
   0018           SETB EA
   001A           MOV R3,#20
   001C           MOV R7,#7
  0 001E          MOV A,#0FEH
   0020           MOV P1,A
   0022           SETB TRO
   0024           SJMP $
    ----          ORG 50H
   0050 INT_TO: MOV THO,#3CH
   0053           MOV TLO,#0B0H
   0056           DJNZ R3,EXIT
   0058           MOV R3,#20
   005A           RL A
   005B           MOV P1,A
   005D EXIT:   RETI
   000E          END
    ----
    ----
```

图2.20 代码调试窗口

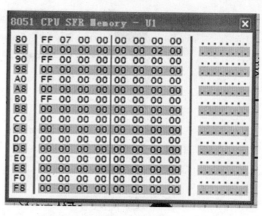

图2.21   寄存器窗口   图2.22   特殊功能寄存器窗口

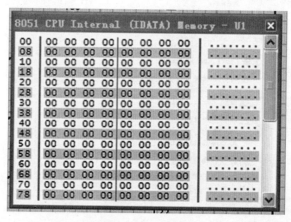

图2.23   片内存储器窗口

Name	Address	Value	Watch Expression

图2.24   查看窗口

单步运行（Step Over）：单步运行程序，但执行子程序调用指令时将整个子程序一次执行完。

跟踪运行（Step Into）：单步运行程序，但执行子程序调用指令时进入子程序内部单步执行指令。

跳出运行（Step Out）：在子程序中全速运行，将整个子程序执行完并返回被调用处。

运行到光标处（Run To）：从当前指令运行到光标所在位置。

设置/消除断点（Toggle Breakpoint）：在光标所在位置设置一个断点，再次单击按钮可消除已设置的断点。

查看窗口在全速运行期间也能够保持实时显示，因此可在窗口中添加一些观测量，便于动态监视一些观测量的过程值。添加方法如下：在查看窗口中右键单击，在弹出的菜单中选择"Add Items（By Name）"按照观测量的名称添加，或者选择"Add Items（By Address）"按照观测量的地址添加。

常用的调试方法一般是利用单步运行与设置断点相结合。根据运行结果或现象判断程序是否正确，如果不正确则需单击"停止"仿真进程控制按钮退出调试状态，在程序编辑窗口"Source Editor"中修改程序并保存，然后回到ISIS环境对修改后的程序重新进行编译，生成新的目标代码，再进入调试状态运行程序，不断重复这个过程，直至运行结果无误。

另一种进入调试状态的方法：单击"全速"仿真进程控制按钮，则程序连续运行，可直接看到仿真运行结果及现象，如果现象与预期不一致，说明程序存在错误。此时可通过单击"暂停"仿真进程控制按钮，进入调试状态。同样可调出各种观察窗口查看相关寄存器、存储单元的状态，也可利用调试按钮继续对程序进行调试。

本例仅调出了代码调试窗口、寄存器窗口与查看窗口，在查看窗口中右键单击，选中弹出菜单中的"Add Items（By Name）"，则弹出图2.25所示的"Add Memory Item"窗口，双击"P1"，则将"P1"添加到查看窗口，调试画面如图2.26所示。单击"全速运行"按钮，可观察到8个黄色的LED灯由上至下依次点亮，从查看窗口中可看到P1的值与灯的状态同时改变。仿真运行中的一个画面如图2.27所示。其中每根连线附近出现的红色或蓝色方块代表该连线上电平的高低，红色表示高电平，蓝色表示电平。借助连线上的电平高低，可直观地看出各条I/O接口线的状态，从而判定程序是否有误，或者电路是否正确。

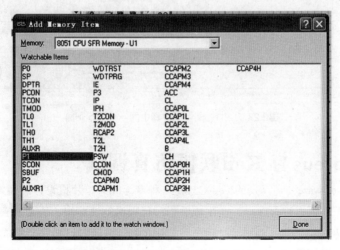

图2.25 "Add Memory Item"窗口

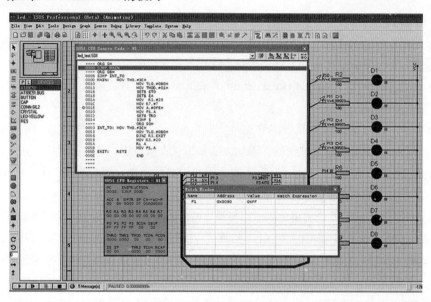

图2.26　LED控制实例调试画面

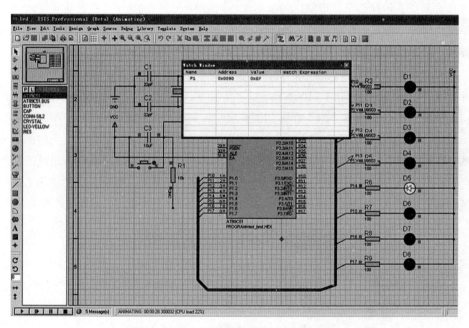

图2.27　LED控制实例仿真中的一个运行画面

2.4　Proteus与Keil联机仿真调试

美国Keil Software公司开发的Keil C51是一种专为8051单片机设计的高效率C语言编译器（也能够对汇编语言进行编译），生成的程序代码运行速度快、所需的存储空间小，完全可以和汇编语言相媲美。目前，Keil公司推出的C51编译器已被完全集成到一个功能强大的全新集成开发环境μVision3中，包括项目管理、程序编译和连接定位等，并且还可以与Proteus ISIS进行联机仿真,为单片机的开发带来极大方便。当汇编语言程序较复杂的时候,或者使用C51语言编写程序的时候,可首先在Keil μVision3中进行程序设计,并进行编译、调试、生成目标代码文件,然后与Proteus进行联机仿真调试,进一步消除逻辑错误,实现单片机系统预期的功能,相当于将程序下载至单片机、在搭建好的真实电路上进行软硬联调。

2.4.1 Proteus与Keil联调的设置方法

首先,需要安装Keil与Proteus软件的链接文件vdmagdi.exe(用户可从网上自行下载)。

其次,在Keil中对工程进行配置。在"Project"菜单中选择"Option for Target 'Target 1'",打开配置界面。

1)"Output"选项卡配置

用于设定当前工程在编译连接之后生产的可执行代码文件。默认与工程文件同名,存放在当前工程文件所在的目录中,也可以指定其他文件名,在"Name of Executable"处输入即可,但需注意文件的后缀必须为omf,如图2.28所示。因为.omf文件是Keil编译环境为8051系列单片机输出的含有调试信息的代码文件,不同的编译环境为不同的单片机输出的带有调试信息的文件后缀不同,例如IAR 针对8051输出的带调试信息的代码文件后缀为ubrof8。选中复选框"Create HEX File"表示除了生成带调试信息的代码文件外,还生成一个不带调试信息的HEX文件。

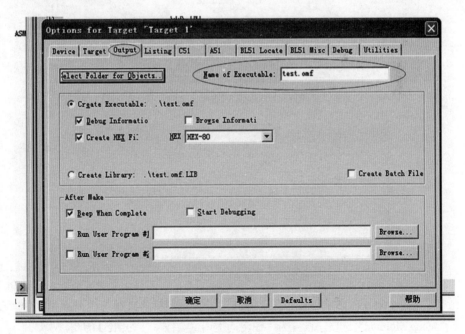

图2.28 "Output"选项卡配置

2)"Debug"选项卡配置

用于设定调试选项。如图2.29所示,单击右上部的"Use",然后在下拉列表中选择

"Proteus VSM Simulator"。注意，若未出现该选项则说明没有正确安装插件vdmagdi.exe，需要关闭Keil重新安装插件后再启动Keil。单击右边的"Settings"按钮，弹出图2.30所示的通信配置选项卡，需要注意的是用户的Windows系统必须安装TCP/IP协议，才能保证Proteus与Keil能正常通信。选中复选框"Load Application at Startup"和"Run to main ()"，可以在启动仿真时自动装入应用程序目标代码并运行到main ()函数处。在"Restore Debug Session Settings"栏中有4个复选框："Breakpoints"、"Watchpoints & PA"、"Memory Display"和"Toolbox"，分别用于在启动调试器时自动恢复上次调试过程中所设置的断点、观察点与性能分析器、存储器及工具箱的显示状态，如果在编辑源程序文件时就设置了断点，并希望在启动Debug仿真调试时能够使用则应该选中这些复选框。

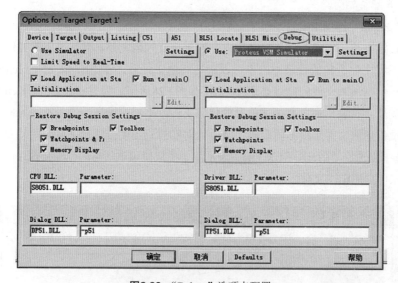

图2.29 "Debug"选项卡配置

图2.30 "Settings"选项卡配置

最后，在Proteus ISIS中进行设置。单击"Debug"菜单，在下拉列表中选中"Use Remote Debug Monitor"选项，设置为"使用远程调试监控"，如图2.31所示。

按照上述步骤操作后，则能够实现Proteus与Keil的联机仿真。在联机仿真状态下，可以在μVision3环境中进行程序调试，同时通过ISIS环境下的电路图观察到程序运行结果。Proteus与Keil的联调功能十分完善，除了全速运行之外还支持单步、设置断点、运行到光

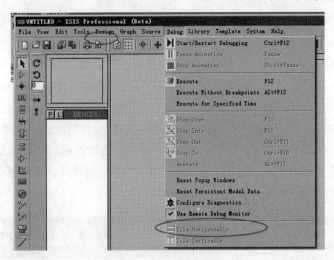

图2.31 ISIS中Debug菜单设置

标指定位置等多种操作，且调试过程中可同时在μVision3环境和ISIS环境中观察变量、寄存器、存储单元、输入输出接口等的状态，非常方便。

2.4.2 联机调试仿真实例

仍以前面的LED控制为例，仿真电路图及程序清单如图2.6和图2.16所示。

（1）在Keil μVision3中新建一个工程，命名为"LED_test"，将之前编辑好的程序"led_test.ASM"加入该工程。按照上小节的方法对该工程的"Output"与"Debug"选项卡进行配置，然后进行编译及链接，生成带有调试信息的"LED_test.omf"文件，如图2.32所示。

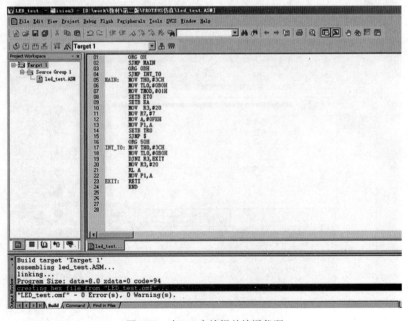

图2.32 在Keil中编辑并编译代码

（2）在ISIS中打开之前绘制好的电路原理图"led"，通过Debug菜单设置好"使用远程调试监控"功能。

（3）进行联机调试。单击μVision3环境中的调试按钮 🔍 或者Debug菜单下的"Start/Stop Debug Session"，μVision3进入调试状态，切换到ISIS环境，发现ISIS也进入仿真状态，通过设置可分别在μVision3环境和ISIS环境中调处I/O接口、寄存器、存储单元的查看窗口，如图2.33和图2.34所示。区别是在全速运行状态下，μVision3环境中I/O接口、寄存器、存储单元的状态不是实时变化的，而ISIS环境中，通过"Watch Window"窗口可实时看到I/O接口、寄存器等的状态改变。在单步、断点等运行状态下，通过哪个环境查看都可以。读者可自行尝试、体验。

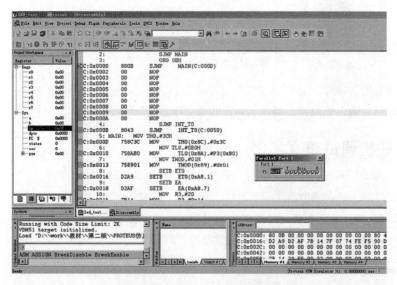

图2.33　μVision3调试状态画面

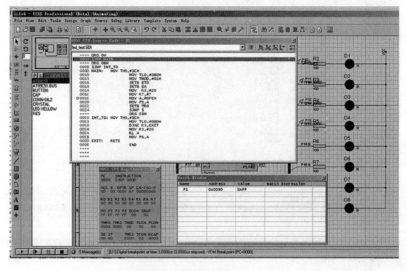

图2.34　ISIS仿真状态画面

知识与技能归纳

（1）单片机系统Proteus设计与仿真过程一般分为3步。

● 硬件设计：在ISIS平台上进行系统电路设计，选择元器件、连接电路，绘制仿真电路图，进行电气规则检查。

● 软件设计：在ISIS平台上进行程序设计，编辑源程序、编译、初步调试消除语法错误，最后生成目标代码文件（*.hex）。

● 系统仿真及调试：在ISIS平台上将目标代码文件加载到单片机中，借助调试工具和观测窗口，反复修改程序消除逻辑错误，直到获得预期结果。

（2）常用的单片机系统调试方法有单步加断点，即在程序适当位置设置断点，进入断点后再以单步方式运行程序，通过观察每条指令执行后的结果或现象，分析出程序设计错误，进而修正程序。

（3）Proteus ISIS自带的代码编辑器使用不很方便，程序复杂时可在Keil μVision3环境下编辑程序并进行编译，然后以Proteus与Keil联机仿真的方式进行调试。如果开发程序使用的是C语言，则必须在Keil μVision3 环境下编辑程序并进行编译，然后借助联机仿真对程序进行调试。

思考与练习

1. Proteus软件有哪些主要功能？

2. 如何利用属性分配工具添加连续的网络标号？

3. 如何利用属性分配工具为多个元件的参数赋相同的数值？

4. 为什么要对设计好的电路进行电气规则检查？如何操作？

5. 如何创建源代码文件？

6. 进入调试状态的方法有哪两种？

7. 调试按钮有几个？各有何功能？

8. 如何实现Proteus与Keil的联机调试？

第3章

单片机的
结构和原理

单片机因使用者和使用目的的不同，与其相连的外部设备也就各不相同。因此，使用者必须自己设计单片机与外部设备间的连接电路，编写指示单片机进行具体工作的程序。为此，作为预备知识，本章以8051为例介绍单片机的内部组成、存储器结构、输入输出端口、时序及复位电路等内容。读者在学习其他类型单片机时可以获得举一反三、触类旁通的效果。

3.1　单片机的内部组成

如第1章所述，在一块芯片上将微型计算机的各个主要部分集成在一起就构成了单片机。如图3.1所示，8051单片机内部包含CPU、存储器、并行接口、串行接口、定时器/计数器、中断系统等几大部分。各个部分之间由内部总线进行连接，因此地址或数据信息都是通过内部总线传递的。

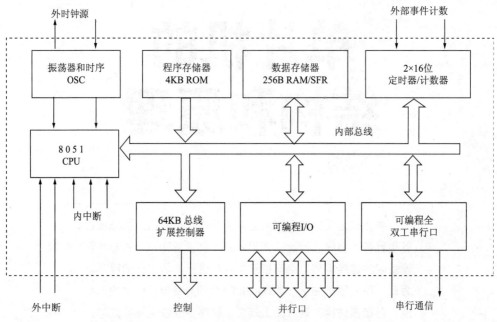

图3.1　8051单片机组成功能框图

3.1.1　总线结构

总线是单片机系统各个组成部分之间相互交换信息的公共通道。按照传递信息的类型，总线可分为三种：地址总线（AB：Address Bus）、数据总线（DB：Data Bus）、控制总线（CB：Control Bus），每种总线所能传送的信息类型以及传送方向如表3.1所示。

表3.1　总线的类型

总线类型	传递的信息类型	传送方向
地址总线	存储单元或I/O接口的地址	单向：由CPU将地址传送给存储单元或I/O接口
数据总线	数据	双向：CPU与存储器、I/O接口、外设等部件之间传送
控制总线	控制或状态信号	单向：每根控制线的方向一定，可以是CPU输出的控制信号，也可以是其他部件输入给CPU的状态信号

8051单片机内部结构原理图如图3.2所示。

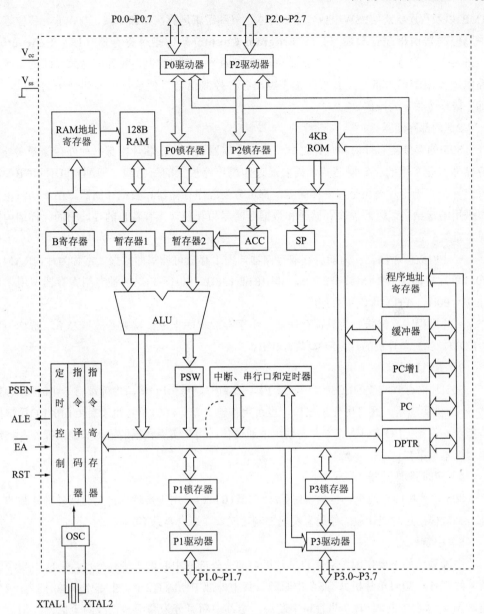

图3.2 8051单片机内部结构原理图

3.1.2 单片机的内部结构

在此，结合图3.1和图3.2，简单介绍8051单片机的内部组成，详细内容将在以后的章节中给出。

1）中央处理器（CPU）

8051单片机有一个字长为8位的CPU，它是整个单片机的核心部件，相当于人的大脑和心脏，主要完成运算和控制功能，由运算器和控制器组成。

运算器由算术逻辑单元（ALU）、累加器（ACC：Accumulator）、暂存器TMP1和

TMP2以及程序状态字PSW组成。用于算术运算和逻辑运算，如加、减、与、非、移位等。

控制器由程序计数器（PC：Program Counter）、指令寄存器（IR：Instruction Register）、指令译码器（ID：Instruction Decoder）、定时控制逻辑和振荡器（OSC）等电路组成。用于识别指令，并根据指令发出各种控制信号，使单片机各部分协调工作，从而完成指令规定的操作。

2）内部存储器

8051的存储器有片内和片外之分，片内存储器是集成在芯片内部，片外存储器（外部存储器）是专用的存储器芯片，需要通过印刷电路板上的三总线（即AB、DB和CB）与8051连接，无论片内还是片外存储器，都可分为程序存储器和数据存储器。由于8051单片机采用哈佛结构，因此程序存储器和数据存储器相互独立，有各自的寻址空间。详细内容见本章第3节。

- 片内数据存储器：为随机存取存储器，用于存放可读写的数据，常称为片内RAM。8051单片机的片内RAM共有256B，其中的高128B（80H～FFH）被专用寄存器占用，低128B（00H～7FH）可供用户使用。

- 片内程序存储器：为只读存储器，用于存放程序指令、常数及数据表格，常称为片内ROM。8051单片机的片内ROM共有4KB。

3）并行I/O接口

8051片内有4个8位的I/O接口：P0，P1，P2和P3，每个I/O接口内部都有一个8位锁存器和一个8位驱动器，既可用作输出口，也可用作输入口。8051单片机没有专门的I/O接口操作指令，而是把I/O接口当作寄存器使用，通过传送指令实现数据的输入和输出操作。详细内容见本章第4节。

4）定时器/计数器

8051单片机中有两个16位的定时器/计数器T0和T1，用于实现内部定时或外部计数的功能，并能根据定时或计数的结果来实现控制功能。详细内容见第6章。

5）中断系统

中断系统的主要作用是对来自单片机内部或外部的中断请求进行处理，完成中断源所要求的任务。8051单片机共有5个中断源，其中外部中断源有2个，内部中断源有3个：2个定时器/计数器中断源和1个串行口中断源。全部中断可分为高级和低级两个优先级别。详细内容见第5章。

6）串行口

8051单片机有一个全双工可编程串行口，用于实现单片机与外部设备之间的串行数据传送。

7）时钟电路

时钟电路的主要作用是为单片机提供工作所需的时钟脉冲序列。时钟脉冲的频率是单片机的重要性能指标之一，时钟频率越高，单片机控制器的控制节拍就越快，运算速度也就越高。

3.1.3 引脚定义及功能

8051单片机共有40个引脚，采用双列直插式（DIP）封装的芯片引脚图如图3.3所示。为节省引脚，部分引脚具有双功能。为便于学习和掌握，可将引脚分为4类：

1）电源引脚

- V_{SS}（20脚）：接地。
- V_{cc}（40脚）：电源引脚，接+5V电源。

2）时钟电路引脚

XTAL1（19脚）和XTAL2（18脚）：使用内部振荡电路时，接石英晶体和电容，XTAL1为输入端，XTAL2为输出端；使用外部时钟源时，用于输入时钟脉冲。

3）并行I/O引脚

- P0.0~P0.7（39~32脚）：P0口的8位双向三态I/O接口线，既可作为通用I/O接口，又可分时复用，作为外部扩展时的数据总线及低8位地址总线。

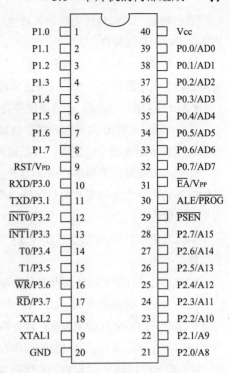

图3.3 8051单片机引脚图

- P1.0~P1.7（1~8脚）：P1口的8位准双向I/O接口线，用作通用I/O接口。
- P2.0~P2.7（21~28脚）：P2口的8位准双向I/O接口线，既可直接连接外部I/O设备，作为通用I/O接口，又可作为外部扩展时的高8位地址总线，与P0口配合，共同组成16位的片外存储单元地址。
- P3.0~P3.7（10~17脚）：P3口的8位准双向 I/O接口线，是双功能复用口，可作为通用I/O接口使用，但常用其第二功能，每个引脚的第二功能见表3.2。

表3.2 P3口的第二功能表

P3口引脚线号	第二功能标记	第二功能注释
P3.0	RXD	串行口数据接收输入端
P3.1	TXD	串行口数据发送输出端
P3.2	$\overline{INT0}$	外部中断0请求输入端
P3.3	$\overline{INT1}$	外部中断1请求输入端
P3.4	T0	定时/计数器0外部输入端
P3.5	T1	定时/计数器1外部输入端
P3.6	$\overline{WR}$	片外数据存储器写选通端
P3.7	$\overline{RD}$	片外数据存储器读选通端

4）控制信号引脚

- RST/V_{PD}（9脚）：复位信号/备用电源线引脚。

第一功能：当8051通电时，时钟电路开始工作，当RST引脚上出现24个时钟周期以上的高电平时，系统复位。

第二功能：作为备用电源输入线，当主电源Vcc发生故障而降低到规定电平时，RST/V_{PD}引脚上的备用电源自动投入，以保证单片机内部RAM的数据不丢失。

• ALE/$\overline{PROG}$（30脚）：地址锁存允许/编程引脚。

第一功能：CPU访问外部程序存储器时，用于锁存P0口的低8位地址信息，以实现P0口的地址线和数据线的分时复用。当不访问外部程序存储器时，ALE端将输出一个正脉冲信号，此频率为时钟振荡频率的1/6。这个信号可以用于识别单片机是否工作，也可作为一个时钟向外输出，为外部芯片提供时钟。需要注意的是，当访问外部程序存储器时，ALE会丢失一个脉冲。

第二功能：对EPROM型芯片（如8751）进行编程和校验时，用于输入编程脉冲，低电平有效。

• $\overline{EA}$/V_{PP}（31脚）：外部程序存储器选择输入/编程电压输入引脚。

第一功能：接高电平时，CPU执行片内ROM的指令，但是当PC的值超过片内ROM的地址范围时，CPU会自动转去执行片外ROM指令。接低电平时，CPU只能访问片外ROM。对于8051单片机，其内置有4KB的程序存储器，当$\overline{EA}$为高电平时，如果程序地址小于4KB时（0000H~0FFFH），读取内部程序存储器指令数据，而超过4KB（1000H~ FFFFH）地址则读取外部程序存储器指令。当$\overline{EA}$为低电平，则不管地址大小，一律读取外部程序存储器的指令。

问题 8031单片机内部无程序存储器，该引脚应如何接？

解释 8031单片机片内没有程序存储器，只能访问外部的程序存储器，因此$\overline{EA}$端必须接地。

第二功能：片内EPROM编程/校验时的电源线，在编程写入时，作为编程电压的输入端，该引脚需加上21V的编程电压。

• $\overline{PSEN}$（29脚）：外部程序存储器的读选通信号输出引脚。

访问片外ROM时，此引脚输出一个负脉冲，以实现对片外ROM的选通。在其他情况下，$\overline{PSEN}$线均为高电平封锁态。

3.2　单片机的工作原理

单片机是通过执行程序实现用户所要求的功能，执行不同的程序就能完成不同的任务。因此，单片机工作过程实际上就是单片机执行程序的过程。

单片机执行程序也就是逐条执行指令，通常一条指令的执行分为三个阶段：取指令、分析指令和执行指令。

• 取指令：根据程序计数器PC中的值从ROM读出下一条要执行的指令，送到指令寄存器IR。

• 分析指令：将IR中的指令操作码取出进行译码，分析指令要求实现的操作性质。

• 执行指令：取出操作数，按照操作码的性质对操作数进行操作。

单片机执行程序的过程实质上就是对每条指令重复上述操作的过程。

初学者总是对"单片机究竟是如何工作的"这个问题感觉很抽象，不易理解，在此将一条指令的具体执行过程进行分解并用示意图说明。

指令"MOV A，#0E6H"的功能是将十六进制数"0E6H"送入累加器A。在Keil编译环境下，该指令在程序存储器中存放的地址以及机器码如图3.4所示，据此整理出表3.3。图中光标指向将要执行的指令，即PC为0200H。该指令的执行可以分解为单片机取指令和执行指令两个过程。

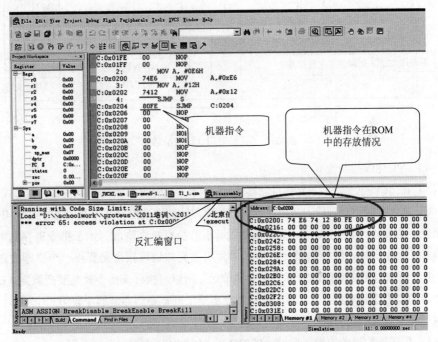

图3.4 指令"MOV A，#0E6H"在程序存储器中的存放

表3.3 程序存储器中指令的存放形式

程序存储器地址	地址中的内容（机器码）	指 令
0200H	74H（操作码）	MOV A，#0E6H
0201H	E6H（操作数）	
0202H	24H（操作码）	ADD A，#12H
0203H	12H（操作数）	

取指令过程如图3.5所示。

（1）程序计数器的内容（此时为0200H）送到地址寄存器。

（2）程序计数器的内容自动加1（变为020lH）。

（3）地址寄存器的内容（0200H）通过内部地址总线送到存储器，经存储器中的地址译码电路选中地址为0200H的存储单元。

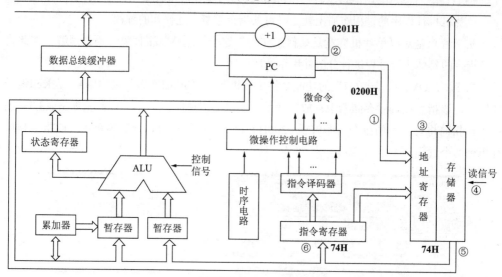

图3.5 单片机取指令过程示意图

（4）CPU使读控制线有效。

（5）在读命令控制下，被选中存储器单元的内容（此时应为74H）送到内部数据总线上。

（6）因为是取指令阶段，故该内容通过数据总线被送到指令寄存器（此时应为74H）。

至此，取指令阶段完成。下面进入译码分析和执行指令阶段。由于指令寄存器中的内容是74H（操作码），经译码器译码后，单片机就会知道该指令是要将一个立即数送到累加器A中，而该数是在此代码的下一个存储单元。所以，执行该指令就是要把数据（E6H）从存储器中取出送到累加器A，因此执行指令实质上就是要到存储器中取第二个字节。

执行指令过程如图3.6所示。

（1）程序计数器的内容（此时为0201H）送到地址寄存器。

（2）程序计数器的内容自动加1（变为0202H）。

（3）地址寄存器的内容（0201H）通过内部地址总线送到存储器，经存储器中的地址译码电路选中地址为0201H的存储单元。

（4）CPU使读控制线有效。

（5）在读命令控制下，被选中存储器单元的内容（此时应为E6H）送到内部数据总线上。

（6）取得的数被送到A累加器中（此时应为E6H）。

至此，一条指令执行完毕。此时PC=0202H，单片机又进入下一个取指令阶段（取指令"ADD A，#12H"的操作码24H），然后执行这一指令。这样一直重复下去，直到遇到暂停指令（8051系列单片机没有此指令）或循环等待指令（通常用"SJMP $"指令）才停止。

CPU就是按照上述过程逐条执行指令来实现程序所规定的功能的，这就是单片机的基本工作原理。

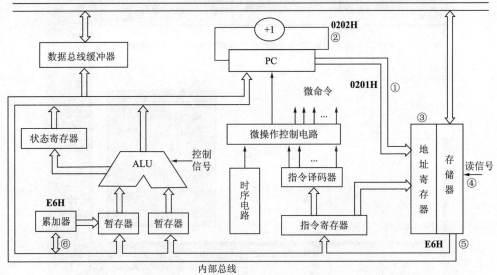

图3.6 单片机执行指令过程示意图

下面在Proteus环境中验证指令执行后的结果，也希望借此读者能够学会查看运行结果的方法。

图3.7为指令执行前各寄存器的状态，按下单步执行键，执行指令"MOV A，#0E6H"，为便于查看，从"Debug"菜单下调出"8051 CPU Registers-U1"窗口，结果如图3.8所示，此时累加器A的内容变为E6H，PC为0202H，指向下一条指令。再次按下单步

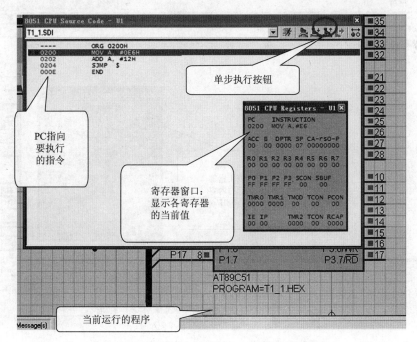

图3.7 执行指令"MOV A，#0E6H"前的结果

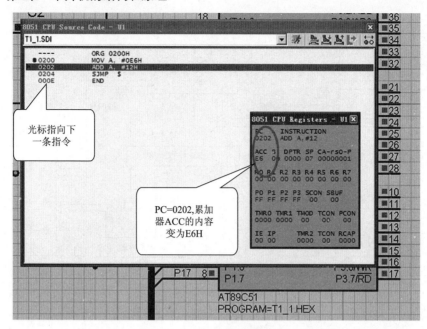

图3.8 执行指令"MOV A, #0E6H"后的结果

执行键,执行指令"ADD A, #12H"后结果如图3.9所示,此时累加器A的内容变为F8H,PC为0204H,指向下一条指令"SJMP $"。

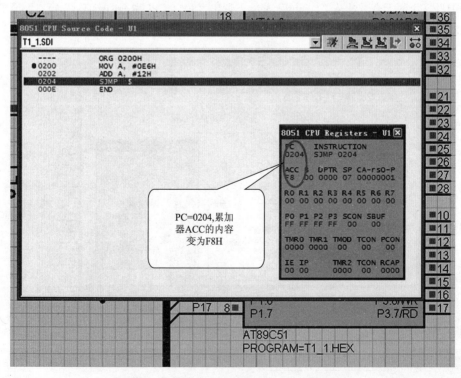

图3.9 执行指令"ADD A, #12H"后的结果

3.3 单片机的存储器

存储器是用来存放程序或者程序中所需的数据的。不同的单片机，其存储器的类型与容量也不相同。由于单片机中使用的存储器全部都是半导体存储器，因此首先介绍半导体存储器的基本知识。

3.3.1 半导体存储器

1. 随机存储存储器与只读存储器

按存取方式可以将存储器分为以下两类：

（1）随机存取存储器（RAM：Random Access Memory）。CPU既可以将该存储器中的信息（数据）读出又可以将需要写入的信息写入。

（2）只读存储器（ROM：Read Only Memory）。CPU只能读出存放在该存储器中的信息，不能写入。

表3.4对比了这两种存储器的特点、用途，在单片机中，通常将RAM作为存放数据的存储器，而将ROM作为存放程序的存储器。

表3.4 随机存取存储器和只读存储器对照表

存储器的类型	功 能	特 点	用 途
随机存取存储器	能随时进行数据的读/写	易失性存储器，信息在关闭电源后会丢失	存放暂时性的数据、中间运算结果
只读存储器	信息只能读出，不能改写	非易失性存储器，断电后，信息仍保留	存放固定的程序和数据

2. 随机存取存储器的分类

按照存储信息的方式，随机存取存储器又可分为以下两种：

（1）静态RAM（SRAM：Static RAM）。只要有电加在存储器上，数据就能长期保留。

（2）动态RAM（DRAM：Dynamic RAM）。写入的信息只能保留几毫秒的时间，因此每隔一定时间需要重新写入一次（称为"刷新"），所以动态RAM的电路较复杂。

表3.5对比了这两种RAM的存储原理、特点和性能，在单片机中，通常将SRAM作为数据存储器使用。

表3.5 静态RAM与动态RAM对照表

RAM类型	存储原理	特 点	性 能
静态RAM	由MOS晶体管触发器的两个稳定状态来表示二进制信息	只要不断电，信息就不丢失，不需外加刷新电路	存取速度快，稳定可靠，集成度不高，容量小，功耗较大
动态RAM	以MOS晶体管的栅极和衬底间的电容来存储二进制信息	电容存在泄漏现象，所以需外加刷新电路	集成度高，容量大，功耗低，存取较慢

3. 只读存储器的分类

ROM存储器按固化信息方式（向芯片内写入信息）的不同可分为以下4种：

（1）掩膜ROM（MROM：Mask ROM）。程序或数据由生产厂家根据用户的要求进行编程固化，数据一经写入就不能更改。

（2）可编程ROM（PROM：Programable ROM）。由用户根据需要一次性写入程序和数据，但写入后不能更改。

（3）可擦除可编程ROM（EPROM：Erasable PROM）。由用户通过专用设备写入，需修改时可用紫外线照射擦除，使存储器全部复原，用户可多次改写。但擦除速度慢，一般需要几分钟到二十几分钟的时间，而且只能针对整个存储块进行擦除和改写。

（4）电可擦除可编程ROM（E^2PROM：Electrically Erasable ROM）。可用电信号擦除，多次改写，不需要专用设备。在用户系统中可直接进行改写（在线改写），且能以字节为单位进行擦除和改写，而不是像EPROM那样整体擦除。但存取速度慢。

E^2PROM的最大缺点就是改写信息的速度慢，随着半导体存储技术的发展，各种新的可现场改写信息的非易失性存储器被推出，且发展速度很快，其中应用最广泛、最流行的就是快擦写存储器（Flash Memory）。快擦写存储器是在E^2PROM的基础上改进来的，但读写速度比一般E^2PROM快得多，因此也将其称为"闪存"。这种存储器集成度高，制造成本低于DRAM，既有SRAM读写灵活和较高的访问速度，又有ROM断电后信息不丢失的特点，故近年来发展迅速。其容量从最初的几十KB发展到现在的几十GB。用这种存储器生产的移动存储盘就是常见的U盘。

目前的单片机多数程序存储器都已经配置了这种存储器，本书实例中使用的AT89C51单片机中的程序存储器全部都采用的是这种存储器。

3.3.2   存储器的主要指标

衡量存储器的性能指标有很多，如功耗、速度、可靠性等，其中最重要莫过于存储速度和存储容量。

1）存储速度

存储速度主要由存储时间来衡量。

存储时间是指从CPU给出有效的存储器地址，启动一次存储器读/写操作，到完成该操作所经历的时间。一般存储时间为几十到几百纳秒。存储时间越短，存储速度越快。

2）存储容量

存储容量是指存储器芯片最多能够存放二进制信息的总位数。

存储容量的大小与地址线的位数有关，可以按照如下的公式计算：

$$存储容量 = 编址数（存储单元数）\times 数据线位数 = 2M \times N$$

其中，M为地址总线的位数，N为数据总线的位数。

存储容量通常以字节为单位，由于存储器容量一般很大，不便于书写和记忆，因此通常把1024字节称为1KB，以此类推，就有了1MB和1GB，它们代表的字节数如下：

$$1KB = 2^{10}Byte, \quad 1MB = 2^{20}Byte, \quad 1GB = 2^{30}Byte$$

有了以上简便的计数方式，就有了常见的64KB，512KB，1MB，4GB等。图3.10给出了一个计算存储容量的例子。

> AT89C51单片机有地址线16条,数据线8条:
> （1）所能寻址的存储单元数就为2^{16}。
> （2）代入计算公式:
> 　　　存储容量=$2^{16} \times 8 = 2^{16}$B
> （3）进一步简化: $2^{16} = 2^{10} * 2^6 = 1K * 64 = 64K$
> （4）AT89C51的存储容量为64KB。

图3.10 存储容量计算示例

3.3.3 8051单片机的存储器

计算机在存储器配置上有两种结构：普林斯顿结构（程序存储器和数据存储器统一编制）和哈佛结构（程序存储器和数据存储器在物理结构上相互独立），8051单片机采用的是哈佛结构，又由于存储器有片内和片外之分，因此在物理上共有4个存储空间：片内程序存储器、片外程序存储器、片内数据存储器和片外数据存储器。但在逻辑上，即从用户使用的角度来看，有三个存储空间（图3.11）：

（1）片内外统一编址的程序存储器：64KB（0000H～FFFFH）。

（2）片内数据存储器：256B（00H~FFH）。

（3）片外数据存储器：64KB（0000H～FFFFH）。

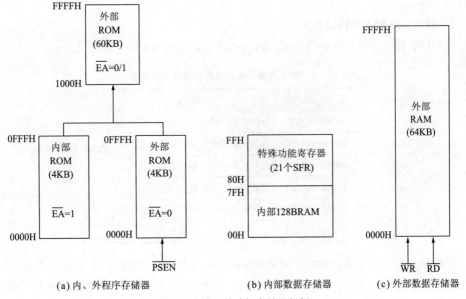

(a) 内、外程序存储器　　　　(b) 内部数据存储器　　　　(c) 外部数据存储器

图3.11 8051单片机存储器组织

问题　对于同一个地址，如80H，CPU如何区分要访问的是哪一个存储空间？

解释　访问不同的存储空间所使用的指令不同：

- 访问片内外ROM用MOVC指令。
- 访问片外RAM用MOVX指令。
- 访问片内RAM用MOV指令。

由于执行的指令不同，CPU就能够找到正确的存储空间了。这就要求程序开发人员在编写程序时，要非常清楚数据放置的位置，并使用正确的指令。

1. 程序存储器

程序存储器用于存放用户程序、数据和表格等信息，结构如图3.11（a）所示，具有64KB的寻址空间，但其中有4KB（0000H~0FFFH）是片内ROM和片外ROM共用的，根据控制信号$\overline{EA}$进行区分。对于内部程序存储器的8051等单片机，正常运行时，$\overline{EA}$需接高电平，使CPU先从内部的程序存储器中读取程序，当PC值超过内部ROM的容量时，才会转向外部的程序存储器读取程序。对于内部无程序存储器的8031单片机，它的程序存储器必须外接，因此单片机的$\overline{EA}$端必须接地，强制CPU从外部程序存储器读取程序。

1）程序计数器PC

对程序存储器的访问是通过程序计数器PC实现的。PC是一个16位的计数器，寻址范围为64KB，专门用于存放CPU将要执行的下一条指令的地址。PC有自动加1功能，即执行完一条指令后，其内容自动加1。

PC是不可寻址的寄存器，因此用户不能对其进行读写，但是可以通过转移、调用、返回等指令改变其内容，以控制程序执行的顺序，实现程序的跳转和循环。

单片机启动复位后，程序计数器PC的内容为0000H，所以系统将从0000H单元开始执行程序。

2）程序存储器中的特殊单元

在程序存储器中有些特殊的单元，如表3.6所示，在使用中应加以注意。

表3.6　程序存储器中的特殊存储单元分配表

特殊单元的地址	功　能
0000H~0002H	复位引导程序区
0003H~000AH	外部中断0的中断程序入口地址区
000BH~0012H	定时/计数器0的中断程序入口地址区
0013H~001AH	外部中断1的中断程序入口地址区
001BH~0022H	定时/计数器1的中断程序入口地址区
0023H~002AH	串口中断程序入口地址区

系统复位后，PC为0000H，单片机从0000H单元开始执行程序，如果用户不希望程序从0000H开始执行，就应在0000H~0002H这三个单元中存放一条无条件转移指令，让CPU转入真正的用户程序去执行。

0003H～002AH这40个单元专门用于存放中断服务程序入口地址，中断响应后，按中断的类型，自动转到各自的中断服务入口地址执行程序。因此，以上地址单元不能用于存放程序的其他内容。另外，每个中断程序入口地址区只有八个单元，显然不足以存放一般的中断服务程序，因此应在这八个单元中存放一条无条件转移指令，让CPU转入真正的中断服务程序去执行。

2. 数据存储器

数据存储器用于存放经常改变的中间运算结果、数据暂存或标志位等。8051单片机的数据存储器有内部数据存储器和外部数据存储器之分，结构如图3.11（b）、图3.11（c）所示，片内RAM有256B的存储空间，片外RAM有64KB的存储空间。

片内RAM空间可分为两个区，如图3.12所示。

- 低128B（00H～7FH）为用户数据RAM区。
- 高128B（80H～FFH）为特殊功能寄存器（SFR：Special Function Regiter）区。

这部分存储空间在今后程序设计中经常使用，是非常重要的编程资源，下面进行详细介绍。

1）低128B的片内RAM区

根据使用功能不同，用户数据RAM又可分为工作寄存器区、位寻址区、堆栈及数据缓冲区，其结构分布如图3.12所示。

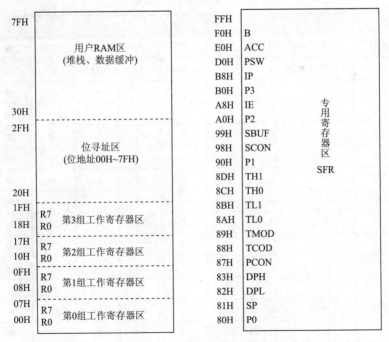

图3.12　片内数据存储器的配置

（1）通用工作寄存器区（00H～1FH）。通用工作寄存器区共32个字节分成4个组（0、1、2、3），每组有8个寄存器，分别用R0～R7表示，称为工作寄存器。虽然每组工作寄存器的名称相同，但每个工作寄存器有各自的地址，不会混淆。而且同一时刻只有一个组工作，CPU根据程序状态字寄存器中的RS0和RS1的值（由用户设定）来选择当前的工作组，如表3.7所示。

表3.7 工作寄存器地址表

组	RS1 RS0	R0	R1	R2	R3	R4	R5	R6	R7
0	0 0	00H	01H	02H	03H	04H	05H	06H	07H
1	0 1	08H	09H	0AH	0BH	0CH	0DH	0EH	0FH
2	1 0	10H	11H	12H	13H	14H	15H	16H	17H
3	1 1	18H	19H	1AH	1BH	1CH	1DH	1EH	1FH

单片机上电/复位时，由于RS1=0，RS0=0，因此自动选择第0组为当前的工作组。R0，R1除作为工作寄存器外，还可以用作间接寻址的地址指针。

（2）位寻址区（20H～2FH）。如表3.8所示，位寻址区共有16字节，128位，位地址为00H~7FH。CPU能直接寻址这些位，进行置1、清0、求"反"、传送和逻辑运算等位操作，这就是8051单片机所具有的布尔处理功能。在程序设计时，还常常将这些位用作软件标志位。

表3.8 位地址单元分配表

字节地址	D7~D0							
2FH	7F	7E	7D	7C	7B	7A	79	78
2EH	77	76	75	74	73	72	71	70
2DH	6F	6E	6D	6C	6B	6A	69	68
2CH	67	66	65	64	63	62	61	60
2BH	5F	5E	5D	5C	5B	5A	59	58
2AH	57	56	55	54	53	52	51	50
29H	4F	4E	4D	4C	4B	4A	49	48
28H	47	46	45	44	43	42	41	40
27H	3F	3E	3D	3C	3B	3A	39	38
26H	37	36	35	34	33	32	31	30
25H	2F	2E	2D	2C	2B	2A	29	28
24H	27	26	25	24	23	22	21	20
23H	1F	1E	1D	1C	1B	1A	19	18
22H	17	16	15	14	13	12	11	10
21H	0F	0E	0D	0C	0B	0A	09	08
20H	07	06	05	04	03	02	01	00

位寻址区的存储单元既有字节地址又有位地址，因此既可作为一般存储单元进行字节寻址，也可对它们进行位寻址。

问题 仔细观察表3.8可发现，位寻址区的位地址范围为00H～7FH，字节地址范围是20H～2FH，有地址重叠现象，进一步深思还可发现，内部RAM低128个单元的字节地址范围也为00H～7FH，整个存储区的地址都是重叠的，那么CPU如何区分是字节地址还是位地址呢？

解释 汇编语言的指令系统专门为位操作设置了一类指令，因此在实际应用中可以通过指令的类型来区分字节地址和位地址。

（3）堆栈及数据缓冲区（30H～7FH）。内部RAM的堆栈及数据缓冲区共有80个单元，用于存放用户数据或作为堆栈区使用。堆栈区是存储器中一个特殊的存储区，数据按照"先进后出"或"后进先出"的方式进行存取操作，具体将在下面结合堆栈指针进行详细说明。

2）高128B的片内RAM区

8051单片机共有21个特殊功能寄存器（不包括PC），也称为专用寄存器，离散地分布在片内RAM的高128B地址单元中，构成了SFR区。每个SFR都分配有符号名和字节地址，可对其进行直接寻址。表3.9是特殊功能寄存器一览表，其中字节地址能够被8整除的SFR（符号前带"*"的）能够进行位寻址，每一位都具有位名称和位地址（详见各个SFR）。

表3.9　8051单片机的特殊功能寄存器表

符　号	名　　称	地　址
*ACC *B *PSW	累加器 B寄存器 程序状态字	E0H F0H D0H
SP DPTR	堆栈指针 数据指针（包括高8位DPH和低8位DPL）	81H 83H（高8位），82H（低8位）
*P0 *P1 *P2 *P3	P0口锁存寄存器 P1口锁存寄存器 P2口锁存寄存器 P3口锁存寄存器	80H 90H A0H B0H
*IP *IE	中断优先级控制寄存器 中断允许控制寄存器	B8H A8H
TMOD *TCON	定时/计数器工作方式寄存器 定时器控制寄存器	89H 88H
TH0 TL0 TH1 TL1	定时/计数器0的高8位 定时/计数器0的低8位 定时/计数器1的高8位 定时/计数器1的低8位	8CH 8AH 8DH 8BH
*SCON SBUF	*SCON SBUF	98H 99H
PCON	电源控制寄存器	87H

SFR主要用于管理片内和片外的功能部件，如定时器、中断系统、I/O接口等，用户正是通过对SFR的编程操作来实现对单片机有关功能部件的管理和使用。对SFR的了解有助于进一步理解单片机的工作原理以及学习单片机系统的设计方法。本章只介绍其中部分寄存器，其他SFR将在相关章节陆续介绍。

（1）累加器（ACC：Accumulator）。ACC是8位寄存器，是最常用的寄存器。在算术/逻辑运算中用于存放操作数或结果，CPU通过累加器ACC与外部存储器、I/O接口交换信息，因此大部分的数据操作都会通过累加器ACC进行。在指令中，累加器的助记符为"A"，因此常将ACC简称为A。

（2）寄存器B。寄存器B是8位寄存器，是专门为乘除法指令设计的。乘法指令中，两个乘数存于A和B中，运算后乘积的低8位存放于A中，高8位存放于B中。除法指令中，被除数存于A中，除数存于B中，运算结果的商存于A中，余数存于B中。不做乘除运算时，寄存器B可作通用寄存器使用。

（3）程序状态字（PSW：Program Status Word）。程序状态字PSW是8位寄存器，用于存放程序运行的状态信息，PSW中各位状态通常是在指令执行的过程中自动形成的，但也可以由用户根据需要采用传送指令加以改变。PSW是一个逐位定义寄存器，各标志位定义如表3.10所示。

表3.10 程序状态字中的标志位

位序	PSW.7	PSW.6	PSW.5	PSW.4	PSW.3	PSW.2	PSW.1	PSW.0
地址	D7H	D6H	D5H	D4H	D3H	D2H	D1H	D0H
标志位	C_y	AC	F0	RSl	RS0	OV	/	P

各个标志位的作用如图3.13所示，下面进行详细说明。

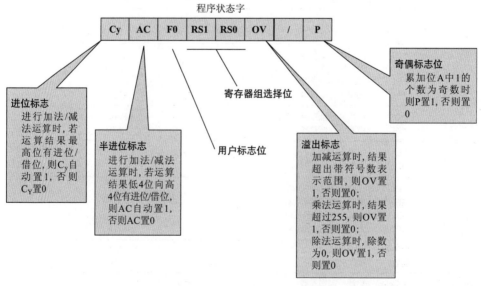

图3.13 程序状态字各标志位的作用

• PSW.7（C_y）：进位标志位。进行加、减运算时：

$C_y = 1$，则运算结果在最高位有进位或借位；

$C_y = 0$，则运算结果在最高位没有进位或借位。

在位操作中，该位作为位累加器使用，助记符为"C"，可由指令进行置1、清零和求反。

• PSW.6（AC）：辅助进位标志位，又称为半进位标志位。用于BCD码（二～十进制）调整。进行加、减运算时：

AC=1，则低4位（D3位）向高4位（D4位）有进位或借位；

AC=0，则低4位（D3位）向高4位（D4位）没有进位或借位。

• PSW.5（F0）：用户标志位。常用作软件标志位，用户根据程序执行的需要通过对F0位置1或置0来设定程序的走向。

• PSW.4和PSW.3（RS1和RS0）：寄存器组选择位。通过指令改变RS1和RS0的内容，可以选择当前工作的寄存器组，4组工作寄存器R0～R7的物理地址与RS1、RS0之间的关系如表3.7所示。

• PSW.2（OV）：溢出标志位。

带符号数加减运算中，用于指示运算结果是否超出累加器A所能表示的带符号数的有效范围（-128～+127）。

OV = 1，产生溢出，表明运算结果错误；

OV = 0，没有溢出，表明运算结果正确。

产生溢出的条件：当两个同符号数相加或者异符号数相减时，运算结果有可能超出有效范围导致溢出。

溢出的判断方法：双进位法，即通过两个进位标志来判断。

设数值位的最高位（D6）向符号位（D7）的进/借位为 C_{in}，符号位（D7）向更高位的进/借位（Cy）为C_{out}，那么：两者相异，则OV=1有溢出；两者相同，则OV=0无溢出。

乘法运算时，若OV=1，则说明乘积超过255，表明乘积在寄存器A和B中；若OV=0，则说明乘积没有超过255，乘积只在累加器A中。

除法运算时，若OV=1，表示除数为0，运算不被执行；否则OV=0。

• PSW.1（空缺位）：此位未定义。

• PSW.0（P）：奇偶标志位。用于指示累加器A中"1"的个数的奇偶性。

P=1，累加器A中1的个数为奇数；

P=0，累加器A中1的个数为偶数。

※关于标志位的几点说明

（1）Cy，AC，OV，P标志是根据运算结果由硬件自动置1或清0的。

（2）Cy，RS1，RS0，F0标志可以由指令置1或清0。

（3）各种指令对标志位的影响不同，详细内容见附录C。

3）数据指针

数据指针（DPTR）是16位的专用寄存器，它由两个8位的寄存器DPH（高8位）和DPL（低8位）组成，主要用于存放片外RAM及扩展I/O接口的16位地址。编程时，既可以按16位寄存器来使用，也可以按两个独立的8位寄存器来使用。

4）堆栈指针

堆栈是一种数据结构，是内部RAM的一段特殊存储区域，遵循"先进后出"的原则。堆栈区主要用于数据的暂存，中断、子程序调用时断点和现场的保护与恢复。堆栈有两种类型：向上增长型和向下增长型，8051单片机属于向上增长型，如图3.14所示。堆栈有栈顶和栈底之分，堆栈的起始地址称为栈底，堆栈的数据入口处称为栈顶。栈底是固定不变的，栈顶是随着堆栈操作而浮动的。不管栈顶如何浮动，堆栈操作总是针对栈顶单元进行的，因此需要有一个寄存器，专门存放栈顶单元的地址，这就是堆栈指针。

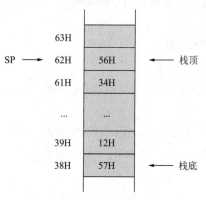

图3.14 堆栈结构示意图

堆栈指针（SP）是一个8位寄存器，用于存放栈顶地址，SP的内容即为栈顶地址。当堆栈中为空（无数据）时，栈顶地址等于栈底地址，二者重合，SP的内容即为栈底地址。栈底地址一旦设置，就固定不变，直至重新设置。进行堆栈操作时，SP的内容会随之改变，即栈顶浮动。但无论SP的内容如何改变，堆栈操作总是针对SP所指向的存储单元。

进栈操作（即数据压入堆栈）时，SP先自动加1，然后向栈顶单元写入数据；出栈操作（即数据弹出堆栈）时，先从栈顶单元中读出数据，然后SP自动减1。SP的内容随着数据的进栈向高地址方向递增，随着数据的出栈向低地址方向递减。如图3.14所示，当前SP的内容为62H，因此如果进行压栈操作，则SP变为63H，数据被存放在63H存储单元；如果进行出栈操作，则56H被读出，SP变为61H。

8051单片机系统复位后，SP的初始值为07H，即从内部RAM的08H开始就是8051的堆栈区，这个位置与工作寄存器组1的位置相同。因此，实际应用中通常根据需要在主程序开始处通过传送指令对堆栈指针SP进行重新设置，即堆栈初始化。原则上堆栈设在内部RAM中的任何一个区域均可，但为避免数据冲突，而且堆栈区要有一定的深度，一般设在低128B的高端（如60H～7FH）较为合适，如将SP设置为60H。

3.4 输入/输出（I/O）接口

8051单片机有4个8位并行I/O接口，分别为P0，P1，P2和P3口。读者通过对I/O接口结构的学习，可以深入理解I/O接口的工作原理，掌握正确的使用方法，并且有助于学习单片机外围逻辑电路的设计，因为外设都是通过I/O接口与单片机相连的。

3.4.1 并行I/O接口的结构和特点

4个并行I/O接口的某一位内部结构如图3.15至图3.18所示。其中，每位主要由锁存器、输出驱动器和输入缓冲器等电路组成。每根I/O接口线都能独立地用作输入或输出。用作输出时，数据可以锁存，用作输入时，数据可以缓冲。每个I/O接口的8位数据锁存器与端口号P0，P1，P2和P3同名，属于特殊功能寄存器，在SFR区的地址分别为80H，90H，A0H，B0H，用于存放需要输出的数据。每个端口可按字节操作，也可按位操作，因此这4个I/O接口共有32条可独立寻址的I/O接口线。

P0～P3口在结构和特性上基本相同又各具特点，除P1口外，P0、P2、P3口均具有双重功能，下面分别进行介绍。

1. P0口

P0口是一个8位多功能双向I/O接口，既可以作为通用的I/O接口使用，也可以在进行系统扩展时作为地址/数据总线，提供低8位地址和双向传送数据。其位结构如图3.15所示，由一个输出锁存器、两个三态缓冲器、一个输出驱动电路和一个输出控制电路组成。其中，输出驱动电路由一对场效应管组成，其工作状态受输出电路控制。

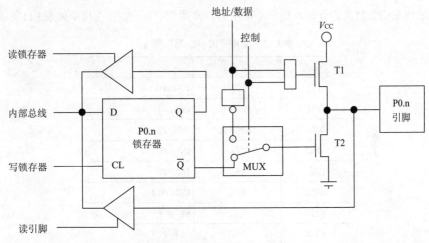

图3.15 P0口某位的内部结构

1）P0口用作地址/数据总线

控制信号为高电平时，P0口用作地址/数据总线。此时，多路转换开关（MUX）把地址/数据信息经反相器与下拉场效应管（T2）接通，同时输出控制电路的与门打开。输出的地址/数据既通过与门去驱动上拉场效应管（T1），又通过反相器驱动T2，T1与T2构成了推拉式输出电路，使其带负载能力大大增强，可驱动8个TTL负载。

2）P0口作为通用I/O接口

控制信号为低电平时，P0口用作通用I/O接口。此时，与门封锁，导致T1截止，同时MUX将锁存器的$\overline{Q}$端与T2接通。

P0口用作输出口时，当写脉冲加在触发器的时钟端CL上时，与内部总线相连的D端数据取反后就出现在触发器的$\bar{Q}$端，再经过T2反相后，同相出现在P0.n引脚上。由于T1截止，输出级是漏极开路电路，而内部又没有上拉电阻，因此若驱动NMOS或其他拉电流负载时，需要外接上拉电路。

当P0用作输入口时，有两种读操作，分别为读锁存器和读引脚，因此端口中设置了两个输入缓冲器。

读引脚，即读取端口引脚上的信息，这时，由"读引脚"信号将下面的缓冲器打开，把引脚上的数据送入内部总线。读引脚时，需要先向对应的锁存器写入"1"。由于此时T1一直处于截止状态，引脚上的外部信号既加在下面缓冲器的输入端，又加在T2上，假定在此之前曾输出数据"0"，则T2是导通的，这样P0引脚上的电位就始终被嵌位在"0"电平，使输入高电平无法读入而导致输入错误。因此，P0作通用I/O接口时是一个准双向口，即输入数据时应先向对应口线写"1"，使两个场效应管均截止。但在P0口作地址/数据总线时，由于访问外部存储器期间，CPU会自动向P0口的锁存器写入0FFH，因此，对用户而言，P0口用做地址/数据总线时是一个真正的双向口。

读端口，即读取锁存器的状态。此时，由"读锁存器"信号将上面的缓冲器打开，将锁存器Q端的数据送入内部总线。CPU在执行某些"读-改-写"指令时，会进行此操作。这个操作过程是CPU自动进行的，用户不必关心。常用的"读-改-写"指令如表3.11所示。

表3.11 常用"读-改-写"指令

助记符	功 能	实 例
ANL	逻辑与	ANL P0, A
ORL	逻辑或	ORL P1, A
XRL	逻辑异或	XRL P2, #0FH
INC	加1	INC P1
DEC	减1	DEC P0
CPL	取反	CPL P0.3
SETB	置位	SETB P1.7
CLR	清零	CLR P1.5

※P0口小结

(1) P0口用作通用I/O接口时，为准双向口：

- 作通用输出时，输出级为漏极开路，所以使用时一般需要外接上拉电阻；
- 作通用输入读引脚时，必须先向锁存器写"1"，以免产生误读；
- 执行"读-改-写"指令时，为读锁存器，由CPU自动进行。

(2) P0口用作地址/数据总线时，为真正双向口：

- 分时输出低8位地址或双向传输数据，2个场效应管构成推拉式输出电路，带负载能力强。

---

2. P1口

P1口是一个8位准双向I/O接口，只能作为通用I/O接口使用。其内部位结构如图3.16所示。由于功能单一，它的位结构与P0口不同，没有多路转换开关MUX。另外输出电路的场效应管T的漏极上接有上拉电阻，因此不必外接上拉电阻就可以驱动任何MOS驱动电路。但不是推拉式输出电路，因此带负载能力不如P0口，只能驱动4个TTL负载。由于P1口也是一个准双向口，因此作输入口使用时也必须先将锁存器置1，使输出场效应管截止。

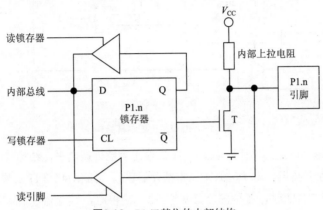

图3.16　P1口某位的内部结构

3. P2口

P2口是一个8位准双向I/O接口，具有双重功能，既可以作为通用的I/O接口使用，也可以在进行系统扩展时作为地址总线，提供高8位地址。其内部位结构如图3.17所示，与P0口基本相同，只是为使逻辑上一致，将锁存器的Q端与输出场效应管相连。其输出部分与P1相同，内部都接有上拉电阻，因此也不必外接上拉电阻就可以驱动任何MOS驱动电路，带负载能力也与P1口相同，可驱动4个TTL负载。作为准双向口，P2口作输入口使用时也必须先将锁存器置1，使输出场效应管截止。

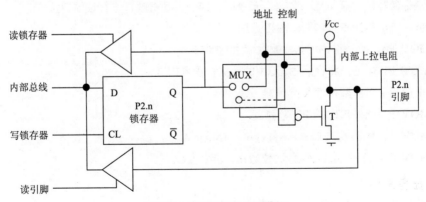

图3.17　P2口某位的内部结构

4. P3口

P3口是一个8位准双向I/O接口，具有双重功能。其内部位结构如图3.18所示，其结构特点是没有多路转换开关MUX，而是增加了第二功能控制逻辑、与非门和缓冲器。

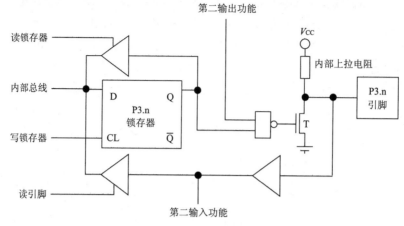

图3.18 P3口某位的内部结构

第一功能作通用I/O接口使用，此时，第二输出功能为高电平，结构与P1口基本相同，输出时不必外接上拉电阻，输入时必须先将锁存器置1，可驱动4个TTL负载。

P3口作为第二功能时，各位的定义见表3.2。输出时，锁存器Q为高电平，与非门打开，内部第二输出功能的数据经与非门从引脚输出。输入时，锁存器Q和第二功能线均置为高电平，与非门封锁，输出电路不会影响引脚上外部数据的正常输入。

3.4.2 并行I/O接口的应用实例

8051单片机的指令系统没有专门的输入输出指令，因此与外界进行数据交换就是通过对这4个I/O接口的读写操作实现的。4个端口都可以进行字节操作，也可以进行位操作。

读写操作都是由传送指令实现的，当把数据写入端口的锁存器时，可将数据从相应端口送出。当从端口的引脚读入数据时，可实现数据的输入操作，只是在读之前，需要先向相应的锁存器写1。执行"读-改-写"指令时，CPU自动对端口进行读端口操作。

例如，下面的指令可向端口输出数据：

- MOV P0，A；将A中的8位数据输出到P0口。
- MOV P1.3，C；将位累加器C中的数据输出到P1.3 。

下面的指令可将数据读入：

- MOV P2，#0FFH；向P2口写1。
- MOV A，P2；从P2口输入8位数据，存放至A。
- MOV C，P2.6；从P2.6输入1位数据，存放至C。

1. 任务3.1

用单片机控制发光二极管（LED）按下列要求点亮：

（1）利用P0口使8个二极管全部点亮。

（2）利用P1口使8个二极管间隔点亮。

（3）利用P2口使8个二极管一半亮一半灭。

【任务分析】 这是一个极为简单的单片机应用系统，按照之前的分析，单片机是硬件和软件结合的产物，故需要从硬件和软件两方面进行分析。今后本书中的所有任务都会按照这个思路进行。从任务要求可见，需要的外部设备就是8个LED，占用的系统资源分别为P0口、P1口和P2口，均作为输出口使用。

【硬件设计】 I/O接口与LED的连接如图3.19所示。图中，n可以是0、1和2，分别代表P0口、P1口和P2口，对应三个不同的子任务。

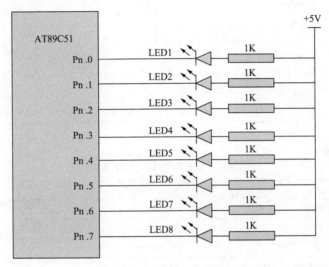

图3.19 任务3.1电路原理图

【软件设计】 分析电路图可知，当I/O接口线上输出0时，对应的LED上有电流通过被点亮；输出1时，二极管截止，对应的LED没有电流通过不会发光。因此要想点亮某个LED，只需向相应的I/O接口线输出0，而不点亮的LED则输出1即可。那么三个子任务的控制字分别为：00000000B，10101010B，1111000B。结合刚刚学过的向端口输出数据的指令，可编写程序如图3.20。

> 任务（2）和（3）的控制字也可以是01010101B和00001111B，思考一下是为什么？然后实际动手试一下，观察出现什么现象？

【系统仿真及调试】

（1）绘制仿真电路图：打开Proteus ISIS环境，按照图3.19电路原理图绘制第一个子任务的仿真电路图。时钟与复位电路可不参与仿真，即使不画出，也不影响仿真结果，读者可自行选择是否画出。所用元器件清单如表3.12所示，结果如图3.21所示。

（2）创建并编辑源程序：单击"Source"菜单下的"Add/Remove Source Files"，在弹出的"Add/Remove Source Code Files"窗口中创建一个新程序TASK3-1_1.ASM，单击出现在"Source"菜单下的程序名"TASK3-1_1.ASM"，在弹出的"Source Editor"窗口中输入图3.20中第一个子任务的程序，并保存，结果如图3.22所示。

```
；TASK3-1_1.asm(用P0口点亮全部LED)
ORG 0000H
MOV P0, #00H;将控制字(十六进制表示)输出到P0口
SJMP $
END
；TASK3-1_2.asm(用P1口间隔点亮LED)
ORG 0000H
MOV P1, #0AAH；将控制字(十六进制表示)输出到P1口
SJMP $
END
；TASK3-1_3.asm(用P2口使LED一半亮，一半灭)
ORG 0000H
MOV P2，#0F0H；将控制字(16进制表示)输出到P2口
SJMP $
END
```

图3.20　任务3.1程序

表3.12　任务3.1所需元器件清单

元件名称	所属类	所属子类
AT89C51 （单片机）	Microprocessor ICs	8051 Family
CAP （电容）	Capacitors	Generic
RES （电阻）	Resistors	Generic
CRYSTAL （晶振）	Miscellaneous	——
BUTTON （按钮）	Switches & Relays	Switches
LED-YELLOW （黄色发光二极管）	Optoelectronics	LEDs
CONN-SIL2 （2针插座）	Connectors	SIL

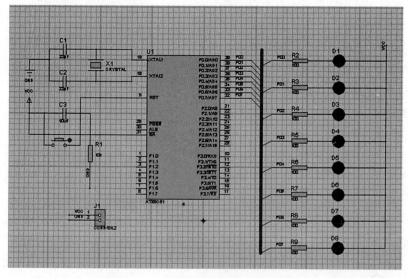

图3.21　任务3.1第一个子任务仿真电路图

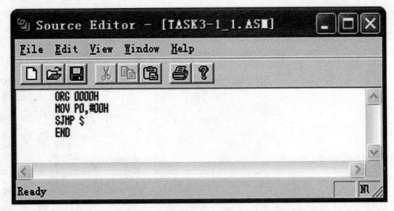

图3.22 任务3.1源程序"TASK3-1_1.asm"创建结果

（3）编译程序并生成目标代码：单击"Source"菜单下的"Build All"，对源程序"TASK3-1_1.ASM"进行编译、链接，生成目标代码。完成后会弹出"BUILD LOG"窗口，如图3.23所示，给出编译的信息。如果源程序存在语法错误，会给出相应的提示信息，用户可据此在源文件编辑窗口"Source Editor"修改程序，然后重新进行编译，直至消除语法错误，生成目标代码。

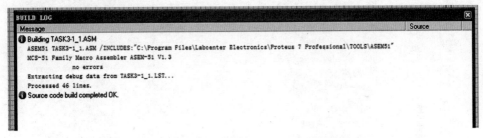

图3.23 源程序"TASK3-1_1.asm"编译结果

（4）运行并调试程序：打开AT89C51的属性编辑界面"Edit Component"，此时"Program File"文本框中的文件应该是刚生成的目标代码"TASK3-1_1.HEX"。单击"Debug"菜单下的"Start/Restat Debugging"进入程序调试状态，继续单击"Debug"菜单下的"8051 CPU Source Code - U1"与"8051 CPU Registers-U1"，调出代码调试窗口与寄存器窗口，如图3.24所示。然后可选择单步或者连续运行程序，根据运行结果或现象判断程序是否正确，如果不正确则需单击"停止"仿真进程控制按钮 退出调试状态，在程序编辑窗口"Source Editor"中修改程序并保存，然后回到ISIS环境对修改后的程序重新进行编译、链接、生成新的目标代码，再进入调试状态运行程序，不断重复这个过程，直至运行结果无误。由于程序"TASK3-1_1.ASM"较简单，单步或连续运行后都可以观察到8个黄色的LED灯全部点亮，同时可查看到P0的值变为00H，说明任务3.1的第一个子任务实现，如图3.25所示。

将图3.21中的P0口换成P1口与LED灯连接，创建一个新程序"TASK3-1_2.ASM"，输入图3.20中第二个子任务的程序，按照上述步骤（3）和（4）调试并运行程序，可得到图

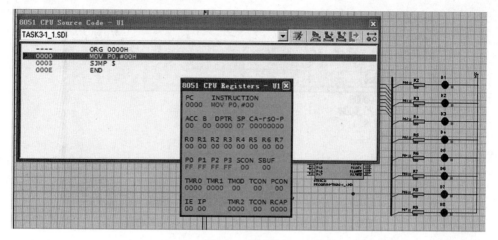

图3.24 调试状态

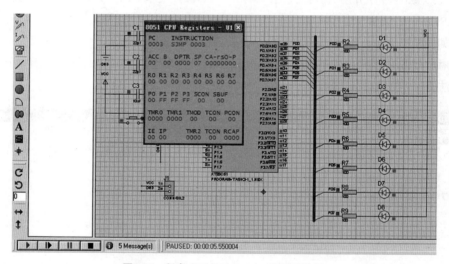

图3.25 程序"TASK3-1_1.asm"运行结果

3.26的结果。8个LED灯间隔点亮，同时通过寄存器窗口可查看到P1的值变为AAH，任务3.1的第二个子任务实现。需要注意的是如果直接在原电路图中创建新的程序，那么原有程序会保留，因此需要单击"Source"菜单下的"Add/Remove Source Files"，在"Add/Remove Source Code Files"窗口中将程序"TASK3-1_1.ASM"删除。

第三个子任务由读者自行完成，借此实例进一步熟悉利用Proteus进行仿真的方法。

注意：

（1）调试过程中，在编辑窗口"Source Editor"中修改程序后，一定要通过"Build All"重新编译程序，生成新的目标代码，否则仿真的是修改前的程序。

（2）第二个子任务的电路原理图与图2.4中的电路图一样，但运行的程序不同，LED灯的现象不同，说明在硬件相同的情况下，运行的程序不同，系统的功能就不同。通过这两个例子想进一步使读者体会在本书开始就指出的一个重要概念：单片机系统是硬件和软件结合的产物。

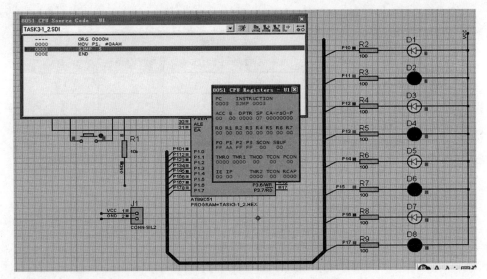

图3.26 程序"TASK3-1_2.asm"运行结果

2. 任务3.2

用单片机控制直流电机，通过拨动开关控制直流电机旋转的方向，使其能够顺时针和逆时针旋转。为简化设计，使用电机驱动芯片驱动直流电机，设其外接端子有2个：MA和MB，当MA接高电平时，直流电机顺时针旋转；当MB接高电平时，直流电机逆时针旋转；MA和MB同时接高电平或同时接低电平时，直流电机均不旋转。

【任务分析】 控制直流电机运动，是单片机在机电控制中的一个典型应用。先从控制电机的正反转开始学习。为便于控制，设置2个拨动开关SW1和SW2，它们的状态决定了电机的旋转方向。由于需要读取开关的状态，因此要有2条输入口线。此外，还要有控制电机旋转的2条输出口线。与任务3.1相比，多了输入口线和输入操作。

【硬件设计】 P0至P3口均可用作通用I/O接口，这里选用P0的2条口线作输出，接直流电机驱动芯片的两个外接端子，P1口的2条线作输入分别接SW1和SW2，单片机与电机的连接如图3.27所示。

【软件设计】 分析电路图可知，拨动开关下拨时，对应I/O接口线为低电平，上拨时对应I/O接口线为高电平，则拨动开关输入状态、P0口线的输出状态与电机运动状态的对照如表3.13所示。据此可编写程序如图3.28。

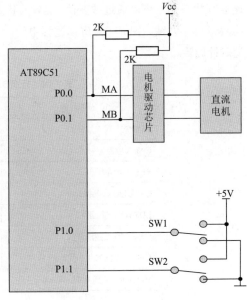

图3.27 任务3.2电路原理图

表3.13　任务3.2输入、输出口线和电机状态对照

电机运动状态	拨动开关状态		所需的控制口线状态	
	P1.1（SW2）	P1.0（SW1）	P0.1（MB）	P0.0（MA）
顺时针旋转（SW1上拨，SW2下拨）	0	1	0	1
逆时针旋转（SW1下拨，SW2上拨）	1	0	1	0
静止（SW1和SW2都上拨）	1	1	1	1
静止（SW1和SW2都下拨）	0	0	0	0

```
；TASK3-2.asm(直流电机运动控制程序)
      ORG 0000H
LOOP: MOV P1, #0FFH；P1做输入使用，读引脚之前要先向锁存器写1
      MOV A, P1；将拨动开关状态读入A中
      MOV P0, A；将开关状态作为控制信号对应输出
      SJMP LOOP；跳转至LOOP处执行
      END
```

利用循环不断读入拨动开关的状态，一旦发生改变，可以立即改变电机的运动状态

图3.28　任务3.2程序

【系统仿真及调试】　按照图3.27绘制仿真电路图，所用元器件清单如表3.14。结果如图3.29。创建程序"TASK3-2.ASM"，输入图3.28中的代码，编译、调试成功后，在全速运行状态下，可以通过改变两个SW的状态，使电机顺时针旋转、逆时针旋转及停止，读者可自行尝试。图3.30为仿真过程中的一个运行画面，此时SW1下拨，SW2上拨，电机逆时针旋转。

表3.14　任务3.2所需元器件清单

元件名称	所属类	所属子类
AT89C51 （单片机）	Microprocessor ICs	8051 Family
CAP（电容）	Capacitors	Generic
RES（电阻）	Resistors	Generic
CRYSTAL（晶振）	Miscellaneous	——
BUTTON（按钮）	Switches & Relays	Switches
SW-SPDT（拨动开关）	Switches & Relays	Switches
L298（电机驱动芯片）	Analog ICs	——
MOTOR（直流电机）	Electromechanical	——

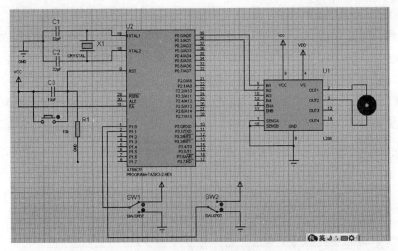

图3.29　任务3.2仿真电路图

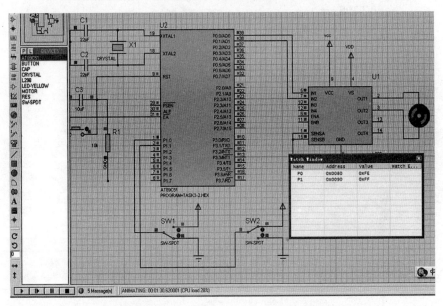

图3.30　任务3.2仿真过程中的一个运行画图

3. 任务3.3

用单片机控制四相步进电机，使其能够顺时针或逆时针旋转。步进电机驱动原理如下：单片机发出脉冲信号，控制步进电机定子的各相绕组以适当的时序通、断电，使其作步进式旋转。四相步进电机各相绕组的通电顺序可以单4拍（A→B→C→D）、双4拍（AB→BC→CD→DA）和单双八拍（A→AB→B→BC→C→CD→D→DA）的方式进行，按这种顺序切换，步进电机转子按顺时针方向旋转。若通电顺序相反，则电机转子按逆时针方向旋转。编写使步进电机旋转的程序。

【任务分析】　控制步进电机运动，是单片机在机电控制中的另一个典型应用。同样先从控制步进电机的正反转开始学习，以后再学习如何控制其转速。根据给出的驱动原理，本任务只需通过I/O接口线输出A、B、C、D四相所需的电平信号即可实现。

【硬件设计】　P0至P3口均可用作通用I/O接口，这里选用P1口的P1.0、P1.1、P1.2、P1.3分别接步进电机的A、B、C、D四相。据此可绘制仿真电路图，所用元器件清单如表3.15所示，结果如图3.31所示。图中为便于观察输出给电机A、B、C、D四相的波形，选用了虚拟示波器，添加方法如下：单击绘图工具栏中的"放置虚拟仪器" 🖳，则在预览区下方的对象选择区出现虚拟仪器列表，选中"OSCILLOSCOPE"示波器，再在电路图适当位置上单击释放即可。

表3.15　任务3.3所需元器件清单

元件名称	所属类	所属子类
AT89C51 （单片机）	Microprocessor ICs	8051 Family
CAP （电容）	Capacitors	Generic
RES （电阻）	Resistors	Generic
CRYSTAL （晶振）	Miscellaneous	——
BUTTON （按钮）	Switches & Relays	Switches
L298 （电机驱动芯片）	Analog ICs	——
MOTOR-STEPPER （步进电机）	Electromechanical	——

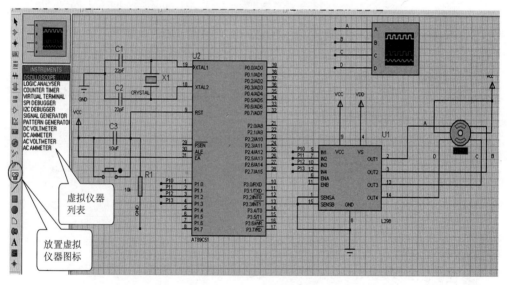

图3.31　任务3.3仿真电路图

【软件设计】　首先根据顺时针旋转的通电顺序求出P1口应输出的脉冲信号，称为节拍控制字，如表3.16、表3.17和表3.18所示，然后只需按照表中的节拍，将控制字顺序输出给P1口，即可实现步进电机的顺时针旋转。单4拍和单双8拍方式顺时针旋转程序如图3.32和图3.33所示，双4拍方式下的程序请读者自行完成。

【系统仿真及调试】　创建程序"TASK3-3.ASM"，输入图3.32中的代码，编译、调试成功后，在全速运行状态下，可看到电机顺时针旋转，图3.34为仿真过程中的一个运行画面。读者可自行尝试。

表3.16 单4拍方式节拍控制字

通电顺序	P1口线输出状态				控制字
	P1.3(D)	P1.2(C)	P1.1(B)	P1.0(A)	
A	0	0	0	1	01H
B	0	0	1	0	02H
C	0	1	0	0	04H
D	1	0	0	0	08H

表3.17 双4拍方式节拍控制字

通电顺序	P1口线输出状态				控制字
	P1.3(D)	P1.2(C)	P1.1(B)	P1.0(A)	
AB	0	0	1	1	03H
BC	0	1	1	0	06H
CD	1	1	0	0	0CH
DA	1	0	0	1	09H

表3.18 单双8拍方式节拍控制字

通电顺序	P1口线输出状态				控制字
	P1.3(D)	P1.2(C)	P1.1(B)	P1.0(A)	
A	0	0	0	1	01H
AB	0	0	1	1	03H
B	0	0	1	0	02H
BC	0	1	1	0	06H
C	0	1	0	0	04H
CD	1	1	0	0	0CH
D	1	0	0	0	08H
DA	1	0	0	1	09H

问 题 如何使步进电机逆时针转动？

解 释 根据步进电机驱动原理，当通电顺序反向时，可使转动方向反向。因此只要在程序中将控制字的输出顺序按照节拍表格中给出的顺序反向，即可实现步进电机逆时针转动，双4拍方式逆时针旋转程序如图3.35所示。读者可实际动手试一试。

实际上，只需将程序"TASK3-3.ASM"中的控制字顺序反向修改，重新编译后，可观察到电机逆时针旋转，仿真过程中的一个画面如图3.36所示。对比图3.34与图3.36中示波器的波形，可发现，电机顺时针旋转时，波形依次是黄色、B相（蓝色）、C相（粉色）、D相（绿色），而电机逆时针旋转时，波形刚好相反，绿色在最前，黄色在最后，说明A、B、C、D四相的得电顺序决定电机的旋转方向。

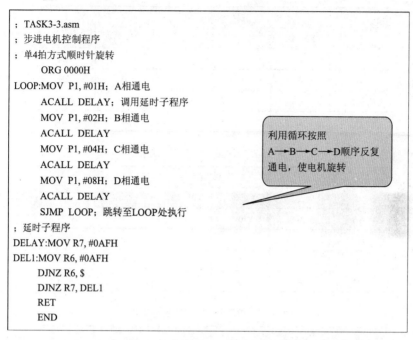

图3.32 任务3.3程序（单4拍方式）

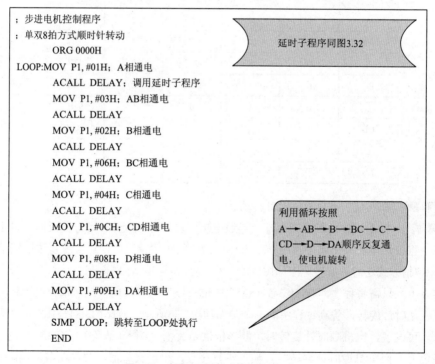

图3.33 任务3.3程序（单双8拍方式）

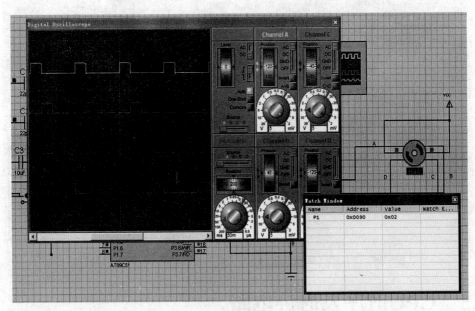

图3.34 任务3.3（单4拍方式顺时针旋转）仿真过程中的一个运行画面

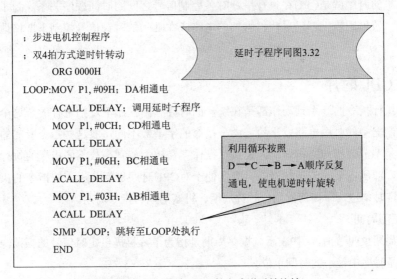

```
；步进电机控制程序
；双4拍方式逆时针转动
        ORG 0000H
LOOP:MOV P1, #09H；DA相通电
        ACALL DELAY；调用延时子程序
        MOV P1, #0CH；CD相通电
        ACALL DELAY
        MOV P1, #06H；BC相通电
        ACALL DELAY
        MOV P1, #03H；AB相通电
        ACALL DELAY
        SJMP LOOP；跳转至LOOP处执行
        END
```

延时子程序同图3.32

利用循环按照
D→C→B→A顺序反复
通电，使电机逆时针旋转

图3.35 任务3.3程序（双4拍方式逆时针旋转）

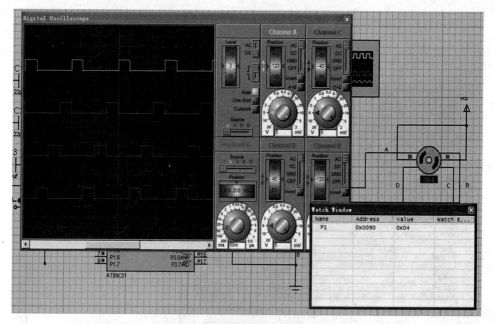

图3.36   任务3.3（单4拍方式逆时针旋转）仿真过程中的一个运行画面

3.5   CPU时序及时钟电路

单片机的时序就是CPU在执行指令时各控制信号之间的时间顺序关系。为了保证各部件间协调一致地同步工作，单片机内部的电路应在唯一的时钟信号控制下严格地按时序进行工作。

3.5.1   CPU时序

CPU执行指令的一系列动作都是在统一的时钟脉冲控制下逐拍进行的，这个脉冲是由单片机控制器中的时序电路发出的。由于指令的字节数不同，取这些指令所需的时间就不同，即使是字节数相同的指令，因为执行操作存在较大差别，故不同指令的执行时间也不一定相同，即所需要的节拍数不同。为了便于对CPU时序进行分析，按指令的执行过程规定了时序定时单位，即振荡周期、时钟周期、机器周期和指令周期。

1）振荡周期

振荡周期也叫节拍，用P表示，振荡周期是指为单片机提供定时信号的振荡源的周期。振荡周期是时序中最小的时间单位。

2）时钟周期

时钟周期又叫做状态周期，用S表示。是由振荡周期经2分频后得到的，因此是振荡周期的二倍。其前半周期对应的节拍叫P1拍，后半周期对应的节拍叫P2拍。P1节拍通常完成算术、逻辑运算，P2节拍通常完成内部寄存器间的传送操作。

3）机器周期

机器周期是指完成一个基本操作所需的时间，通常有若干个时钟周期构成。8051单片机的一个机器周期是固定不变的，均由6个时钟周期组成，并依次表示为S1～S6。

4）指令周期

指令周期是指CPU执行一条指令所需要的时间。一个指令周期由若干个机器周期组成。不同的指令所需要的机器周期数不同。8051单片机的指令周期通常含有1～4个机器周期。指令周期是最大的时序定时单位。

※时序单位小结

　　时序单位按从小到大的顺序依次排列为：

　　振荡周期＜时钟周期＜机器周期＜指令周期

　　时序单位之间的换算关系为：

　　1个时钟周期＝2个振荡周期

　　1个机器周期＝6个时钟周期＝12个振荡周期

　　1个指令周期＝1～4个机器周期

　　按照上述关系，当已知CPU的时钟频率时，可以容易地计算出各个时序单位的时间，CPU时钟频率为6MHz和12MHz时的各时序单位计算结果如表3.19所示。

表3.19　时序单位计算

晶振	振荡周期	时钟周期	机器周期	指令周期
6M	$1/6\mu s$	$1/3\mu s$	$2\mu s$	$2\sim8\mu s$
12M	$1/12\mu s$	$1/6\mu s$	$1\mu s$	$1\sim4\mu s$

3.5.2　时钟电路

8051单片机芯片内部有一个高增益反相放大器，用于构成时钟振荡电路，XTAL1为该放大器的输入端，XTAL2为该放大器的输出端，但要形成时钟还需附加其他电路。8051单片机产生时钟的方法有以下两种方式。

1）内部时钟方式

利用芯片内部的振荡器和外接的石英晶体构成自激振荡器，产生脉冲信号。振荡脉冲信号的频率等于晶振的频率。

内部方式的时钟电路如图3.37（a）所示。利用单片机内部的高增益反相放大器，在XTAL1和XTAL2引脚上外接定时元件，内部振荡电路便产生自激振荡。定时元件一般采用石英晶体和电容组成的并联谐振回路。晶体可以在1.2~12MHz之间任选，电容可以在5～30pF之间选择，电容C_1和C_2的大小可起频率微调的作用，电容大小要和晶体的容性负载阻抗相匹配，否则不易起振。

2）外部时钟方式

外部时钟方式是直接由单片机外部引入时钟信号，这种方式常用于多机系统，以便各个单片机能够同步工作。对外部振荡信号无特殊要求，但需保证脉冲宽度不小于20ns，且频率应低于单片机所支持的最高频率。不同的单片机,时钟电路的接法不完全相同。对于8051单片机,外部脉冲由XTAL2引入内部电路,XTAL1接地,具体电路如图3.37(b)所示。如果是80C51,则由XTAL1接外部时钟信号但无需上拉电阻,XTAL2悬空不用。

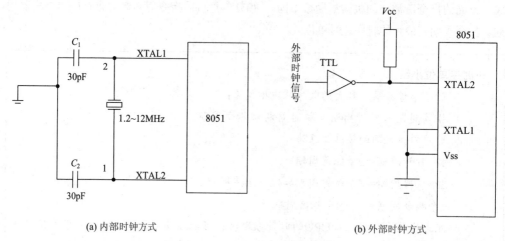

(a) 内部时钟方式　　　　　　　　　　　(b) 外部时钟方式

图3.37 8051单片机的时钟电路

3.6　单片机的工作方式

3.6.1　复位方式

复位是单片机的初始化操作,单片机开始运行和重新启动时都要先复位,以便CPU及其他功能部件都处于一种确定的初始状态,并从这个状态开始工作。8051单片机的RST引脚是复位信号的输入端,复位信号高电平有效。进行复位操作时,外部电路需在RST引脚产生两个机器周期(即24个时钟周期)以上的高电平。例如,若单片机的时钟频率为12MHz,则复位脉冲宽度应在2μs以上。

1. 单片机复位后的工作状态

当单片机RST引脚上出现复位信号后,CPU回到初始状态,片内RAM中低128B的内容不变,但SFR的值被初始化。程序计数器PC的值回复到0000H。复位后,8051单片机的各特殊功能寄存器以及PC的初始状态如表3.20所示。

2. 复位电路

复位信号由复位电路产生,有上电自动复位"冷启动"和按键手动复位"热启动"两种复位方式。

上电自动复位如图3.38(a)所示,接入+5V的电源,在电阻R上可获得正脉冲,只要保持正脉冲的宽度为10μs,就可使单片机可靠复位。一般电阻R选8.2kΩ。

按键手动复位又分为按键电平复位和按键脉冲复位两种,如图3.38(b)和(c)所示。按键电平复位是利用电阻使复位端与V_{cc}电源接通;按键脉冲复位则是利用RC微分电路产生正脉冲。

表3.20 复位后PC及特殊功能寄存器的状态

特殊功能寄存器	初始状态	特殊功能寄存器	初始状态
ACC	00H	TMOD	00H
PC	0000H	TCON	00H
PSW	00H	TL0	00H
SP	07H	TH0	00H
DPTR	0000	TL1	00H
P0~P3	0FFH	TH1	00H
IP	xx000000B	SCON	00H
IE	0x000000B	SBUF	不定
PCON	0xxx0000B		

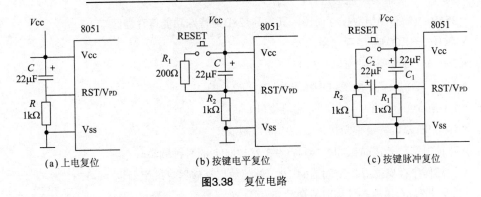

(a) 上电复位　　　　　(b) 按键电平复位　　　　　(c) 按键脉冲复位

图3.38 复位电路

在实际使用时，如果外围芯片也需要复位，而且对复位电平的要求与单片机一致，则可将芯片的复位端与单片机的复位信号直接相连。

3.6.2 程序执行方式

这是单片机基本工作方式，又分为连续执行工作方式和单步执行工作方式。

1. 连续执行工作方式

连续执行工作方式是所有单片机都需要的一种方式。单片机按照程序事先编排的任务，自动连续地执行下去。

由于单片机复位后，PC值为0000H，因此单片机在上电或按键复位后总是转到0000H处执行程序，但是用户程序有时并不在0000H开始的存储器单元中，为此需要在0000H处放入一条无条件转移指令，以便跳转到用户程序的实际入口地址处执行程序。

2. 单步执行工作方式

这种方式主要用于用户调试程序。一般的单片机开发系统都会支持单片机单步运行程序。在单片机开发系统上有一专用的单步按键。按一次，单片机就执行一条指令（仅仅执行一条），这样就可以逐条检查程序，查看系统内部资源的当前状态，以便发现问题及时修改。

单步执行方式是利用单片机外部中断功能实现的。单步执行键相当于外部中断的中断源，当它被按下时，相应电路就产生一个负脉冲（即中断请求信号），送到单片机的$\overline{INT0}$（或$\overline{INT1}$）引脚，单片机在$\overline{INT0}$上的负脉冲作用下，便能自动执行预先安排在中断服务程序中的单步执行指令，执行完毕后中断返回。

知识与技能归纳

本章是进行单片机应用系统硬件设计和软件编程的基础，知识点多而且分散。建议在今后的学习中，将本章的内容与后续章节内容结合在一起，可收到事半功倍的效果。

（1）8051的单片机主要组成如下：

- 8位CPU。

- 具有位寻址能力，能够进行位操作。

- 256B的内部RAM数据存储器，其中高128B为特殊功能寄存器区。

- 4KB内部ROM程序存储器。

- 2个16位可编程定时器/计数器。

- 4个双向可独立寻址的I/O接口P0，P1，P2，P3。

- 1个全双工UART（异步串行通信接口）。

- 5个中断源、两级中断优先级的中断控制器。

- 时钟电路，外接晶振和电容可产生1.2~12MHz的时钟频率。

- 外部程序存储器寻址空间为64KB，外部数据存储器寻址空间也为64KB。

（2）并行I/O接口在使用时需要注意。

- P0、P2、P3口均具有双重功能，P1口只能用作通用I/O接口。

P0——低8位地址线/双向数据线。

P2——高8位地址线。

P3——多功能口（串行接口线、中断请求线、读/写控制线、定时器输入线）。

- P0口作地址/数据总线时是双向口，但用作通用I/O接口时与P1、P2、P3口都是准双向口，因此在读引脚之前需要先向对应锁存器写入1。

- P1、P2、P3口内部均有上拉电阻，作通用输出口时不需要外接上拉电阻，P0口作通用输出时，输出电路漏极开路，需要外接上拉电阻。

（3）掌握单片机与外设交换数据的方法，即通过I/O接口输入/输出数据。8051单片机的指令系统没有专门的输入输出指令，因此数据的输入输出操作都是由传送指令实现。

（4）掌握单片机复位后的状态，其中：

- PC=0000H，因此复位后单片机从起始地址0000H开始重新执行程序。

- SP=07H，视需要重新设置堆栈区。

- PSW=00H，各标志位清零，并选择第0组工作寄存器。

- P0到P3口输出高电平，且使这些I/O接口均处于输入状态。

（5）熟悉汇编语言程序的编辑、编译和调试方法。常用单步执行工作方式配合断点调试功能进行调试。

思考与练习

1. 8051单片机内部包含哪些主要的逻辑功能部件?各有什么主要功能?

2. 单片机的存储器地址空间如何划分？各地址空间的地址范围和容量是多少？在使用上有何特点？

3. 开机复位后，CPU使用的是哪组工作寄存器？CPU如何确定和改变当前的工作寄存器？

4. 什么是堆栈？堆栈有何作用？如何设置堆栈区？

5. 程序状态字各标志位有何功能？

6. 位地址7CH与字节地址7CH有何区别？位地址7CH具体在内存中的什么位置？

7. 8051单片机的时钟周期、机器周期和指令周期是如何定义的？当CPU主频为8MHz时，一个机器周期是多长时间？执行一条指令最多需要多少时间？

8. PC是什么寄存器？它的作用是什么？

9. 8051单片机的并行I/O接口有什么特点？

10. 用8个拨动开关、8个发光二极管设计一个单片机应用系统，使二极管的亮灭状态能够反映拨动开关的状态，即拨动开关向上拨时，对应的二极管亮，向下拨时，对应的二极管灭。绘制电路图，编写程序。

第4章
单片机的指令系统

对于任何一个单片机应用系统，只有硬件而没有软件的支持是不能工作的。即使是相同的硬件系统，如果编写的程序不同，单片机所能实现的任务也就不同。而程序就是由一条条指令构成的，因此学习和使用单片机的指令非常重要。不同类型的单片机，其指令系统不同，本章主要介绍51单片机的各类指令的格式及功能。

4.1 指令系统概述

51指令系统共有111条指令，按其功能可分为数据传送类指令、算术运算类指令、逻辑操作类指令、控制转移类指令和位操作类指令五大类。

4.1.1 汇编语言指令格式

汇编语言指令由4部分构成，如图4.1所示，格式如下：

[标号:] 操作码 [操作数] [;注释]

其中，[ ]项是可选项。

（1）标号：表示存放指令或数据的存储单元地址（即符号地址），为控制转移类指令提供目的地址。标号由字母、数字和下划线组成，字母打头，冒号结束。标号不能与寄存器名、指令助记符重名。

（2）操作码：由助记符（指令功能所对应的英文缩写）表示的字符串，规定了此指令的操作功能。

（3）操作数：给出参加操作的数据或数据所在存储单元的地址。一条指令中可以有多个操作数，操作数之间用逗号分隔。

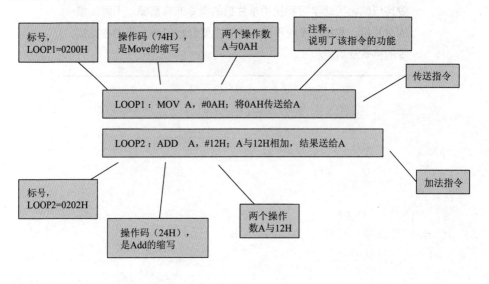

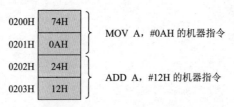

图4.1 汇编语言指令格式举例

（4）注释：用来说明语句的功能，性质或执行结果，便于阅读程序，由分号引导。

4.1.2　指令系统标识符

8051指令系统中，除了使用助记符外还使用了一些符号，在开始学习指令前有必要对这些符号进行了解，现归纳如下。

- Rn（n=0~7）：表示工作寄存器R0~R7中的任一个。
- Ri（i=0，1）：表示用作地址指针的寄存器R0、R1中的任一个。
- #data：表示8位常数，也称为立即数。
- #data16：表示16位立即数。
- direct：表示片内RAM的8位存储单元的直接地址，可以是低128B的单元地址，也可以是SFR的地址或符号地址。
- rel：表示补码形式的8位地址偏移量。
- bit：表示片内RAM的位寻址区或是SFR的位地址。
- @：表示间接寻址寄存器指针的前缀符号，用于间接寻址方式。
- /bit：对位先取反再操作，但不改变指定位（bit）的原值。
- （×）：表示×中的内容，×是寄存器就表示寄存器的内容，×是地址就表示存储单元的内容。
- （（×））：表示由×的内容指出的存储单元中的内容，其中×是地址，×中的内容即（×）也是地址。
- addr11：表示11位目的地址，用于ACALL和AJMP指令。
- addr16：表示16位目的地址，用于LCALL和LJMP指令。
- $：表示当前指令的首地址。

4.1.3　寻址方式

所谓寻址方式就是指令中用于说明操作数所在地址的方式。执行指令时，CPU要先根据地址找到参加运算的操作数才能对操作数进行操作，最后将操作结果存入地址所指出的存储单元或寄存器中。寻址方式与单片机的存储空间结构有关，8051单片机的操作数可以存放的地方很多，如片内外RAM、片内外ROM，其指令系统共提供了7种寻址方式：立即数寻址、直接寻址、寄存器寻址、寄存器间接寻址、变址寻址、相对寻址和位寻址。

对于这7种寻址方式，本书将结合指令一一介绍，在此首先给出各种寻址方式的定义以及用该方式寻址时操作数所在的存储空间，如表4.1所示。编写程序时，可以根据操作数所在的存储空间来选择相应的寻址方式。

4.1.4　伪指令

每条汇编语言指令都对应CPU的一种操作，但汇编语言还有一种指令，它们没有对应

表4.1 寻址方式与寻址空间

寻址方式	寻址空间（操作数的存放空间）
立即寻址：指令中直接给出操作数	程序存储器
直接寻址：在片内RAM低128字节、SFR中，直接给出操作数的地址	片内RAM低128字节、SFR
寄存器寻址：操作数存放在R0～R7,A,B,DPTR等寄存器中	工作寄存器R0～R7,A,B,DPTR
寄存器间接寻址：通过R0、R1、DPTR给出操作数的地址，即寄存器中的内容不是操作数本身，而是操作数所在存储单元的地址	片内RAM：@R0,@R1,SP 片外RAM：@R0 ,@R1,@DPTR
变址寻址：操作数存放在由DPTR/PC与A求和形成的16位地址所在存储单元中	程序存储器：@A+PC,@A+DPTR
相对寻址：操作数的地址由PC和rel相加形成	程序存储器256字节范围内：PC+偏移量
位寻址：操作数是可单独寻址的位地址	片内RAM的位寻址区(20H～2FH字节地址)，某些可位寻址的SFR

的操作，CPU也不会执行它们，因此通常被称为"伪指令"。伪指令是用于指导汇编过程的，用于设置符号值、保留和初始化存储空间、控制用户程序代码的位置，所以也称为汇编程序的控制命令。为进行区分，通常将CPU可执行的指令称为指令性语句，而将伪指令称为指示性语句，如表4.2。

表4.2 汇编语言指令类型

类 型	产生目标代码情况	执行的阶段
指令性语句（指令系统中的指令，共111条）	每条语句都有对应的目标代码	运行目标程序时执行
指示性语句（伪指令）	不产生可执行的目标代码	在汇编过程中执行

51常用的伪指令有如下几条。

（1）起始伪指令 ORG。

格式：ORG 16位地址

功能：规定紧跟其后的程序段或数据块存放的起始地址。

※说明

省略时，程序从0000H开始存放程序。在一个汇编语言源程序中可多次使用，但指令中的地址要按升序分布，且地址不能重叠。

（2）结束伪指令 END。

格式：END [地址或标号]

功能：提供汇编结束标志，汇编程序遇到END后就停止汇编。

（3）位地址符号赋值伪指令 BIT。

格式：符号 BIT 位地址

功能：将位地址赋给指定的符号。

（4）字符赋值伪指令 EQU。

格式：字符名称 EQU 表达式

功能：使字符名称等价于给定的表达式的值，可在任意位置被多次引用。

※说明

- 表达式的值可以作为数据和地址，但汇编时不能区分，要在使用中确定；
- 字符名称必须以字母开头；
- 字符名称必须先赋值后使用，且在同一个源程序中，同一个字符名称只能赋值一次。

（5）字节定义伪指令 DB。

格式：[标号:] DB 字节数据表

功能：从当前程序存储器地址开始，将数据表中的数据按从左至右的顺序依次存入连续的存储单元。

※说明

- 可以是数据、ASCII码字符、表达式和用单引号括起来的字符串；
- 各项用逗号分开；
- 数据存放在程序存储器中。

（6）字定义伪指令 DW。

格式：[标号:] DW 字数据表

功能：同DB伪指令，不同的是一个数据占用2个连续的存储单元，先存放高8位（低地址单元），再存放低8位（高地址单元）。

（7）定义空间伪指令 DS。

格式：DS 表达式（常数）

功能：从指定地址开始保留一定数量的存储空间，汇编时不对这些存储单元赋值。

实例4.1 说明下列指令执行后，相应存储单元的内容和标号的地址，指出其中的字

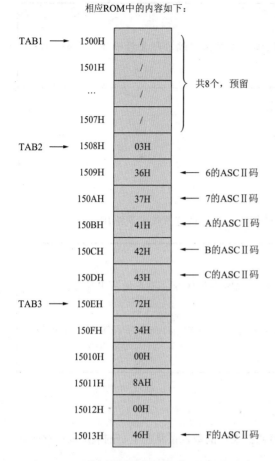

相应ROM中的内容如下：

TAB1 → 1500H /
1501H /
... / } 共8个，预留
1507H /
TAB2 → 1508H 03H
1509H 36H ← 6的ASCII码
150AH 37H ← 7的ASCII码
150BH 41H ← A的ASCII码
150CH 42H ← B的ASCII码
150DH 43H ← C的ASCII码
TAB3 → 150EH 72H
150FH 34H
15010H 00H
15011H 8AH
15012H 00H
15013H 46H ← F的ASCII码

图4.2 ROM中起始地址为1500H存储单元的内容

符"AA"和"K1"是用作数据还是用作地址。

```
        ORG  1500H
        AA   EQU 30H
        K1   EQU 40H
TAB1：  DS  08H
TAB2：  DB  03H，'67'，'ABC'
TAB3：  DW  7234H，8AH，'F'
LP1 BIT  P1.0
LP2 BIT  27H
        ORG  1600H
        MOV 30H,#88H ；将立即数88H送入
地址为30H的存储单元
        MOV 40H,#55H ；将立即数55H送入
地址为40H的存储单元
        MOV A,#AA ；将立即数AA送入累加
器A
        MOV B,K1 ；将地址为K1的存储单元
的内容送入寄存器B
```

解 该程序段的起始地址为1500H，相关程序存储器中的内容如图4.2所示。

程序执行后，字符常量AA=30H，K1=40H。在指令MOV A,#AA中，AA作为数据使用，因为前面加有"#"（表示立即数），指令执行后，A的内容等于AA为30H。K1作为地址使用，指令执行后，B的内容等于地址为40H的存储单元的内容为55H。

LP1=90H（P1.0口线的地址），LP2=27H作为位地址使用。

标号TAB1、TAB2和TAB3的值如图4.2所示。

4.2 数据传送类指令

数据传送是一种最基本、最常用的操作。51单片机为用户提供了极其丰富的数据传送指令，功能很强，共有29条，可分为内部RAM数据传送、外部RAM数据传送、程序存储器数据传送、数据交换和堆栈操作等五类。

大部分数据传送指令有两个操作数，逗号前面的被称为"目的操作数"，逗号后面的被称为"源操作数"。传送操作一般是将源操作数的内容传送给目的操作数，而源操作数的内容保持不变。源操作数的寻址方式可以是立即寻址、直接寻址、寄存器寻址、寄

存器间接寻址、变址寻址，目的操作数寻址方式可以是直接寻址、寄存器寻址、寄存器间接寻址。

数据传送指令一般不影响标志位，有两种情况例外。一种是堆栈操作可以修改程序状态字PSW的内容，从而使标志位的值改变。另一种是当A为目的操作数时，影响奇偶标志P。

4.2.1 内部RAM数据传送指令（16条）

内部数据传送指令可实现片内RAM单元和特殊功能寄存器之间的数据传送，是使用最频繁的指令，特点是传送速度快。可分为以下几种。

1）以累加器A为目的操作数的指令（4条）

指令功能是将源操作数指定的内容送入累加器A，具体指令如表4.3所示。

表4.3 累加器A为目的操作数的指令一览表

汇编语言指令	指令功能	目的操作数寻址方式	源操作数寻址方式	字节数	时钟周期数
MOV A, Rn	(A)←(Rn)	寄存器寻址	寄存器寻址	1	1
MOV A, direct	(A)←(direct)	寄存器寻址	直接寻址	2	1
MOV A, @Ri	(A)←((Ri))	寄存器寻址	寄存器间接寻址	1	1
MOV A, #data	(A)←data	寄存器寻址	立即寻址	2	1

注：字节数指该指令在ROM中所占的存储单元数，时钟周期数指执行该指令所需的时钟周期。

2）以工作寄存器Rn为目的操作数的指令（3条）

指令功能是将源操作数所指定的内容送入当前工作寄存器R0~R7中，具体指令如表4.4所示。

注意：两个工作寄存器之间不能直接传送数据，即没有 MOV Rn, Rn 指令。如果两个寄存器之间需要交换数据的话，可以借助寄存器A或存储单元。

表4.4 以工作寄存器Rn为目的操作数的指令一览表

汇编语言指令	指令功能	目的操作数寻址方式	源操作数寻址方式	字节数	时钟周期数
MOV Rn, A	(Rn)←(A)	寄存器寻址	寄存器寻址	1	1
MOV Rn, direct	(Rn)←(direct)	寄存器寻址	直接寻址	2	2
MOV Rn, #data	(Rn)←data	寄存器寻址	立即寻址	2	1

实例4.2 已知（A）=5BH，（R1）=30H，（R2）=20H，（R3）=10H，（30H）=4FH，则下列指令执行后R1、R2、R3、A的内容如何？

    MOV R2, A

    MOV A, @R1

    MOV R1, A

    MOV R3, 30H

解 指令是按照前后顺序执行的，每条指令执行后相应寄存器或存储单元的内容如

图4.3，其中结果以注释的方式给出。

3）以直接地址为目的操作数的指令（5条）

```
MOV R2, A; (R2)=(A)=5BH
MOV A, @R1 ; (A)=((R1))=(30H)=4FH
MOV R1, A; (R1)=(A)=4FH
MOV R3, 30H; (R3)=(30 H)=4FH
```

图4.3 实例4.2程序分析及执行结果

指令功能为将源操作数所指定的内容送入由直接地址指出的片内RAM单元，具体指令如表4.5所示。

表4.5   以直接地址为目的操作数的指令一览表

汇编语言指令	指令功能	目的操作数寻址方式	源操作数寻址方式	字节数	时钟周期数
MOV direct，A	(direct)←(A)	直接寻址	寄存器寻址	2	1
MOV direct，Rn	(direct)←(Rn)	直接寻址	寄存器寻址	2	2
MOV direct1，direct2	(direct1)←(direct2)	直接寻址	直接寻址	3	2
MOV direct，@Ri	(direct)←((Rn))	直接寻址	寄存器间接寻址	2	2
MOV direct，#data	(direct)←data	直接寻址	立即寻址	3	2

注意直接地址与立即数的区别，前面加有"#"符号的为立即数，否则为直接地址。例如指令MOV 32H, #32H的功能是将立即数32H传送至地址为32H的RAM单元。

4）以间接地址为目的操作数的指令（3条）

指令功能为将源操作数所指定的内容送入R0/R1所指向片内RAM的存储单元中，具体指令如表4.6所示。

表4.6   以间接地址为目的操作数的指令一览表

汇编语言指令	指令功能	目的操作数寻址方式	源操作数寻址方式	字节数	时钟周期数
MOV @Ri, A	((Ri))←(A)	寄存器间接寻址	寄存器寻址	1	1
MOV @Ri, direct	((Ri))←(direct)	寄存器间接寻址	直接寻址	2	2
MOV @Ri, #data	((Ri))←data	寄存器间接寻址	立即寻址	2	1

5）16位数据传送指令（1条）

这是51指令系统中的唯一的一条16位立即数传送指令，功能是将16位二进制的立即数送入数据指针DPTR中。其中数据的高8位送入DPH，低8位送入DPL。具体指令如表4.7所示。16位立即数一般是存储单元的地址。

DPL和DPH可以作为独立的寄存器使用，因此执行两条指令

MOV DPH，#35H

MOV DPL，#12H

表4.7 16位数据传送指令一览表

汇编语言指令	指令功能	目的操作数寻址方式	源操作数寻址方式	字节数	时钟周期数
MOV DPTR, #data16	(DPTR) ←data16	寄存器寻址	立即寻址	3	2

相当于执行一条 MOV DPTR, #3512H 指令。

※内部RAM数据传送指令小结

• 进行数据传送时，有些操作指令不予支持，图4.4所示为允许进行的传送操作，图中箭头表示数据传送的方向。从中不难归纳出不允许使用的操作，有如下几种，@Ri与@Ri、Rn与Rn、@Ri与Rn 之间均不能直接进行数据交换，因此诸如 "MOV @R1, R4" 这样的指令都是非法指令，用户不能使用，否则，计算机将不予识别和执行。

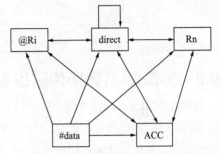

• 以累加器A为目的的内部数据传送指令只影响PSW中的奇偶校验标志位P，不影响其他标志位。其余指令对所有的标志位均无影响。

图4.4 内部PAM数据传送允许操作图

• 学会正确估算指令的字节数。一般地，指令码中的操作码为1字节，直接地址为1字节，8位立即数为1字节，A，DPTR，@Ri，Ri，Rn一般隐含在操作码中。

实例4.3 指出下列指令顺序执行后的结果。

    MOV 23H，#30H
    MOV 12H，#34H
    MOV R0，#23H
    MOV R7，12H
    MOV R1，#12H
    MOV A，@R0
    MOV 34H，@R1
    MOV 45H，34H
    MOV DPTR，#6712H
    MOV 12H，DPH
    MOV R0，DPL
    MOV A，@R0

解 每条指令执行后相应寄存器或存储单元的内容如图4.5所示，仍然以注释的方式给出，建议读者养成在分析程序时随手将执行结果写于指令后的习惯，有助于理清编程思路。

```
MOV 23H, #30H; ( 23H)=30H
MOV 12H, #34H; (12H)=34H
MOV R0, #23H; (R0)=23H
MOV R7, 12H; (R7)=(12H)=34H
MOV R1, #12H; (R1)=12H
MOV A, @R0; (A)=((R0))=(23H)=30H
MOV 34H, @R1; (34H)=((R 1))=(12 H)=34H
MOV 45H, 34H; ( 45H)=(34H)=34H
MOV DPTR, #6712H; (DPTR)=6712H
MOV 12H, DPH; (12H)=(DPH)=67H
MOV R0, DPL; (R0)=(DPL)=12H
MOV A, @R0; ( A)=((R0))=(12H)=67H
```

图4.5　实例4.3程序分析及执行结果

4.2.2　外部RAM数据传送指令（4条）

外部RAM数据传送指令用于对片外的数据存储器或输入/输出接口进行读写操作，且进行数据传送时只能通过累加器A，并且对片外RAM或外部I/O接口的寻址只能采用寄存器间接寻址方式，具体指令如表4.8所示。

51单片机没有专用的输入输出指令，可利用这种指令与外设进行联系。表4.8中上面2条指令为读外部RAM或外部I/O接口的指令，下面2条指令为写外部RAM或外部I/O接口的指令。片外RAM或外部I/O接口的地址由寄存器DPTR、R0、R1给出。DPTR作16位地址指针，寻址范围为64KB，地址信息由 P0口（低8位）和P2口（高8位）输出，数据信息由P0口传送，此时P0 口作分时复用的总线。Ri作8位地址指针，寻址范围为256B， 由P0 口分时输出地址及8 位数据。进行数据传送时，应先将要读或写的地址送入DPTR或Ri中，然后再使用读写命令。

外部RAM单元之间不能直接进行数据传送，必须借助累加器A来实现。

表4.8　外部RAM数据传送指令一览表

汇编语言指令	指令功能	目的操作数寻址方式	源操作数寻址方式	字节数	时钟周期数
MOVX A, @Ri	(A)←((Ri))	寄存器寻址	寄存器间接寻址	1	2
MOVX A, @DPTR	(A)←((DPTR))	寄存器寻址	寄存器间接寻址	1	2
MOVX @Ri, A	((Ri))←(A)	寄存器间接寻址	寄存器寻址	1	2
MOVX @DPTR, A	((DPTR))←(A)	寄存器间接寻址	寄存器寻址	1	2

实例4.4　编写程序段，实现将片外RAM 1040H单元中的内容送片外RAM 0120H单元。

解　外部RAM单元之间不能直接进行数据传送，所以要分两步进行，先将数据由外部RAM 1040H单元读入到A中，再将A的内容写入外部RAM 0120H单元。程序如图4.6所示。

```
MOV DPTR, #1040H；置读出数据的单元地址
MOVX A, @DPTR；读入数据到A中
MOV DPTR, #0120H；置写入数据的单元地址
MOVX @DPTR, A；将A中的数据写入
```

图4.6 实例4.4程序段

该程序的调试会涉及一个问题，即如何查看片外RAM中的数据。在此以KEIL编译环境为例进行详细说明。首先，创建一个文件，输入图4.6中的程序段，保存后进行编译，生成目标代码HEX文件，如图4.7所示，HEX文件的名称由用户自己定义，这里定义的是"EXAMPLE"。然后，进入调试状态，在存储器窗口"Memory Window"的"Address"栏中输入"X：0x1040"，然后回车则自动定位在片外1040单元，双击该单元的数值，键入数值即可。此处键入的是"BB"，单步执行程序，可观察到刚键入的数值被传入A中，同时DPTR中的数据为"0x1040"，如图4.8所示。继续单步执行程序，可观察DPTR中的数据变为"0x0120"，为便于观察，可在存储器窗口"Memory #2"的"Address"栏中输入"X：0x0120"，可观察到片外0120单元的数据为"BB"，如图4.9所示。程序执行结果说明实现了要求的片外RAM之间数据的传送。

※小窍门

利用不同的"Memory"观察窗，可方便地查看内部RAM、外部RAM存储单元之间的数据传送结果。

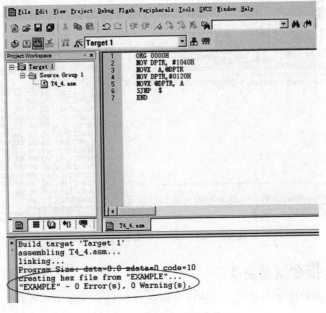

图4.7 实例4.4编译结果

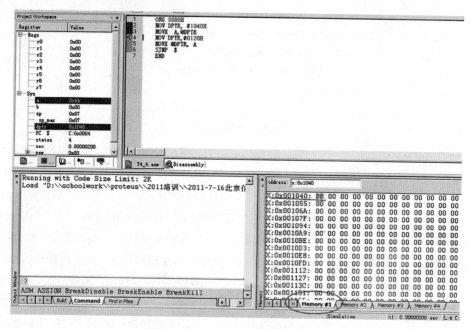

图4.8 实例4.4读片外数据执行结果

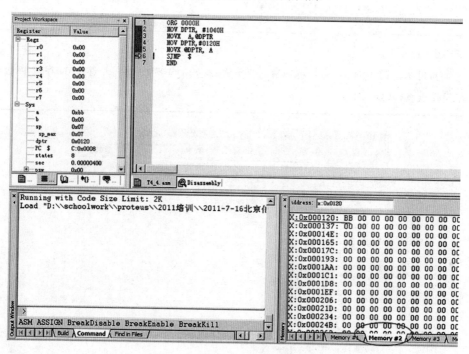

图4.9 实例4.4写片外数据执行结果

4.2.3 查表指令（2条）

对程序存储器只能读不能写，因而涉及ROM的数据传送操作是单向的，并且只能读到累加器A中。由于这种指令专门用于查找存放在ROM中的常数表格，因此称为查表指令。

具体指令如表4.9所示。

表4.9 查表指令一览表

汇编语言指令	指令功能	目的操作数寻址方式	源操作数寻址方式	字节数	时钟周期数
MOVC A, @A+DPTR	(A) ← ((A)+(DPTR))	寄存器寻址	变址寻址	1	2
MOVC A, @A+PC	(PC) ← (PC)+1 (A) ← ((A)+(PC))	寄存器寻址	变址寻址	1	2

源操作数的地址为基地址寄存器（DPTR或PC）和变址寄存器A（通常存放偏移量）的内容相加后形成一个新的16位地址。执行指令后，会将该地址所指向的ROM单元中的数据读到A中。两条指令的功能完全相同，但使用中存在差异，如表4.10所示。

表4.10 查表指令对比

查表指令	指令使用前寄存器的设置	查表范围	表格位置
MOVC A, @A+DPTR	DPTR置为表的首地址；A置为所查数据在表中的偏移	64KB	可任意放置，表格可以为多个程序块所共用
MOVC A, @A+PC	A置为所查数据相对PC值的偏移	256B	只能放在该条查表指令后面的256个单元之中，表格只能被一段程序所利用

采用DPTR作为基址寄存器时，不必关注查表指令与具体的表在ROM中存储空间上的距离，表可以放在64KB程序存储器空间的任何地址，故称为远程查表。

采用PC作为基址寄存器，具体的表在ROM中的位置只能是在查表指令后的256B的地址空间中，使用有限制，故称为近程查表。

采用DPTR作为基址寄存器，查表地址为（A）+（DPTR）。采用PC作为基址寄存器，查表地址为（A）+（PC）+1，在设置A的值时要特别注意这一点，一般需要对A的值进行修正，否则将读取错误的数据。修正方法：

（A）= 所查数据在表格中的偏移量 + 查表指令与表格首地址间的指令的字节总数

实例4.5 分析下列指令执行后A中的内容。

```
ORG  1000H
MOV  A, #0FH
MOVC A, @A+PC
MOV  R0, A
ORG  1010H
DB 02H,04H,06H,08H
```

解 （A）=06H，分析过程如图4.10所示。

实例4.6 已知程序存储器内已存放0～9的平方值表，表格首地址为2000H。40H单元中存放了一个0～9范围内的数，编制程序查出该数的平方值并送到41H单元。

解 由于PC为基址寄存器的查表指令使用受限，且容易出错，因此常使用DPTR

```
ORG 1000H; 设定程序段的起始地址
MOV A, #0FH; (A)=0FH, 双字节指令, (PC)=1002H
MOVC A, @A+PC; (A)=((A)+(PC)+1)=(0FH+1002H+1)=(1012H)=06H
            ; (PC)=1003H
MOV R0, A; (R0)=(A)=06H, (PC)=1004H
ORG 1010H; 设定表格的起始地址, 表格首地址为1010H
DB 02H,04H,06H,08H; 设定表格的内容
```

1010H	02H
1011H	04H
1012H	06H
1013H	08H

图4.10　实例4.5程序分析及执行结果

为基址寄存器的查表指令实现。为便于分析,设40H单元中的数为5。程序及分析如图4.11所示。

```
ORG 0000H
MOV DPTR, #TABLE; 将平方表首地址送入DPTR, (DPTR)=2000H
MOV A, 40H; 从40H单元中取数据送入A, (A)=(40H)=5
MOVC A, @A+DPTR; 将A的内容与DPTR的内容相加形成平方表中相应的地址,
              ; 从中取出平方值送A,
              ; (A)=((A)+(DPTR))=(5+2000H)=(2005H)=25
MOV 41H, A; 将平方值41H单元, (41H)=25
SJMP $; 程序执行完, "原地踏步"
ORG 2000H
TABLE: DB 0, 1, 4, 9, 16, 25, 36, 49, 64, 81
END
```

图4.11　实例4.6程序及分析

　　该程序的调试涉及如何查看ROM中的数据,仍以KEIL编译环境为例进行说明。创建文件并编译生成HEX文件后,进入调试状态。在存储器窗口"Memory #1"的"Address"栏中输入"C: 0x2000",即可看到所建立的平方表,在"Memory #2"的"Address"栏中输入"D: 0x40",并给40H单元赋值5,单步或全速执行程序,然后可看到41H的数据已变为"19H",刚好是5的平方,如图4.12所示。

※注意

　　(1)读者由此例也可更加清楚地认识到以数据定义的方式建立的数据表是保存在程序存储区的,这也是初学者容易理解错的地方。

（2）另外，可利用多个存储器窗口查看不同存储区的数据，而不要在一个窗口中通过修改地址查看多个存储区的数据。

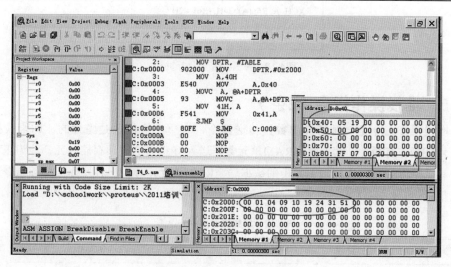

图4.12 实例4.6程序执行结果

4.2.4 数据交换指令（5条）

数据交换只在内部RAM和累加器A之间进行，有整字节和半字节两种交换指令，具体指令如表4.11所示。

表4.11 数据交换指令一览表

汇编语言指令	指令功能	目的操作数寻址方式	源操作数寻址方式	字节数	时钟周期数
SWAP A	$(A)_{3-0} \leftrightarrow (A)_{7-4}$	寄存器寻址		1	1
XCHD A, @Ri	$(A)_{3-0} \leftrightarrow ((Ri))_{3-0}$	寄存器寻址	寄存器间接寻址	1	1
XCH A, Rn	$(A) \leftrightarrow (Rn)$	寄存器寻址	寄存器寻址	1	1
XCH A, direct	$(A) \leftrightarrow (direct)$	寄存器寻址	直接寻址	2	1
XCH A, @Ri	$(A) \leftrightarrow ((Ri))$	寄存器寻址	寄存器间接寻址	1	1

实例4.7 已知（A）=34H，（（R0））=56H，下列指令顺序执行后，各寄存器结果如何？

```
MOV R6, #29H
XCH A, R6
SWAP A
XCH A, R6
XCHD A, @R0
```

解 结果如下：（A）=36H，（（R0））=54H，（R6）=92H，分析过程见图4.13。

```
MOV R6, #29H; (R6)=29H
XCH A, R6; (A)=29H, (R6)=34H
SWAP A; (A)=92H
XCH A, R6; (A)=34H, (R6)=92H
XCHD A, @R0; (A)=36H, ((R0))=54H
```

图4.13 实例4.7指令执行过程

4.2.5 堆栈操作指令（2条）

堆栈操作指令是一种特殊的数据传送指令，有一个操作数是隐含的，即堆栈指针SP。堆栈操作有两种，其一是将RAM单元数据送入SP指向的栈顶存储单元，称为压栈操作；其二是将SP指向的栈顶单元中的数据送至RAM单元，称为出栈操作。具体指令如表4.12所示。

表4.12 堆栈操作指令一览表

汇编语言指令	指令功能	目的操作数寻址方式	源操作数寻址方式	字节数	时钟周期数
PUSH direct（压栈指令）	SP←(SP)+1 ((SP))←(direct)	SP寄存器间接寻址	直接寻址	2	2
POP direct（出栈指令）	direct←((SP)) SP←(SP)-1	直接寻址	SP寄存器间接寻址	2	2

在执行中断、子程序调用、参数传递等程序时，堆栈操作指令常用于保护断点和现场地址。

堆栈操作指令中的直接地址可以是片内RAM或特殊功能寄存器，但不能使用寄存器名。例如：

PUSH ACC （不能写成PUSH A）

POP 07H （不能写成POP R7）

前面也提到过，堆栈区应避开使用工作寄存器区、位寻址区和其他需要使用的数据区，而系统复位后，SP的初始值为07H，因此为了避免冲突，一般初始化时要重新设置SP。

实例4.8 下列指令执行后，分析相关存储单元和SP的值。

MOV SP, #30H

MOV 50H, #34H

PUSH 50H

POP 40H

解 结果如下：（50H）=34H；（40H）=34H；（SP）=30H，指令分析及执行过程示意图如图4.14所示。

实例4.9 累加器A中有一压缩BCD码（即用4位二进制数表示1位十进制数，一个字节可以表示2位BCD码），编制程序将其转换为非压缩BCD码（即用8位二进制数表示1位十

```
MOV  SP, #30H; 设置堆栈区，(SP)=30H
MOV   50H, #34H; ( 50H)=34H
PUSH  50H; (SP)=(SP)+1=31H,
        ; 50H单元的内容送至31H单元：(31H)=34H
POP  40H; 31H单元的内容弹出至40H单元：( 40H)= 34H,
        ; (SP)=(SP)-1=30H
```

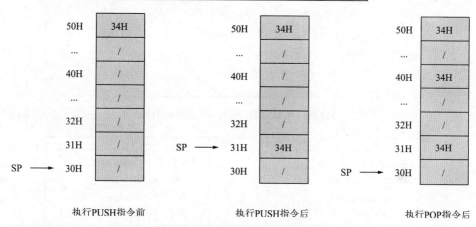

图4.14 实例4.8程序分析及执行过程

进制数，高4位始终为0，一个字节只能表示1位BCD码），并将转换结果存放到30H和31H单元中：要求30H单元存放十位，31H单元存放个位。

解 首先进行题目分析，看最终要完成的任务是什么，最好以具体的数据为例进行分析，更能看清本质。

5的压缩BCD码和非压缩BCD码分别为0101B和00000101B，98的压缩BCD码和非压缩BCD码分别为10011000B和0000100100001000B，转换为十六进制数即为98H和0908H。据此，题目的要求也就是将1字节的压缩BCD码转换为2字节的非压缩BCD，如图4.15所示。

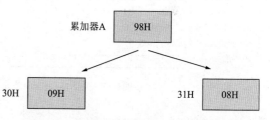

图4.15 压缩BCD码和非压缩BCD码示意图

根据题目分析，可确定算法，实质上需要做的就是把累加器中的数据拆成高4位和低4位两部分，分别作为1个新字节的低4位即可。完成这个任务的方法有很多种，这里先介绍其中的一种，程序及分析如图4.16所示，请读者自行总结思路，并在此基础上提出自己的方法。

实例4.10 编写程序将片内RAM 30H单元与40H单元中的内容互换。

解 实现题目要求的方法有很多，在此提供四种方法，如图4.17所示。目的在于使读者明白同一个任务可以有不同的编程方法来实现，有的简单有的复杂，希望读者今后通过练习，学会最优的编程方法，即程序的字节数最少，执行时间最短。

```
                                              设A中的数为98H
ORG  1000H
MOV 31H, #00H ;  (31H) =00H
MOV R0, #31H   ;  (R0)31H,
XCHD A, @R0    ; A的低四位与31H单元内容的低四位交换
               ;  (A)=90H, (31H)=08H
SWAP A  ; A的高四位与低四位互换，(A)=09H
MOV 30H, A  ; 送转换结果到30H单元，(30H)=09H
SJMP $  程序执行完，"原地踏步"
END
```

图4.16 压缩BCD码转换为非压缩BCD码

```
方法1 (直接地址传送法):
    MOV  31H, 30H
    MOV  30H, 40H
    MOV  40H, 31H
    SJMP $
```

```
方法3 (字节交换传送法):
    MOV  A, 30H
    XCH  A, 40H
    MOV  30H, A
    SJMP $
```

```
方法2 (间接地址传送法):
    MOV  R0, #40H
    MOV  R1, #30H
    MOV  A, @R0
    MOV  B, @R1
    MOV  @R1, A
    MOV  @R0, B
    SJMP $
```

```
方法4 (堆栈传送法):
    PUSH 30H
    PUSH 40H
    POP  30H
    POP  40H
    SJMP $
```

图4.17 片内RAM 30H单元与40H单元内容互换程序

4.3 算术运算类指令

算术运算类指令主要用于进行加法、减法、乘法和除法的算术运算，共24条。大部分算术运算指令的执行结果都会影响程序状态字PSW中的标志位Cy、AC、OV和P，因此要特别注意正确判断指令对标志位的影响。算术运算类指令可以对8位无符号数、带符号数和压缩BCD码进行运算。

4.3.1 加法指令（14条）

1）不带进位的加法指令（4条）

不带进位的加法指令是将源操作数的内容与累加器A的内容相加，结果存入累加器A

中，具体的指令如表4.13所示。

不带进位的加法指令对PSW中的所有标志位Cy，AC，OV和P均产生影响。

表4.13 不带进位的加法指令一览表

汇编语言指令	指令功能	目的操作数寻址方式	源操作数寻址方式	字节数	时钟周期数
ADD A, Rn	(A)←(A)+(Rn)	寄存器寻址	寄存器寻址	1	1
ADD A, direct	(A)←(A)+(direct)	寄存器寻址	直接寻址	2	1
ADD A, @Ri	(A)←(A)+((Ri))	寄存器寻址	寄存器间接寻址	1	1
ADD A, #data	(A)←(A)+data	寄存器寻址	立即寻址	2	1

实例4.11 分析执行如下程序段后，A、Cy、AC、P和OV的结果。

    MOV A，#0AEH

    ADD A，#81H

解 执行后的结果：（A）=2FH，（Cy）=1，（AC）=0，（P）=1，（OV）=1，执行过程如图4.18所示。

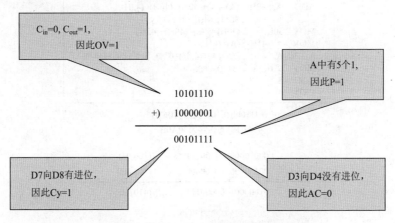

图4.18 AEH与81H相加示意图

2）带进位的加法指令（4条）

带进位的加法指令是将源操作数的内容与累加器A的内容、进位标志的内容一起相加，结果存入累加器A中。具体指令如表4.14所示。

带进位的加法指令同不带进位的加法指令一样，影响PSW中的所有标志位Cy，AC，OV和P。

由于8051单片机是8位机，所以只能做8位的算术运算，范围只有0~255，这在实际工作中是不够的，因此一般是将2个8位的算术运算合起来，成为一个16位的运算，这样可以表达的数的范围就可以达到0~65535。这种多字节加法运算，低位字节的相加使用ADD指令，由于可能产生进位，因此高位字节相加时必须使用ADDC指令。

实例4.12 编写程序实现16位二进制数加法。将片内RAM中41H，40H单元的16位

表4.14 带进位的加法指令一览表

汇编语言指令	指令功能	目的操作数寻址方式	源操作数寻址方式	字节数	时钟周期数
ADDC A, Rn	$(A) \leftarrow (A)+(Rn)+(C_y)$	寄存器寻址	寄存器寻址	1	1
ADDC A, direct	$(A) \leftarrow (A)+(direct)+(C_y)$	寄存器寻址	直接寻址	2	1
ADDC A, @Ri	$(A) \leftarrow (A)+((Ri))+(C_y)$	寄存器寻址	寄存器间接寻址	1	1
ADDC A, #data	$(A) \leftarrow (A)+data+(C_y)$	寄存器寻址	立即寻址	2	1

二进制数与片内RAM中43H，42H单元的16位二进制数相加，并将结果存放到片内RAM的31H，30H单元中。

解 首先是低8位数据对应相加，使用不带进位加法指令，将结果存入指定单元。然后是高8位数据对应相加，使用带进位的加法指令，低8位如果有进位可一并加入。程序及执行过程示意图如图4.19所示。

```
ORG  1000H
MOV  A, 40H  ; (A)=(40H)
ADD  A, 42H  ; (A)=(A)+(42H)=(40H)+(42H),
             ; 如果产生进位，则Cy=1
MOV  30H, A  ; (30H)=( A )=(40H)+(42H)
MOV  A, 41H  ; (A)=(41H)
ADDC A, 43H  ; (A)=(A)+(43H)+(Cy), 将低位的进位加入
MOV  31H, A  ; (31H)=(A)
SJMP $
END
```

设41H40H中的内容为1067H
4342H中的内容为30A0H

```
        00010000 01100111   (1067H)
  +)    00110000 10100000   (30A0H)
        ─────────────────
        01000001 00000111   (4107H)
```

低8位向高8位产生进位

图4.19 16位二进制数加法程序及执行过程

3）加1指令（5条）

加1指令又称为增量指令，其功能是使操作数所指定单元的内容加1。源操作数和目的操作数是相同的（即只有一个操作数），具体的指令如表4.15所示。

加1指令除了第一条对累加器A操作影响P标志位外，其他操作均不影响PSW的各标志位。

当指令中的direct为端口P0～P3口的地址（分别为80H，90H，A0H，B0H）时，其功能是修改端口的内容。执行指令时，先读入端口的内容，在CPU中加1，然后输出到端口。注意这里读入的是端口锁存器的内容，而不是端口引脚的状态，具有"读-改-写"指令的功能。

"INC A" 指令与" ADD A, #1"功能相同，但前一指令不影响PSW中的标志位（P

表4.15 加1指令一览表

汇编语言指令	指令功能	操作数寻址方式	字节数	时钟周期数
INC A	(A) ←(A)+1	寄存器寻址	1	1
INC Rn	(Rn) ←(Rn)+1	寄存器寻址	1	1
INC direct	(direct) ←(direct)+1	直接寻址	2	1
INC @Ri	((Ri)) ←((Ri))+1	寄存器间接寻址	1	1
INC DPTR	(DPTR) ←(DPTR)+1	寄存器寻址	1	2

除外），而后一指令影响PSW中的所有标志位。

加1指令多用于修改计数器和地址指针。

表4.15中最后一条指令是唯一的一条16位加1指令。在加1过程中，若低8位有进位，可直接向高8位进位。

实例4.13 编写程序将片内RAM中30H为起始地址的3个无符号数相加，并将结果的高位存入41H单元，低位存入40H单元中。

解 多个数相加与多字节数相加不同，不需要将低字节产生的进位加入高字节，而只需要将每次相加的进位进行累加即可。因此需要专门设置一个存储单元或寄存器对进位进行累加，如果有进位就给其加1。就本题来说，刚好可以使用41H单元。进位的累加可使用ADDC指令，并使另一个操作数为"0"，即"ADDC A，#0"。该指令实质上执行的是"（A）+Cy"操作。这样只要在这条指令执行前将41H单元的内容送入A，就可以实现只对进位进行累加。程序如图4.20所示，读者可自行以具体数值代入进行分析。

```
ORG 0100H
MOV  A, #00H；累加之前A清零
MOV  41H, #00H；41H单元清零
MOV  R0, #30H；设置地址指针，指向第一个数
ADD  A, @R0；累加第一个数，结果在A中，不会有进位
INC R0  ；修改地址指针，指向第二个数
ADD  A, @R0；累加第二个数，前2个数的和在A中
MOV  40H, A；将和送入40H单元，暂存
MOV  A, #00H；A清零，为累加进位作准备
ADDC A, #00H；累加进位，进位的和在A中
MOV  41H, A；将进位的和存入41H
INC R0；修改地址指针，指向第三个数
MOV  A, 40H；前2个数的和送入A中
ADD  A, @R0；累加第三个数，三个数的和在A中
MOV  40H, A；三个数的和存入40H
MOV  A, 41H；将上次的"进位的和"送入A，为累加进位作准备
ADDC A, #00H；累加进位，进位的和在A中
MOV  41H, A；将进位的和存入41H
SJMP  $
END
```

图4.20 3个无符号数相加程序

4）十进制调整指令（1条）

十进制调整指令也称为BCD码修正指令，其功能是进行BCD码加法运算时，跟在加法指令ADD或ADDC指令之后，对运算结果进行BCD码修正，使它调整为压缩的BCD码数，以完成十进制加法运算功能，具体指令如表4.16所示。

表4.16　十进制调整指令一览表

汇编语言指令	指令功能	操作数寻址方式	字节数	时钟周期数
DA A	若(AC)=1或A_{3-0}>9, (A) ←(A)+06H 若(Cy)=1或A_{7-4}>9, (A) ←(A)+60H 累加器十进制调整	寄存器寻址	1	1

BCD码的加法应该按照十进制运算，但CPU运算时却是按照二进制规则进行，会导致结果出错，因此BCD码加法必须在一条普通加法指令之后紧跟一条十进制调整指令才能实现。要注意，在使用时，ADD或ADDC指令中的操作数也必须是压缩BCD码的形式。

实例4.14 编写程序，实现95+97的BCD码加法。

解 95和97的压缩BCD码是95H和97H，程序和执行过程如图4.21所示。

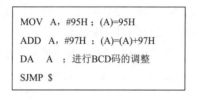

```
MOV  A，#95H；(A)=95H
ADD  A，#97H；(A)=(A)+97H
DA   A  ；进行BCD码的调整
SJMP $
```

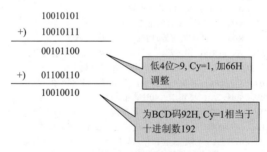

```
      10010101
  +)  10010111
      ─────────
      00101100        低4位>9, Cy=1, 加66H
  +)  01100110        调整
      ─────────
      10010010        为BCD码92H, Cy=1相当于
                      十进制数192
```

图4.21　BCD码相加程序及执行过程

图4.22对比给出了调整指令执行前后A及PSW中的结果，执行加法指令后，若不调整，则结果为12CH（Cy=1，A=2CH），不是十进制相加的结果，调整后，结果为192（Cy=1，A=92H）。通过此例也想请读者学会如何查看PSW中各标志位。

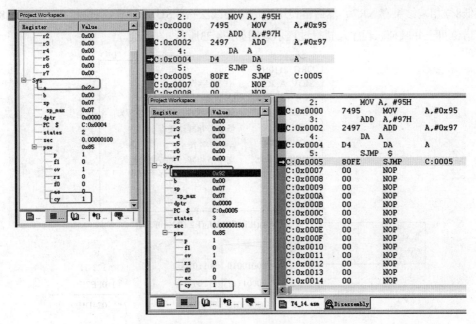

图4.22 "DA A"指令执行前后结果对比

4.3.2 减法指令（8条）

1）带借位的减法指令（4条）

带借位的减法指令是将累加器A中的内容减去源操作数的内容，再减去借位位Cy的内容，结果存入A中。具体指令如表4.17所示。

表4.17 带借位的减法指令一览表

汇编语言指令	指令功能	目的操作数寻址方式	源操作数寻址方式	字节数	时钟周期数
SUBB A, Rn	(A) ←(A)-(Rn)-(C$_y$)	寄存器寻址	寄存器寻址	1	1
SUBB A, direct	(A)←(A)-(direct)-(C$_y$)	寄存器寻址	直接寻址	2	1
SUBB A, @Ri	(A) ←(A)-((Ri))-(C$_y$)	寄存器寻址	寄存器间接寻址	1	1
SUBB A, #data	(A) ←(A)-data-(C$_y$)	寄存器寻址	立即寻址	2	1

带借位的减法指令影响PSW中的所有标志位：Cy、AC、OV、P。

指令系统中没有不带借位的减法指令，如果需要做不带借位的减法计算，可以预先将Cy=0清零，然后再使用带借位的减法指令SUBB。

同带进位的加法指令ADDC用于计算多字节加法类似，带借位的减法指令可用于多字节减法运算。

实例4.15 编写程序完成2字节减法运算，设(R4)(R5)=1234H，(R2)(R3)=0FE7H，求R4R5-R2R3，并将结果对应存入R6R7中。

解 首先是低8位数据对应相减，此时不需要考虑借位问题，所以预先将Cy=0清零，将低8位相减结果存入R7。然后再使用带借位的减法指令SUBB计算高8位相减，如果低8位有借位可一并减掉。程序及执行过程示意图如图4.23所示。

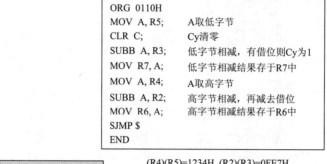

```
ORG  0110H
MOV  A, R5;      A取低字节
CLR  C;          Cy清零
SUBB A, R3;      低字节相减，有借位则Cy为1
MOV  R7, A;      低字节相减结果存于R7中
MOV  A, R4;      A取高字节
SUBB A, R2;      高字节相减，再减去借位
MOV  R6, A;      高字节相减结果存于R6中
SJMP $
END
```

(R4)(R5)=1234H, (R2)(R3)=0FE7H

低8位向高8位有借位，Cy=1

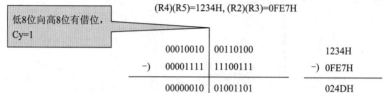

	00010010	00110100	1234H
-)	00001111	11100111	-) 0FE7H
	00000010	01001101	024DH

图4.23 多字节减法程序及执行过程示意图

2）减1指令（4条）

减1指令又称为减量指令，其功能是使操作数所指定的单元的内容减1。源操作数和目的操作数是相同的（即只有一个操作数），具体的指令如表4.18所示。

表4.18 减1指令一览表

汇编语言指令	指令功能	操作数寻址方式	字节数	时钟周期数
DEC A	(A)←(A)-1	寄存器寻址	1	1
DEC Rn	(Rn)←(Rn)-1	寄存器寻址	1	1
DEC direct	(direct)←(direct)-1	直接寻址	2	1
DEC @Ri	((Ri))←((Ri))-1	寄存器间接寻址	1	1

减1指令对PSW的影响与加1指令相同，而且对端口P0~P3的操作也与加1指令类似，属于"读-改-写"指令。通常也是用于计数器和地址指针的调整。与加1指令不同的是没有DPTR减1指令。

问题 如何编程实现DPTR减1的运算？

解释 将DPTR分为DPH和DPL两部分，相当于进行2字节减法，被减数放在DPTR中，减数为0001H，读者可参考例4.15编写程序。

4.3.3 乘法和除法指令（2条）

乘法指令是将两个8位无符号整数相乘，乘积为16位，存于B和A中。除法指令是两个8位无符号整数相除，商为8位，余数也为8位。具体的指令如表4.19所示。

表4.19 乘除指令一览表

汇编语言指令	指令功能	字节数	时钟周期数
MUL AB	(B) (A) ←(A)×(B)：两个乘数分别放A和B中，乘积的高8位存入B，低8位存入A	1	4
DIV AB	(A)←(A)/(B)：A为被除数，B为除数，商的整数部分存入A，余数存入B	1	4

乘除指令对标志位Cy、OV和P有影响，且对Cy和P的影响相同，即Cy总是清零，P依然随着A中1的个数而改变，只是对OV的影响不同。乘法运算中，若乘积大于0FFH（255），则OV=1，否则OV=0；除法运算中，若除数为0，则OV=1，否则OV=0。

乘除指令在8051指令系统中执行时间最长，均为四周期指令，所以一般很少使用，而尽量使用左移或右移指令来代替（左移1位相当于乘以2，右移1位相当于除以2，详见4.4节）。

实例4.16 分析下面一段程序的功能。

MOV A，#00H
MOV B，#00H
MOV A，24H
MOV B，#10H
DIV AB
MOV 30H，A
MOV 31H，B

解 分析程序功能的最好方法就是以实际的数值代入，看看能够得到什么结果。分析过程如图4.24所示。

设24H单元中的内容为98H，程序分析如下

MOV A, #00H; A清零
MOV B, #00H; B清零
MOV A, 24H; 取数存入A, (A)=98H
MOV B, #10H; (B)=10H
DIV AB; (A)/(B)=(98H)/10H, 商为09送入A, 余数为08H送入B
MOV 30H, A; 商送入30H单元, (30H)=(A)=09H,
　　　　; 即24H单元的内容的高4位送入30H中
MOV 31H, B; 余数送入31H单元, (31H)=(B)=08H
　　　　; 即24H单元的内容的低4位送入31H中
SJMP $

除以16，相当于右移4位

图4.24 实例4.16程序分析

分析可知，程序的功能是将24H单元中的高4位和低4位分开，结果存放到30H和31H单元中。如果24H单元中放的是压缩BCD码，那么上述程序就实现了将压缩BCD码转换为非压缩的BCD码的操作。

在此本书又给出了一种将压缩BCD码转换为非压缩的BCD码的方法。请读者结合例4.9对比一下这两种方法。希望读者能够拓展思路，体会编程的灵活性，也进一步深入理解同一个任务可以有不同的编程方法来实现这个理念。

4.4　逻辑操作类指令

逻辑操作类指令包括逻辑运算和移位类指令，主要用于对8位操作数按"位"进行逻辑或移位操作，并将结果送到累加器A或直接寻址单元。主要操作有逻辑与、逻辑或、逻辑异或、循环移位、清0、求反等。

逻辑运算和移位指令一般不影响PSW中的各标志位，仅当目的操作数是累加器A时，影响奇偶校验位P。

1）逻辑与运算指令（6条）

逻辑与运算指令是将两个操作数单元的内容按"位"相与，结果存放到目的操作数的单元中，而源操作数单元中的内容保持不变。

这类指令可以分为两类：一类是以累加器A为目的操作数；另一类是以直接地址direct为目的操作数，具体的指令如表4.20所示。

表4.20　逻辑与运算指令一览表

汇编语言指令	指令功能	目的操作数寻址方式	源操作数寻址方式	字节数	时钟周期数
ANL A, Rn	$(A) \leftarrow (A) \wedge (Rn)$	寄存器寻址	寄存器寻址	1	1
ANL A, direct	$(A) \leftarrow (A) \wedge (direct)$	寄存器寻址	直接寻址	2	1
ANL A, @Ri	$(A) \leftarrow (A) \wedge ((Ri))$	寄存器寻址	寄存器间接寻址	1	1
ANL A, #data	$(A) \leftarrow (A) \wedge data$	寄存器寻址	立即寻址	2	1
ANL direct, A	$(direct) \leftarrow (direct) \wedge (A)$	直接寻址	寄存器寻址	2	1
ANL direct, #data	$(direct) \leftarrow (direct) \wedge data$	直接寻址	立即寻址	3	2

以direct为目的操作数的指令，若直接地址为I/O接口，则为"读-改-写"指令。执行指令时，首先将端口的内容读入，然后与A或立即数按位相与，再将结果送回端口。

实际编程中，逻辑与运算指令具有"屏蔽"功能，即使8位二进制数中的某些位清0。方法是要保留的位使之同"1"相与，要清0的位使之同"0"相与。

实例4.17　编写程序实现累加器A的低4位被屏蔽，并使P1.2、P1.5和P1.7输出低电平，其他口线保持不变。

解　A的低4位被屏蔽，因此应让A同11110000B相与。P1.2、P1.5和P1.7为0，因此应让P1口同01011011B相与。程序及执行过程如图4.25所示。

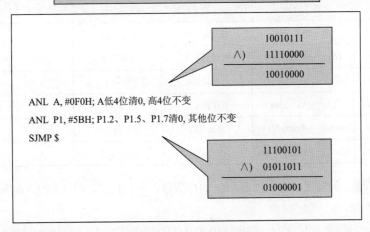

图4.25　实例4.17程序及分析

实例4.18　编写程序利用逻辑与指令，将累加器A中一字节压缩BCD码转换成两字节非压缩BCD码，分别存入A和寄存器B中。

解　压缩BCD码转换成非压缩BCD码的转换原理如图4.15所示，方法也已经给出两种。这里要考虑的就是如何利用"与"操作来实现。实质上，转换就是将一字节数据的高4位和低4位分别清0，再进行相应的调整后使原来的高4位和低4位分别出现在2个新字节的低4位，而高4位均为0。清0的操作可以由逻辑与指令实现。程序如图4.26所示。

设A中的内容为98H，程序分析如下

```
MOV  B, A; 暂存数据, (B)=98H
ANL  A, #0FH; 屏蔽高4位, (A)=08H
XCH  A, B;AB交换, (A)=98H, (B)=08H
ANL  A, #0F0H; 屏蔽低4位, (A)=90H
SWAP A; A高低半字节交换，(A)=09H
SJMP $
```

图4.26　压缩BCD码转换成非压缩BCD码程序及分析

2）逻辑或运算指令（6条）

逻辑或运算指令是将源操作数单元的内容与目的操作数单元的内容相或，结果存放到目的操作单元中，而源操作数单元中的内容不变。

逻辑或运算指令的分类及源、目操作数的规定同逻辑与运算指令。具体的指令如表4.21所示。

实际编程中，逻辑或运算指令具有"置位"功能，即使8位二进制数中的某些位置1。方法是要置1的位使之同"1"相或，要保留的位使之同"0"相或。

表4.21 逻辑或运算指令一览表

汇编语言指令	指令功能	目的操作数寻址方式	源操作数寻址方式	字节数	时钟周期数
ORL A, Rn	(A) ←(A)∨(Rn)	寄存器寻址	寄存器寻址	1	1
ORL A, direct	(A) ←(A) ∨(direct)	寄存器寻址	直接寻址	2	1
ORL A, @Ri	(A) ←(A) ∨((Ri))	寄存器寻址	寄存器间接寻址	1	1
ORL A, #data	(A) ←(A) ∨data	寄存器寻址	立即寻址	2	1
ORL direct, A	(direct) ←(direct) ∨(A)	直接寻址	寄存器寻址	2	1
ORL direct, #data	(direct) ←(direct) ∨data	直接寻址	立即寻址	3	2

实例4.19 编写程序将累加器A的低4位置位，并使P1.2、P1.5和P1.7输出高电平，其他口线保持不变。

解 A的低4位置1，因此应让A同00001111B相或。P1.2、P1.5和P1.7置1，因此应让P1口同10100100B相或。程序及执行过程如图4.27所示。

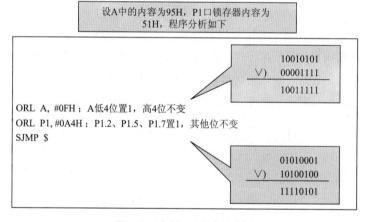

图4.27 实例4.19程序及分析

3）逻辑异或运算指令（6条）

逻辑异或运算指令是将源操作数的内容与目的操作数的内容相异或，结果存放到目的操作单元中，而源操作数单元中的内容不变。

逻辑异或运算指令的分类及源、目的操作数的规定同逻辑与运算指令，具体的指令如表4.22所示。

在实际编程中，逻辑异或运算指令具有"按位求反"功能，即使一个8位二进制数中的某些位取反。方法是要取反的位使之同"1"相异或，要保留的位使之同"0"相异或。

实例4.20 编写程序将累加器A的低4位取反，并使P1.2、P1.5和P1.7的输出取反，其他口线保持不变。

解 A的低4位取反，因此应让A同00001111B相异或。P1.2、P1.5和P1.7取反，因此应让P1口同10100100B相异或。程序及执行过程如图4.28所示。

表4.22 逻辑异或运算指令一览表

汇编语言指令	指令功能	目的操作数寻址方式	源操作数寻址方式	字节数	时钟周期数
XRL A, Rn	$(A) \leftarrow (A) \oplus (Rn)$	寄存器寻址	寄存器寻址	1	1
XRL A, direct	$(A) \leftarrow (A) \oplus (direct)$	寄存器寻址	直接寻址	2	1
XRL A, @Ri	$(A) \leftarrow (A) \oplus ((Ri))$	寄存器寻址	寄存器间接寻址	1	1
XRL A, #data	$(A) \leftarrow (A) \oplus data$	寄存器寻址	立即寻址	2	1
XRL direct, A	$(direct) \leftarrow (direct) \oplus (A)$	直接寻址	寄存器寻址	2	1
XRL direct, #data	$(direct) \leftarrow (direct) \oplus data$	直接寻址	立即寻址	3	2

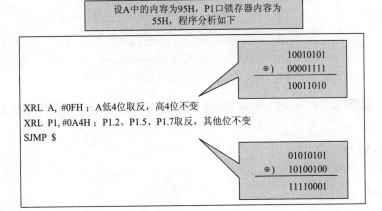

图4.28 实例4.20程序及分析

4）循环移位指令（4条）

51的移位指令只能对累加器A中的内容进行移位，共有不带进位的循环左移、右移和带进位的循环左移、右移指令4条，如表4.23所示。循环移位指令执行示意图如图4.29所示。

表4.23 循环移位指令一览表

汇编语言指令	指令功能	字节数	时钟周期数
RL A	$(A_{n+1}) \leftarrow (A_n), (n=0\sim6), (A_0) \leftarrow (A_7)$	1	1
RR A	$(A_n) \leftarrow (A_{n+1}), (n=0\sim6), (A_7) \leftarrow (A_0)$	1	1
RLC A	$(A_{n+1}) \leftarrow (A_n), (n=0\sim6), (C_y) \leftarrow (A_7), (A_0) \leftarrow (C_y)$	1	1
RRC A	$(A_n) \leftarrow (A_{n+1}), (n=0\sim6), (A_7) \leftarrow (C_y), (C_y) \leftarrow (A_0)$	1	1

※说明

（1）循环移位指令每执行一次只移动一位；

（2）Cy=0时，RLC相当于无符号数乘以2；RRC相当于无符号数除以2（取整）；

（3）不带进位的循环移位指令（RL和RR）执行后不影响PSW中的标志位，而带进位的循环移动指令（RLC和RRC）影响标志位Cy和P。

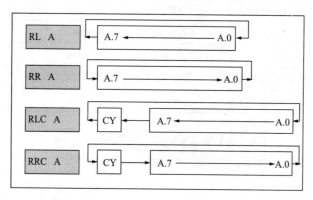

图4.29 循环移位指令示意图

实例4.21 设（A）=08H=0000 1000B，Cy=0，试分析分别执行下面两组指令的结果。

（1）RLC A

　　RLC A

　　RLC A

（2）RRC A

　　RRC A

　　RRC A

解 Cy=0，因此执行带进位的循环移位相当于进行乘除法，总结口诀如下："左乘右除"，即向左移动相当于乘，向右移动相当于除。指令执行结果如图4.30所示。

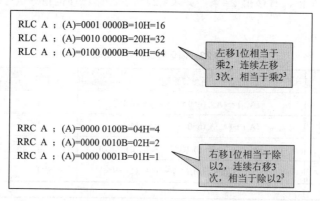

图4.30 实例4.21指令分析及结果

5）累加器A的清0与取反指令（2条）

累加器A的清0和取反指令都是单字节单周期指令。虽然采用数据传送或逻辑运算指令也同样可以实现对累加器的清0与取反操作，但它们至少需要两个字节。利用累加器A清0

与取反指令可以节省存储空间，提高程序执行效率。具体的指令如表4.24所示。

表4.24　累加器A的清0与按位取反指令一览表

汇编语言指令	指令功能	字节数	时钟周期数
CLR A	(A) ←00H	1	1
CPL A	(A) ←($\overline{A}$)	1	1

累加器A的按位取反，实际上是逻辑"非"运算。

4.5　控制转移类指令

计算机在运行的过程中，程序的顺序执行是由程序计数器PC自动加1实现的。有时因为任务需要，希望改变程序的执行顺序，实现程序的分支跳转，这就必须改变PC值，控制转移类指令就是用于实现上述功能的。可以说，控制转移指令以改变程序计数器PC中的内容为目标，以控制程序执行的流向为目的。

控制转移指令共有17条，分为三类：无条件转移指令（LJMP、AJMP、SJMP、JMP）、条件转移指令（JZ、JNZ、CJNE、DJNZ）、子程序的调用与返回指令（ACALL、LCALL、RET、RETI）。除了CJNE影响PSW的进位标志位Cy以外，其余均不影响PSW的各标志位。

4.5.1　无条件转移指令（4条）

不规定条件的程序转移称为无条件转移指令。程序执行到该指令，一定发生转移，到指令提供的目的地址处执行。无条件转移指令共有4条，具体如表4.25所示。

表4.25　无条件转移指令一览表

汇编语言指令	指令功能	字节数	时钟周期数
LJMP addr16	PC ←$addr_{15-0}$	3	2
AJMP addr11	PC ←(PC)+2, PC_{10-0} ←addr11	2	2
SJMP rel	PC ←(PC)+2+rel	2	2
JMP @A+DPTR	PC ←(DPTR)+(A)	1	2

1）长转移指令LJMP addrl6

指令中包含16位的转移目的地址addr16。其功能是把转移目的地址送入程序计数器PC中，使程序无条件转移到目的地址addr16处去运行。由于目的地址是16位的，所以转移范围是64KB程序存储空间。为了方便程序设计，addr16常采用符号地址表示，只有在汇编后才形成16位二进制地址。

2）绝对转移指令AJMP addr11

绝对转移指令中包含11位的目的地址，其功能是：首先将PC自动加2，指向下一条指令地址（即PC的当前值），然后再用指令中给出的11位地址替换PC当前值的低11位，形成新的PC值，构成转移目的地址，因此转移的目的地址是在下一条指令地址开始的2KB的范围内。11位地址addrll（$A_{10}A_9A_8 A_7A_6A_5A_4A_3A_2A_1A_0$）在指令中的分布以及目的地址形成过程如图4.31所示。同样，11位地址addrll也常用符号地址表示，在执行前才被汇编成具体的指令格式。

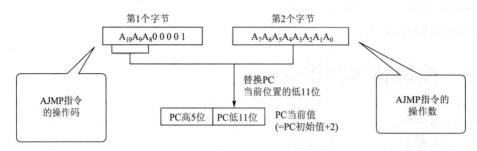

图4.31　AJMP指令的转移目的地址形成图

　　绝对转移指令的转移范围为2KB，如果把单片机64KB寻址区划分成32页（每页2KB），如图4.32所示，PC的高5位地址PC_{15}～PC_{11}（变化范围为00000B～11111B）称为页面地址（0～31页），A_{10}～A_0称为页内地址（变化范围应在2KB之内，为000～7FFH）。那么应该注意，转移前与转移后PC的高5位地址应该相同，否则指令为非法指令。因此使用符号地址时，该地址与AJMP后面一条指令的第一个字节必须在同一个2KB区域的存储器区内。如果超出2KB范围，汇编时会报错。

　　例如，若AJMP指令地址为2FFEH，则PC+2=3000H，所以转移的目的地址必在3000H～37FFH这个2KB区域内。

0000H～07FFH	0800H～0FFFH	1000H～17FFH	1800H～1FFFH
2000H～27FFH	2800H～2FFFH	3000H～37FFH	3800H～3FFFH
4000H～47FFH	4800H～4FFFH	5000H～57FFH	5800H～5FFFH
6000H～67FFH	6800H～6FFFH	7000H～77FFH	7800H～7FFFH
8000H～87FFH	8800H～8FFFH	9000H～97FFH	9800H～9FFFH
A000H～A7FFH	A800H～AFFFH	B000H～B7FFH	B800H～BFFFH
C000H～C7FFH	C800H～CFFFH	D000H～D7FFH	D800H～DFFFH
E000H～E7FFH	E800H～EFFFH	F000H～F7FFH	F800H～FFFFH

图4.32　程序存储器空间32个2K地址范围

由于现在几乎不再使用手动汇编程序，而11位地址常用符号地址给出，因此只要求读者掌握该指令的原理，能够排除转移范围超出2KB的错误即可，不要求实际计算目的地址的能力。

3）相对（短）转移指令SJMP rel

短转移指令中包含一个8位补码形式表示的相对地址，即偏移量rel。rel可表示的地址范围为-128~+127，因此该指令的功能是实现一页地址范围内的相对转移。rel为正，程序向后跳转，rel为负，程序向前跳转。转移的目的地址计算如下：

目的地址=（PC）+2+rel

SJMP指令中的相对地址rel常用符号地址表示，在执行前汇编时计算机能自动计算出rel的值。而在手工计算偏移量rel时，应按上述计算公式倒推，现在同样对此不作要求。

rel=目的地址-（PC）-2

如果rel为0FEH（-2的补码），则目的地址＝PC+2-2=PC，导致无限循环，因此称为"原地踏步"指令。常用于等待中断或结束程序。常见形式有如下两种：

（1）标号：SJMP 标号，如WAIT：SJMP WAIT。

（2）SJMP $。

指令"SJMP $"汇编后如图3.4所示，反汇编代码行"C:0x0204 80FE C:SJMP 0204"说明该指令的首地址为0204H，机器码为80FE，汇编时计算机可自动计算出转移的目的地址，故原指令"$"用具体的地址0204取代。而0204即这条指令的首地址，因此程序执行到该指令就不会再向下执行，故称为原地踏步。

问题 程序汇编时，指出SJMP指令错误，目标地址超范围，则如何修改程序？

解释 SJMP的转移范围只有256B，因此可以考虑将SJMP指令换为转移范围更大的AJMP或者LJMP指令。

4）间接转移指令JMP @A+DPTR

间接转移指令的功能是将DPTR的内容为基地址，以A的内容为偏移量，两者相加形成16位目的地址送入PC，可实现64KB范围的转移。该指令不改变A和DPTR中的内容，不影响PSW中的标志位。

实际使用时，用户应预先将目的转移地址的基地址送入DPTR，目的转移地址相对基地址的偏移量放入A中。这条指令常用于程序的分支转移，通常DPTR中的基地址是一个确定的值，一般是一张转移指令表的首地址，通过给A赋以不同的表的偏移量地址，便可实现散转功能，故又称为"散转指令"。

实例4.22 某设备的控制面板上有三个按键，能够完成不同的功能。即按键按下后，应跳转至相应的程序处执行。设按键按下后，键号的值被存放在寄存器R4中，OPR0～OPR2是实现相应功能的子程序段，请编程实现根据R4中的值使程序转移到相应的子程序段执行。

解 实质上，此题目的要求是：

当（R4)=00H时，执行OPR0子程序。

当（R4）=01H时，执行OPR1子程序。

当（R4）=02H时，执行OPR2子程序。

故可以用散转指令。那么在ROM中，要建立一个散转表，将使程序跳转至相应子程序的无条件转移指令存入表中，编写程序时，只需将该散转表的首地址赋给DPTR，而将转移指令在表中的偏移量赋给A即可，如图4.33所示。

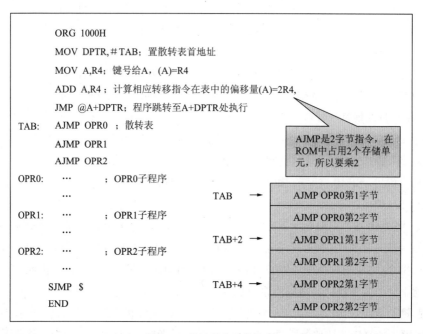

图4.33 散转程序及散转表

问题 如果散转表中存放的是"LJMP"指令，则偏移量如何修正？

解释 "LJMP"是3字节指令。

4.5.2 条件转移指令（8条）

条件转移指令是指程序的转移是有条件的，满足指令中规定的条件时程序进行相对转移，否则程序顺序执行本指令的下一条指令。

条件转移指令的寻址方式同SJMP指令，即目的地址＝PC+N+rel，其中PC为条件转移指令的第一个字节的地址，N为条件转移指令的字节数（长度）。转移范围也同SJMP指令，为-128~+127，即程序可以向上转移。

条件转移指令共有3种，判零转移指令（JZ、JNZ）、比较不等转移指令（CJNE）、减1不为零（循环）转移指令（DJNZ）。

1）累加器A判零转移指令（2条）

指令执行时均以累加器A的内容是否为0作为转移条件，具体如表4.26所示，指令执行的流程图如图4.34所示。

表4.26　条件转移指令一览表

汇编语言指令	指令功能	字节数	时钟周期数
JZ rel (Jump if accumulator is Zero)	若(A)=0, 则PC ←(PC)+2+rel (转移) 若(A)≠0, 则PC ←(PC)+2 (不转移)	2	2
JNZ rel (Jump if accumulator is Not Zero)	若(A)≠0, 则PC ←(PC)+2+rel (转移) 若(A)=0, 则PC ←(PC)+2 (不转移)	2	2

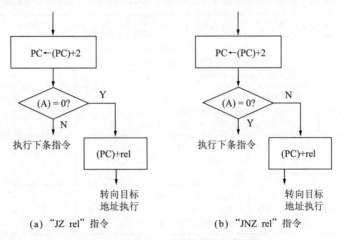

(a)"JZ rel"指令　　　　(b)"JNZ rel"指令

图4.34　累加器A判零转移指令流程图

实例4.23　已知片内RAM中以40H为起始地址的数据块以"#"为结束标志, 编写程序将其传送到以DATA为起始地址的片外RAM区中。

解　数据块的传送是单片机应用系统常常进行的一种操作, 一定要掌握处理这种操作的技能。按照题目要求, 编程思路如下：将从片内RAM单元取出的数据与"#"的ASCII值进行比较, 如果不相等, 则将该数送至片外RAM单元；如果相等, 就使程序结束, 如图4.35所示。

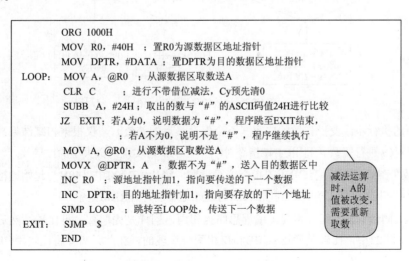

图4.35　实例4.23数据块传送程序

2）比较不等转移指令（4条）

比较转移指令是51指令系统中仅有的具有3个操作数的指令。其功能是把前两个操作数进行比较，即进行减法运算，以比较的结果作为条件来控制程序的转移，如果它们的值不相等（即差不为0）则转移，否则继续执行下一条指令，同时根据相减结果对Cy置数，有借位，Cy＝1，无借位，Cy＝0。共有4条指令，具体如表4.27所示。

表4.27 比较不等转移指令（Compare and Jump if Not Equal）一览表

汇编语言指令	指令功能	字节数	时钟周期数
CJNE A, direct, rel	若（A）=（direct），则PC ← (PC) +3，C_y←0 若(A)>（direct），则PC ← (PC) +3+rel，C_y←0 若(A)<（direct），则PC ← (PC) +3+rel，C_y←1	3	2
CJNE A, #data, rel	若（A）= data，则PC ← (PC) +3，C_y←0 若（A）>data，则PC ← (PC) +3+rel，C_y←0 若（A）<data，则PC ← (PC) +3+rel，C_y←1	3	2
CJNE Rn, #data, rel	若（Rn）= data，则PC ← (PC) +3，C_y←0 若（Rn）>data，则PC ← (PC) +3+rel，C_y←0 若（Rn）<data，则PC ← (PC) +3+rel，C_y←1	3	2
CJNE @Ri, #data, rel	若（(Ri)）= data，则PC ← (PC) +3，C_y←0 若（(Ri)）>data，则PC ← (PC) +3+rel，C_y←0 若（(Ri)）<data，则PC ← (PC) +3+rel，C_y←1	3	2

CJNE指令的执行流程图如图4.36所示，有以下三种情况：

- 若第一操作数等于第二操作数，则程序顺序执行，（PC）=（PC）+3，且Cy=0。
- 若第一操作数大于第二操作数，则程序转到rel处执行，PC=（PC）+3+rel，且Cy=0。
- 若第一操作数小于第二操作数，则程序转到rel处执行，PC=（PC）+3+rel，且Cy=1。

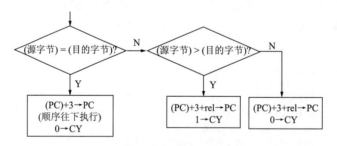

图4.36 比较转移指令流程图

指令的执行不改变操作数的内容（不会保存最后的差值），仅根据相减结果决定是否转移以及对Cy进行置数。利用CJNE指令对Cy的影响，可实现两数大小的比较。

实例4.24 试用含有CJNE的指令编写程序，将片内RAM中以40H为起始地址的数据块（以"#"为结束标志）传送到以DATA为起始地址的片外RAM区中。

解 同例4.23的任务相同，编程思路也相同，同样是先取数，再比较，然后决定是否传送。例4.23中，比较是通过SUBB和JZ相配合实现的，在此只需要将比较用CJNE指令实现即可，程序如图4.37所示。

```
            ORG 1000H
            MOV R0, #40H   ; 置R0为源数据区地址指针
            MOV DPTR, #DATA ; 置DPTR为目的数据区地址指针
LOOP:   MOV A, @R0     ; 从源数据区取数送A
            CJNE A，#24H，MOVE ; 取出的数与 "#" 的ASCII码值24H进行比较
                           ; 不等，则转移到MOVE，相等则顺序执行
            SJMP   EXIT ; 相等，说明数据为 "#"，程序跳至EXIT结束
MOVE:   MOVX  @DPTR，A ; 数据不为 "#"，送入目的数据区中
            INC R0   ; 源地址指针加1，指向要传送的下一个数据
            INC DPTR ; 目的地址指针加1，指向要存放的下一个地址
            SJMP LOOP   ; 跳转至LOOP处，传送下一个数据
EXIT:    SJMP   $
            END
```

A的值不因减法而改变，所以可直接传送至目的单元

图4.37 实例4.24数据块传送程序

CJNE指令中两操作数相减不改变操作数，只是根据结果判断程序走向以及给Cy赋值，即A的内容仍为从源数据区取出的数据，所以经CJNE判断后，如果不是结束标志 "#" 则可以直接传送至目的区。这里与使用SUBB和JZ指令判断的程序不同，SUBB指令执行后，A的内容为相减结果，不再是从源数据区取出的数据，所以向目的单元传送前需要重新取数，如图4.35所示。

3）减1不为零（循环）转移指令（2条）

减1不为零转移指令的功能是先将操作数内容减1，并保存减1后的结果；若操作数减1后不为0，程序则进行转移；若操作数减1后为0，程序顺序执行。共有两条指令，具体如表4.28所示。

表4.28 减1不为零转移指令（Decrement and Jump if Not Zero）一览表

汇编语言指令	指令功能	字节数	时钟周期数
DJNZ Rn, rel	$(Rn) \leftarrow (Rn)-1$ 若$(Rn) \neq 0$, 则PC $\leftarrow$(PC)+2+rel (转移) 若$(Rn) =0$, 则PC $\leftarrow$(PC)+2 (不转移)	2	2
DJNZ direct, rel	$(direct) \leftarrow (direct)-1$ 若$(direct) \neq 0$, 则PC $\leftarrow$(PC)+3+rel (转移) 若$(direct) =0$, 则PC $\leftarrow$(PC)+3 (不转移)	3	2

这类指令常用于循环程序中控制程序的循环。Rn、direct可作为控制循环的计数器，存放循环次数，利用指令的 "减1非0则转移" 功能，可实现按循环次数控制程序的目的，因此又称为循环转移指令，控制循环的示意图如图4.38所示。

实例4.25 分析下列程序的功能。

```
ORG  0100H
    MOV 23H, #0AH
```

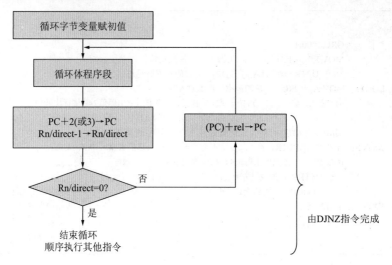

图4.38 循环控制示意图

```
       CLR  A
LOOP：ADD  A，23H
       DJNZ  23H，LOOP
       SJMP  $
       END
```

解 程序分析如图4.39所示。

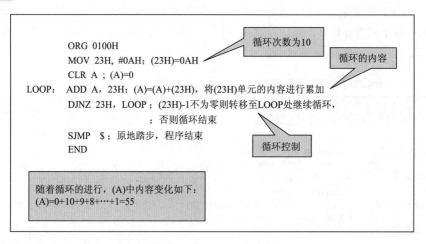

图4.39 实例4.25程序分析

实例4.26 利用循环指令编写程序，将片外RAM 1000H单元开始的30个字节的数据传送到片内RAM 30H开始的单元。

解 本题同实例23和实例24的不同在于，数据块的大小已知，利用循环程序实现的话，循环次数就是已知的。循环内容就是从片外RAM单元取数，再传送到片内RAM单元。程序如图4.40所示。

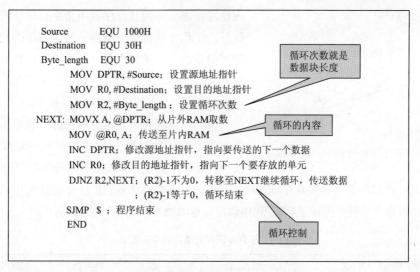

图4.40　实例4.26中数据块传送程序

※说明

　　本题希望读者掌握的另一个技能是学会利用变量设计通用性程序。图4.40中的程序定义了3个变量，Source用于存放源数据块的起始地址，Destination用于存放目的数据块的起始地址，Byte_length用于存放数据块的长度。视需要改变变量定义语句中的数值就可以完成另一个数据块传送任务。例如，

　　Source EQU 2000H

　　Destination EQU 50H

　　Byte_length EQU 60

　　以上变量被赋予新的值时，可以完成将片外RAM 2000H单元开始的60个字节的数据传送至片内RAM 50H开始的单元。由于该程序具有独立的功能，可以用于任何程序中，因此通用性较好。今后读者应尽可能地设计具有通用性的程序，将来才易于将它们修改为子程序，被其他单片机应用系统调用，以减轻程序设计的工作量。

4.5.3　子程序调用与返回指令（4条）

　　为了减少编写和调试程序的工作量，减少程序在存储器中所占有的存储空间，人们常常把具有完整功能的程序段独立出来，定义为子程序，原来的程序作为主程序。子程序可以被主程序多次调用。

　　子程序调用是一种重要的程序结构，它是简化源程序的书写、程序模块共享的重要手段。它可以在程序中反复多次使用。主程序与子程序之间的调用关系如图4.41所示。为了实现主程序对子程序的一次完整调用，必须有子程序调用指令和子程序返回指令。主程序

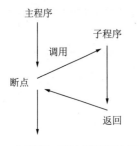

图4.41 主程序与子程序调用关系示意图

应该能在需要时通过程序调用指令自动转入子程序执行，子程序执行完后应能通过返回指令自动返回调用指令的下一条指令处（该指令地址称为断点地址）执行。子程序调用指令在主程序中使用，而子程序返回指令则是子程序的最后一条指令。

调用与返回指令是成对使用的。调用指令必须具有自动把程序计数器PC中的断点地址保护到堆栈中，且将子程序入口地址自动送入程序计数器PC中的功能；返回指令则必须具有自动把堆栈中的断点地址恢复到程序计数器PC中的功能。8051单片机指令系统中提供了4条子程序调用与返回指令，具体如表4.29所示。

表4.29 子程序调用与返回指令一览表

汇编语言指令	指令功能	字节数	时钟周期数
ACALL addr11	$(PC)\leftarrow(PC)+2$，$(SP)\leftarrow(SP)+1$，$(SP)\leftarrow(PC)_{7\sim0}$ $(SP)\leftarrow(SP)+1$，$(SP)\leftarrow(PC)_{15\sim8}$，$(PC)_{10\sim0}\leftarrow addr11$	2	2
LCALL addr16	$(PC)\leftarrow(PC)+3$，$(SP)\leftarrow(SP)+1$，$(SP)\leftarrow(PC)_{7\sim0}$ $(SP)\leftarrow(SP)+1$，$(SP)\leftarrow(PC)_{15\sim8}$，$(PC)_{15\sim0}\leftarrow addr16$	3	2
RET	$(PC)_{15\sim8}\leftarrow((SP))$，$(SP)\leftarrow(SP)-1$， $(PC)_{7\sim0}\leftarrow((SP))$，$(SP)\leftarrow(SP)-1$	1	2
RETI	$(PC)_{15\sim8}\leftarrow((SP))$，$(SP)\leftarrow(SP)-1$， $(PC)_{7\sim0}\leftarrow((SP))$，$(SP)\leftarrow(SP)-1$	1	2

1）绝对短调用指令ACALL addl11

该指令执行时，首先产生断点地址（PC）+2，然后把断点地址压入堆栈中保护（先低位后高位），最后用指令中给出的11位地址替换当前PC的低11位，组成子程序的入口地址。ACALL指令类似于绝对转移指令AJMP，addr11可以用符号地址（标号）表示，且只能在2KB范围以内调用子程序。

2）绝对长调用指令LCALL addr16

该指令执行时，首先产生断点地址（PC）+3，然后把断点地址压入堆栈中保护（先低位后高位），最后用指令中给出的16位地址替换当前PC地址，组成子程序的入口地址。LCALL指令类似于长转移指令LJMP，addr16可以用符号地址（标号）表示，能在64KB范围以内调用子程序。

3）子程序返回指令RET

该指令执行时，将SP所指向的栈顶中的内容弹出给PC（先高位后低位），恢复断点地址，使程序返回到断点处继续执行。

4）中断返回指令RETI

RETI指令用于中断服务子程序的返回，执行过程与RET指令相仿，区别在于RET是从一般子程序返回，RETI是从中断服务程序返回，因此RETI指令在恢复断点前还具有清除中断响应被置位的优先级状态、释放中断逻辑等功能。

无论RET还是RETI都要放在子程序的最后。

实例4.27 设（SP）=60H，程序存储器的内容如表4.30所示，分析执行LCALL指令后PC、堆栈区及SP的内容如何？

表4.30 实例4.27指令存放情况

地　址	机器码	汇编指令
1234H	02 98 FD	LCALL 98FDH
1237H	EC	MOV A，R4

解 LCALL指令执行前，（PC）=1234H，按照该指令执行过程，执行结果如图4.42所示。

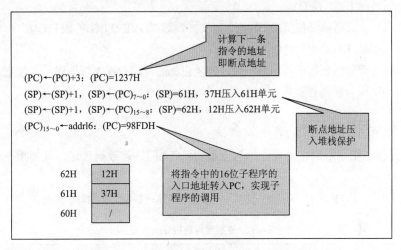

图4.42 实例4.27中LCALL指令执行过程及结果

4.5.4 空操作指令（1条）

NOP占据一个单元的存储空间，除了使PC的内容加1（转到下一条指令）外，CPU不产生任何操作结果，只是消耗一个机器周期。具体的指令如表4.31所示。

表4.31 空操作指令一览表

汇编语言指令	指令功能	字节数	时钟周期数
NOP	空操作	1	1

NOP指令通常用于软件延时或在程序可靠性设计中用来稳定程序。

4.6 位操作类指令

51单片机的特色之一就是具有位处理功能。因为在其硬件结构中有一个布尔处理机，它以进位标志位Cy作为位累加器。在软件方面，有一个专门处理布尔变量的指令子集，可以实现布尔变量的传送、逻辑运算和控制程序转移等功能。这些指令称为位操作指令或布尔变量操作指令。

位操作指令的操作数不是字节，而是字节中的某个位。可进行位寻址的区域有：

• 位操作区：内部RAM的20H-2FH这16个字节单元，即128个位单元（00H～7FH）。

• 可位寻址的特殊功能寄存器：字节地址可被8整除的SFR，如A、B、PSW、P0~P3等，共11个特殊寄存器SFR中的83个可寻址位。

位地址的表达方式有如下几种：

（1）直接位地址方式，如0D2H。

（2）点操作符号方式，可以是特殊功能寄存器名.位序号，如PSW.2，也可以是字节地址.位序号，如0D0H.2。

（3）位名称方式，如OV。

（4）用户定义名称（使用BIT伪指令定义），如"OVERFLOW BIT OV"，定义后，程序中可以用OVERFLOW代替OV。

以上4种方式实际上都是指的同一位，即溢出标志，用户在实际编程时可任意选用。位操作指令除了C做目的操作数的指令外，一般不影响其他标志位。

4.6.1　位数据传送指令（2条）

位数据传送指令用于在可寻址位与位累加器C之间进行数据传送，具体指令如表4.32所示。

注意两个可寻址位之间不能直接进行传送，但可以借助位累加器C实现。

表4.32　位数据传送指令一览表

汇编语言指令	指令功能	字节数	时钟周期数
MOV C, bit	$(C_y) \leftarrow (bit)$	2	1
MOV bit, C	$(bit) \leftarrow (C_y)$	2	2

实例4.28　将位地址为20H位的内容与位地址为50H位的内容互换。

解　两个位地址的内容互换，需要借助第三个位地址才行。且两个可寻址位之间不能直接进行传送，也要借助C，因此程序实现比较复杂。如图4.43所示。

4.6.2　位逻辑操作指令（6条）

位逻辑操作功能只有三项：位与、位或、位非。除了CPL bit指令外，其余指令执行时均不改变bit中的内容。位逻辑操作指令共有6条，具体如表4.33所示。

位逻辑操作指令常用于对组合逻辑电路的模拟，即用软件的方法获得组合逻辑电路的功能。采用位操作指令进行组合逻辑电路的设计比采用字节型逻辑指令节约存储空间，运算操作十分方便。

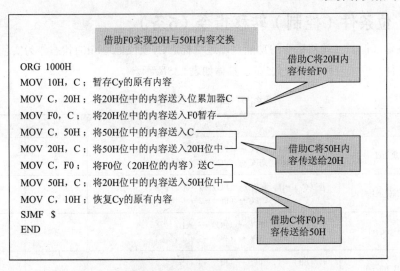

图4.43 位地址内容交换程序

表4.33 位逻辑操作指令一览表

汇编语言指令	指令功能	字节数	时钟周期数
ANL C, bit	$(C_y) \leftarrow (C_y) \wedge (bit)$	2	2
ANL C, /bit	$(C_y) \leftarrow (C_y) \wedge (\overline{bit})$	2	2
ORL C, bit	$(C_y) \leftarrow (C_y) \vee (bit)$	2	2
ORL C, /bit	$(C_y) \leftarrow (C_y) \vee (\overline{bit})$	2	2
CPL C	$(C_y) \leftarrow (\overline{C_y})$	1	1
CPL bit	$bit \leftarrow \overline{bit}$	2	1

4.6.3 位状态（置位、清0）控制指令（4条）

位状态控制指令的功能是把进位标志位Cy或位地址bit中的内容清0或置1。共有4条指令，具体如表4.34所示。

表4.34 位逻辑操作指令一览表

汇编语言指令	指令功能	字节数	时钟周期数
CLR C	$(C_y) \leftarrow 0$	1	1
CLR bit	$(bit) \leftarrow 0$	2	1
SETB C	$(C_y) \leftarrow 1$	1	1
SETB bit	$(bit) \leftarrow 1$	2	1

4.6.4 位条件（控制）转移指令（5条）

位条件（控制）转移指令的功能是以进位标志Cy或位地址bit的状态作为实现程序转移的判断条件。位条件转移指令共5条，具体如表4.35所示。

表4.35 位条件转移指令一览表

汇编语言指令	指令功能	字节数	时钟周期数
JC rel	若（C$_y$）=1，则PC←（PC）+2+rel（转移） 若（C$_y$）=0，则PC←（PC）+2（不转移）	2	2
JNC rel	若（C$_y$）=1，则PC←（PC）+2（不转移） 若（C$_y$）=0，则PC←（PC）+2+rel（转移）	2	2
JB bit, rel	若（bit）=1，则PC←（PC）+3+rel（转移） 若（bit）=0，则PC←（PC）+3（不转移）	3	2
JNB bit, rel	若（bit）=1，则PC←（PC）+3（不转移） 若（bit）=0，则PC←（PC）+3+rel（转移）	3	2
JBC bit, rel	若（bit）=1，则PC←（PC）+3+rel（转移），且bit←0 若（bit）=0，则PC←（PC）+3（不转移）	3	2

以Cy内容为条件的转移指令常常与比较条件转移指令CJNE连用，以便根据CJNE指令执行过程中形成的Cy进一步决定程序的流向，常用于比较两数的大小形成大于、小于和等于三个程序分支。

JBC与JB指令的区别是若满足条件则程序转移并且将bit位清零。

实例4.29   如图4.44所示，P3.2和P3.3上各接有一只按键，编写程序实现当按键按下时，将对应的按键号（1或2）存入寄存器R4中。

解   由电路图可知，按键按下时，P3口对应口线的状态为0，因此通过检测P3.2和P3.3口线的状态就可以知道哪个按键按下，从而将对应的键号值送入R4。程序如图4.45所示。

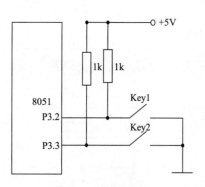

```
ORG 1000H
MOV P3, #0FFH；读之前先写1
L1: JNB P3.2, L2；检查P3.2的状态，等于0说明Key1按下，
                ；转去L2执行
    JNB P3.3, L3；检查P3.3的状态，等于0说明Key2按下，
                ；转去L3执行
    SJMP L1；P3.2=0，P3.3=0，说明没有键按下，
           ；转去L1继续检测按键状态
L2: MOV R4, #01H；Key1按下，给R4赋1
    SJMP L1；转去L1继续检测按键状态
L3: MOV R4, #02H；Key2按下，给R4赋2
    SJMP L1；转去L1继续检测按键状态
    END
```

图4.44 按键连接图   图4.45 实例4.29按键检测并赋值程序

知识与技能归纳

本章将51单片机的指令系统（包括伪指令）中的全部指令一一进行了详细介绍，这是用汇编语言编写单片机应用程序的基础，希望读者熟练掌握每条指令的用法，特别是常用的数据传送指令和控制转移指令。

（1）用指令编写的程序需要进行汇编，生成机器代码，才能够执行。每修改一次程序，都需要重新进行汇编，否则执行的是修改前的程序。

（2）同一程序可以有不同的编程方法，应选择最优的编程方法，使程序的字节数最少，执行时间最短。

（3）注意养成给程序进行正确注释的习惯，以便于阅读和编写程序。

（4）在书写和利用指令时，必须遵守指令系统的具体规定，不能制造非法指令（这是初学者常犯的错误），否则，计算机将不予识别和执行。

（5）片内RAM与片外RAM进行数据传送的区别是内部RAM间可以直接进行数据传递，而外部RAM间必须借助累加器A来实现。

（6）各种指令对PSW中标志位的影响不同，其中算数运算类指令影响的标志位最多，最复杂，总结如表4.36所示。

表4.36　算数运算类指对标志位的影响

指令助记符	影响标志				备　注
	Cy	OV	AC	P	
ADD（加）	√	√	√	跟随累加器A的内容而变化	"√"表示有影响（可能为1或0）；"×"表示无影响；"0"表示总是为0；
ADDC（带进位加）	√	√	√		
SUBB（带借位减）	√	√	√		
MUL（乘）	0	√	×		
DIV（除）	0	√	×		
DA（二–十进制调整）	√	×	√		

（7）LJMP，AJMP，SJMP都可理解为改变PC值使程序转移到一个目的地址处执行。不同点如表4.37所示。

特别应注意的是转移范围，对于程序大范围的转移最好使用LJMP，以免超范围，汇编出错。指令中的地址或地址偏移量最好采用符号地址（标号）表示，这会使程序结构更清晰，编程更方便。

表4.37　无条件转移指令对比

无条件转移指令	转移范围	地址构成	指令长度
LJMP	64KB	绝对地址	3字节
AJMP	2KB	绝对地址	2字节
SJMP	−128B～＋127B	相对地址	2字节

（8）调试程序时，可利用"Memory Window"查看存储区的数据结果以及给存储单元赋值。存储单元的类型是通过地址中的字母进行区分的。"C："程序存储区，"D："片内数据存储区，"X："片外数据存储区，"I："位寻址区。

思考与练习

1. 简述汇编语言指令的指令性语句和伪指令的区别。

2. 51单片机的指令系统按功能可分为几类？试说明各类指令的功能。

3. 51单片机有几种寻址方式，寻址空间如何？

4. "DA A"指令的作用是什么？怎样使用？

5. 执行下列指令序列后，累加器A的内容如何？

    MOV A, #03H

    MOVC A, @A+PC

    DB: 20H,24,25H,46H,67H

6. 执行下列指令序列后，累加器A的内容如何？

    MOV A, #03H

    MOV DPTR, #TAB

    MOVC C, @A+DPTR

    TAB: DB 20H,23H,25H,47H,68H

7. 执行下列指令序列后，SP、A、B的内容如何？

    MOV SP, #43H

    MOV R0, #43H

    MOV @R0, #39H

    MOV 42H, #88H

    POP ACC

    POP B

8. 设外部RAM（1000H）=28H,（PSW）=82H，执行下列指令序列后，A、Cy、AC、OV和P的内容如何？

    MOV DPTR, #1000H

    MOVX A, @DPTR

    MOV R6, #0FAH

    SUBB A, R6

9. 执行下列指令序列后，A和Cy的内容如何？

    MOV A, #69H

    ADD A, #56H

    DA A

10. 执行下列指令序列后，A与B的内容如何？

```
MOV R2, #69H
MOV A, R2
XRL A, #0FFH
MOV B, A
MOV A, R2
ANL A, #00H
```

11. 写出完成以下操作的指令序列。

（1）R1的内容传送到R0。

（2）片内RAM 20H单元的内容传送到R7。

（3）片外RAM 20H单元的内容传送到片内RAM 20H单元。

（4）片外RAM 1000H单元的内容传送到R5。

（5）片外RAM 2000H单元的内容传送到片外30H单元。

12. 阅读下面的程序，说明每条指令执行后相关寄存器及RAM单元的内容如何改变，并分析程序的功能。

```
MOV R0,#40H
MOV A, @R0
INC R0
ADD A, @R0
INC R0
MOV @R0, A
CLR A
ADDC A, #00H
INC R0
MOV @R0, A
```

13. 试编写程序将放在片内RAM30H和31H单元中的非压缩BCD合成一个压缩BCD码，存放在片外1000H单元。

14. 试编写程序将片内RAM30H开始的16个0~F的16进制数转换成ASCII码，存放回原地址单元。

15. 设片内30H和31H单元中存有一16位无符号二进制数（高字节在高地址单元），试编写程序对该数乘以2，再放回原单元。

16. 试用逻辑"与"指令编写程序，判断片内RAM 30H单元中的二进制数是正数还是负数，正数则给F0置1，负数则给F0置0。

17. 试编写程序将片内RAM从30H开始存放的30个数据传送到片外RAM以3000H开始的单元中，并将原数据区清0。

18. 试编写程序将片外RAM从300H开始存放的16个数据传送到片外RAM以3000H开始的单元中。

第5章
汇编语言程序设计

    单片机是依靠执行程序来完成所指定的任务的，而仅仅将第4章中的指令简单地堆砌在一起并不是程序，程序的设计有其基本方法和技巧，这就是本章要学习的内容。除了介绍一些常用的程序结构和设计方法外，本章还介绍了如何调试汇编程序等内容，并列举了一些有代表性的汇编语言程序实例作为读者设计程序时的参考。单片机系统是硬件和软件结合的产物，汇编语言程序设计不仅关系到单片机应用系统的功能、特性和效率，而且还与系统本身的硬件结构紧密相关，本章最后给出了几个简单的单片机应用系统设计的任务，用于说明如何根据任务要求结合硬件系统设计程序。

5.1　汇编语言程序设计步骤

程序设计是指根据任务要求确定计算方法或控制方法，再选择相应指令按照一定顺序编排，使其能够实现某种特定功能的过程。采用汇编语言编制程序的过程称为汇编语言程序设计。在进行程序设计时，应本着节省存储单元和提高执行速度的原则编制程序。一个应用程序的编制，通常可分为以下几个步骤。

（1）分析任务、建立数学模型。明确所要解决问题的具体要求，根据对象的特性建立数学模型。数学模型是多种多样的，可以是一系列的数学表达式，也可以是数学的推理和判断，还可以是运行状态的模拟等。

（2）确定算法。根据数学模型确定算法。算法是进行程序设计的依据，它决定了程序的正确性和程序的质量，确定算法时，不但要根据问题的具体要求，还要考虑指令系统的特点，决定所采用的计算公式和计算方法。

（3）确定程序结构、绘制程序流程图。这是程序的结构设计阶段，也是程序设计前的准备阶段。对于一个复杂的设计任务，应根据实际情况和所选定的算法确定程序的结构，如程序是否划分模块，划分几个模块，共需要设计几个子程序等。据此，绘制相应的程序流程图，流程图不仅可以体现程序的设计思路，而且可以使复杂的问题简化，并能起到提纲挈领的作用。

（4）分配系统资源。给各个数据、变量、外设等分配内存单元、寄存器以及I/O口线。

（5）编写源程序。根据程序流程图和汇编语言指令系统的规定，编写出汇编语言源程序。

（6）上机调试。应用汇编或宏汇编程序，将编辑的源程序生成目标程序。然后，应用模拟调试软件或仿真器进行程序测试或联调，排除语法、逻辑等错误，直至正确为止。

（7）程序优化。程序的优化是以能够完成实际问题要求为前提的，以质量高、可读性好、节省存储单元和执行速度快为原则。程序设计中经常应用循环和子程序的形式来缩短程序的长度，通过改进算法和择优使用指令来节省工作单元和减少程序的执行时间。

上述步骤中，对于简单的程序的设计，可以省略部分步骤。对于初学者，可能觉得程序设计非常困难，无从下手，实际上只要按照上述步骤一一进行，就能够编写出程序。初学者往往容易忽略某些关键步骤，特别是第2、3、4步，而直接动手编写源程序，结果不是程序写不下去，就是错误太多。编程经验是需要时间慢慢积累的，技巧也是慢慢提高的，相信经过大量实践后，读者最终都能够设计出优秀的程序。

5.2　汇编语言程序的结构形式及其设计

汇编语言程序有四种结构形式：顺序、分支、循环和子程序，一个完整的汇编语言源程序往往是这四种结构相结合而构成的，下面就举例说明它们的结构及程序设计方法。

5.2.1 顺序程序设计

顺序结构程序是最简单、最基本的程序。其特点是程序按编写的顺序由上往下依次执行每一条指令，直到最后一条。它能够解决某些实际问题，或成为复杂程序的子程序。

顺序结构程序的设计要点是：

（1）语句的选用要正确。

（2）语句的顺序安排要正确。

实例5.1 将片内RAM 30H单元中的两位压缩BCD码转换成二进制数送到片内RAM40H单元中。

解 两位压缩BCD码转换成二进制数的算法为：$(a_1a_0)_{BCD} = 10 \times a_1 + a_0$，CPU是按照二进制规则运算的，因此结果即为二进制数，满足要求。

按照上述算法可绘制程序流程如图5.1所示。根据流程图的思路，可编写程序，如图5.2所示。

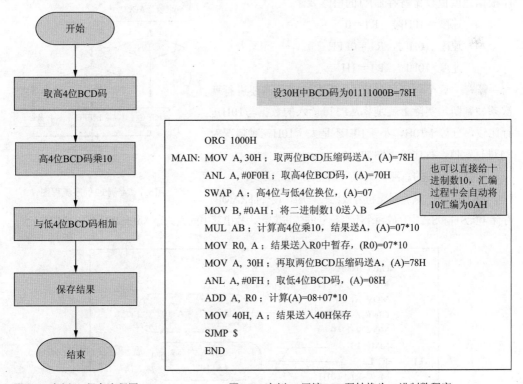

图5.1 实例5.1程序流程图   **图5.2** 实例5.1压缩BCD码转换为二进制数程序

5.2.2 分支程序设计

分支结构程序可以根据不同的条件，改变程序执行的顺序，选择程序流向。若某种条件满足，则计算机就转移到另一分支执行程序；若条件不满足，则计算机就按原程序继续执行，如图5.3所示。这种结构使程序具有分析判断能力，主要靠条件转移指令、比较转移指令和位转移指令来实现。

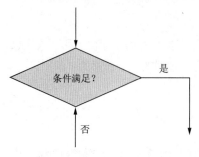

图5.3 分支程序结构示意图

分支程序的设计要点是：

（1）正确设定测试条件，并选用合适的条件转移指令。

（2）在转移的目的地址处设定标号。

（3）分支程序的二要素就是判断和转移。一次判断（或者一个条件）可以形成两个分支，N 次判断可以形成N+1个分支。实际编程时，要保证每条分支都有完整的结果，初学者往往只能保证一个分支的完整性，而忽略其他分支。

（4）检查和调试时必须逐条分支进行，因为一个或其中几个分支正确不足以说明整个程序正确，因此对每一个条件的两个分支都要测试一下。

实例5.2 假设P1口接一速度传感器，试编写程序根据速度值设定寄存器R1的值。要求：

　　　　速度＝10H时，R1＝0
　　　　速度<10H时，R1＝0FFH
　　　　速度>10H时，R1＝1H

解 这个程序显然有3个分支，因此需要进行两次条件判断，实际上就是将从P1口读入的数据与10H进行比较，分等于10H，小于10H还是大于10H三种情况对R1进行赋值。程序流程图如图5.4所示。

根据流程图的思路，可编写程序如图5.5所示。

实例5.3 试编写无符号数比较程序。设外部RAM的存储单元ST1和ST2中存放两个不带符号的二进制数，找出其中的大数存入外部RAM中的ST3单元。

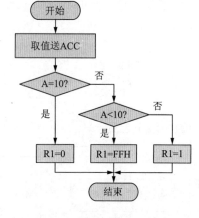

图5.4 实例5.2程序流程图

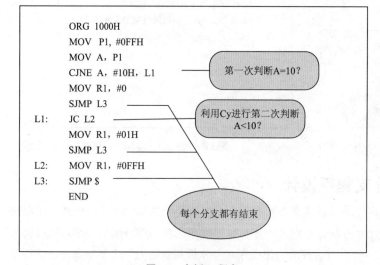

```
        ORG  1000H
        MOV  P1, #0FFH
        MOV  A, P1
        CJNE A, #10H, L1      ← 第一次判断A=10?
        MOV  R1, #0
        SJMP L3
L1:     JC  L2                ← 利用Cy进行第二次判断 A<10?
        MOV  R1, #01H
        SJMP L3
L2:     MOV  R1, #0FFH
L3:     SJMP $                ← 每个分支都有结果
        END
```

图5.5 实例5.2程序

解 两个数比较，通常让两数作减法，通过标志位Cy判断大小。可以用SUBB指令或CJNE指令实现，但不管用什么指令，程序的流程图是相同的，如图5.6所示。

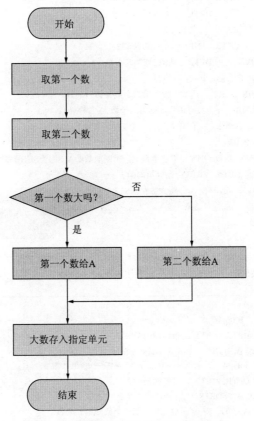

图5.6 实例5.3两无符号数比较程序流程

用SUBB指令实现的程序如图5.7所示。用CJNE指令实现的程序如图5.8所示。读者可自行比较一下两个程序的不同点，有助于掌握这两条指令的用法。

问 题 图5.7中，指令"XCH A，R2"可以换成指令"MOV A， R2"吗？为什么？

解 释 答案是肯定的。因为此处仅需要把R2中的内容给A，至于A的内容没有保留的必要，指令"MOV A， R2"完全可以实现此功能。如果还需要保留A的内容，则必须使用"XCH A，R2"指令。诸如类似的问题，读者应该在阅读程序的时候，自己多多思考，有助于拓展思路，尽快提高编程能力。

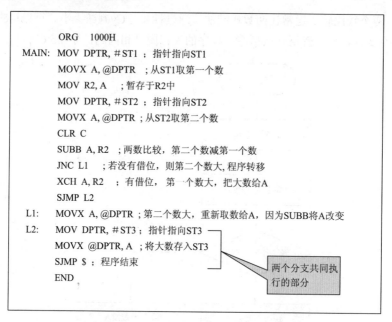

图5.7　实例5.3两无符号数比较程序（SUBB指令实现）

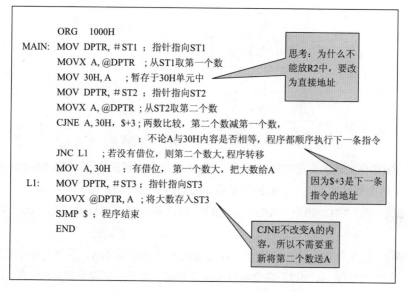

图5.8　实例5.3两无符号数比较程序（CJNE指令实现）

5.2.3　循环程序设计

循环程序的特点是程序中含有可以重复执行的程序段，该程序段称为循环体。采用循环结构可使程序的结构清晰，可读性好，而且可以有效缩短程序代码，减少程序占用的内存空间。

1）循环程序基本组成

循环程序一般由下面4部分组成：

（1）循环初始化：为循环建立循环初始值，位于循环程序开头，完成循环前的准备工作，如规定循环次数、给各变量和地址指针预置初值。

（2）循环体：是循环程序的主体，位于循环体内，完成循环程序所要实现的功能，为反复执行的程序段。因为重复执行的次数多，要求循环体尽可能简练，以提高程序的执行速度。

（3）循环控制：修改循环变量和控制变量，位于循环体内，根据循环结束条件判断循环是否结束，符合结束条件时，则退出循环。循环变量修改是指每执行一次循环体都要对参与工作的各单元、寄存器或地址指针进行修改，为下一轮循环作准备。控制变量修改是指对循环计数器内容的修改。

（4）循环结束：对循环程序的执行结果进行分析、处理和存放。

2）循环结构

循环程序有两种基本结构，如图5.9所示。

（1）先循环后判断：进入循环后，先执行一次循环体，再判断是否结束循环。因此至少执行一次循环体。

（2）先判断后循环：进入循环后，先判断是否执行循环体，不需要时可以不执行循环体。因此循环次数可以为零。

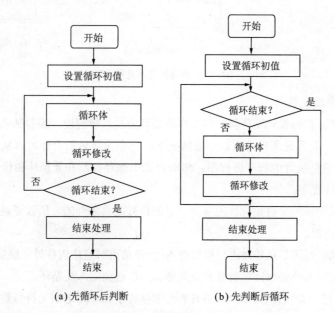

(a) 先循环后判断　　　　(b) 先判断后循环

图5.9 循环程序结构类型

3）循环控制方法

常用的循环控制方法有两种。

（1）计数控制法：循环次数已知时，通过循环次数来控制循环是否结束。可以用某个通用寄存器Rn、内部RAM单元或SFR作为计数器，在初始化部分先预置计数初值，再在循环控制部分利用DJNZ指令控制循环次数。

（2）条件控制法：循环次数未知或不确定时，根据问题提出的条件来控制循环是否结束。通常在初始化部分先预置循环结束的条件，再在循环控制部分利用CJNE、JZ或JB等控制转移指令控制循环的结束。

4）单重循环与多重循环

单重循环是指循环体内不再包含其他循环结构，只有顺序和分支结构。

多重循环是指循环体内包含其他循环结构程序，也称为循环嵌套。设计多重循环程序时，必须层次分明，不允许产生内外层循环交叉，只允许外重循环嵌套内重循环。也不允许从外循环跳入内循环，但可以从内循环直接转入外循环，如图5.10所示。

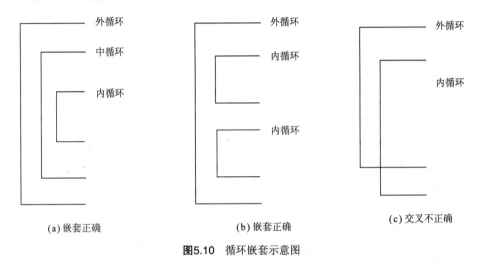

图5.10　循环嵌套示意图

5）循环程序设计要点

（1）根据算法正确设计循环体，即怎样用循环方法求解问题。编写循环程序时，首先要确定程序结构，处理好逻辑关系。一般情况下，一个循环体的设计可以从第一次执行情况入手，先画出重复执行的程序流程图，然后再加上循环控制和置循环初值部分，使其成为一个完整的循环程序。

（2）循环程序是一个有始有终的整体，它的执行是有条件的，所以要避免从循环体外直接转到循环体内部。

（3）多重循环程序是从外向内一层层进入，循环结束时是由内往外一层层退出。

（4）循环控制部分要保证正确设置结束标志，以避免陷入死循环。

实例5.4　已知片内RAM 30H～3FH单元中存放了16个二进制无符号数，编写程序求它们的累加和，并将其和存放在片内RAM 41H和40H单元中。

解　第4章实例4.13中，曾经编写过三个无符号数相加的程序，同样的累加过程重复了3次。实际上，当把重复的操作独立出来作为循环体部分，而将循环次数设为3时，可以使用循环结构来编写上述程序。本题可以按照这个思路，将图4.20的程序改写为循环结构，只不过其中的循环次数是16。由于循环次数已知，可以采用计数控制法来控制循环。流程图以及程序如图5.11和图5.12所示。

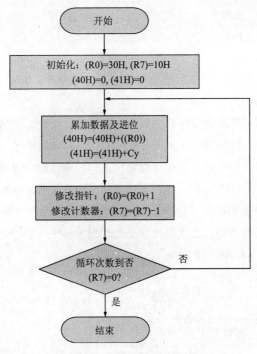

图5.11 实例5.4程序流程图

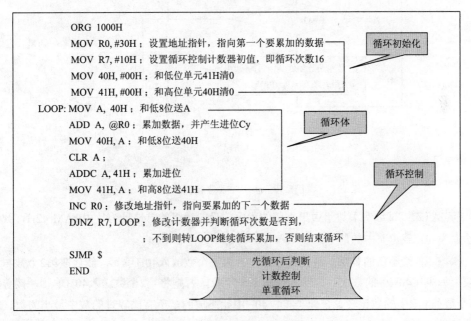

图5.12 实例5.4无符号数累加程序

问 题 如何将程序改为通用程序，即设置三个变量数据块首地址Block，数据块长度Length，累加和的低位地址Sum，如何改写程序？

解 释 在程序开始处定义上面三个变量，如下：

    Block   EQU   30H

    Length   EQU   16

    Sum   EQU   40H

在程序中用这些变量替换具体的数值即可。读者可参考实例4.26的数据块传送程序图4.40自行改写并上机调试。

实例5.5 试编写程序统计字符串或数据块的长度，设数据块的起始地址为片内RAM 30H，最后一个数据为字符0FFH，统计结果存入片内RAM 40H单元。

解 本题的循环次数未知，因此可以采用条件控制法控制循环的结束，结束条件就是数据块中的数据与"0FFH"相同。循环体的操作应为从数据块取数，然后与"0FFH"比较，不相同则给累加个数的计数器加1。由于数据块可能只有一个数据即"0FFH"，因此可以采用先判断后循环的结构，也就是可以不执行循环体中的程序，以减少程序的执行时间。流程图及程序如图5.13和图5.14所示。

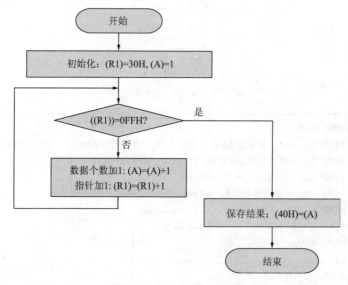

图5.13 实例5.5程序流程图

实例5.6 试编写求数组中最小值的程序。设一数组的首地址为片内RAM 42H，数组的长度为10，找出其中的最小数并存入40H单元。

解 找最小值的算法：首先将数组中的第一个数放入40H单元，然后取第2个数与之比较，如果比40H中的数大，则继续比较下一个数，否则将第2个数送入40H单元，接着取第3个数与40H中的数比较，依此类推，40H中始终放的是所有比较过的数中最小的数。全部数据比较完后，最小值就在40H中。

循环次数即为比较次数，为数组长度减1，循环体中的操作就是取下一个数，与40H中的数进行比较，视情况需要替换40H中的值。流程图及程序如图5.15和图5.16所示。

实例5.7 编写一个软件延时程序，设单片机的晶振频率为12MHz，要求延时时间为50ms。

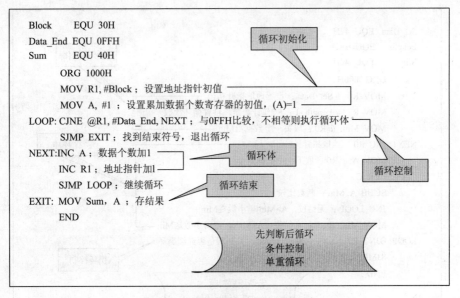

图5.14 实例5.5统计数据块长度程序

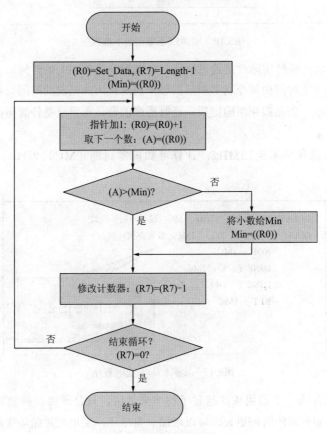

图5.15 实例5.6程序流程图

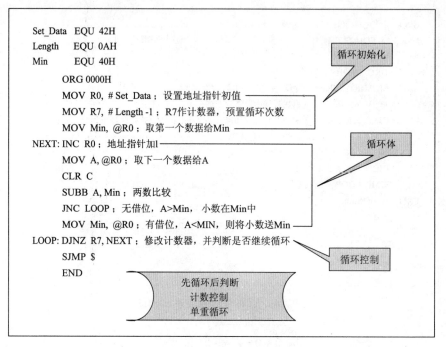

图5.16   实例5.6求数组最小值程序

解   所谓软件延时实际就是通过执行一系列指令浪费CPU的时间。一般采用多重循环实现。执行指令的时间由指令周期和晶振频率决定，因此延时的时间与机器周期数和晶振频率有直接关系。当晶振频率确定后，延时程序的设计主要就是计算需给定的延时循环次数。

本题中已知晶振频率为12MHz，计算可知机器周期（MC）为1μs。程序如图5.17所示。

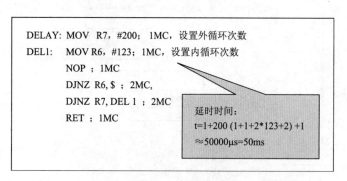

图5.17   实例5.7软件延时程序

此程序可以作为一个通用软件延时子程序来使用，只是需要根据延时的时间修改循环次数。如果需要延时的时间更长，可以增加一重循环，采用三重循环实现。还须注意的是，软件延时的时间不精确，因此不能用于要求较高的环境。

问题   如果晶振频率为6MHz，则如何修改程序以获得50ms延时？

解释 晶振频率为6MHz，则机器周期为2μs，只需要修改内、外循环次数即可，请读者自行计算。

5.2.4 子程序设计

在一个程序中，往往有许多地方需要执行同样的操作，而这些操作又并非规则，不能用循环程序来实现，此时可以将这些操作按一定的结构单独编制成一段程序，存放在内存中。当需要时，就去调用这些独立的程序段。通常，这些程序段具有某功能，能够完成某个确定任务，如数制转换、求平方值、立方值、软件延时、显示字符等。将具有独立功能，能被其他程序反复调用的程序称为子程序，而将调用子程序的程序称为主程序。

子程序在功能上具有通用性，在结构上具有独立性。子程序可以被多次调用。采用子程序结构的优点是可实现模块化程序设计，既方便分工合作，又可避免重复操作，节省存储空间，简化程序的逻辑结构，便于程序调试。

1）子程序的调用与返回

子程序的调用与返回是利用调用指令（LCALL或ACALL）和返回指令（RET或RETI）实现的。在主程序需要调用的地方安排一条调用指令（LCALL或ACALL），使程序转去执行子程序。在子程序的末尾安排一条返回指令（RET）使程序返回到主程序断点处继续执行。如图5.18所示。

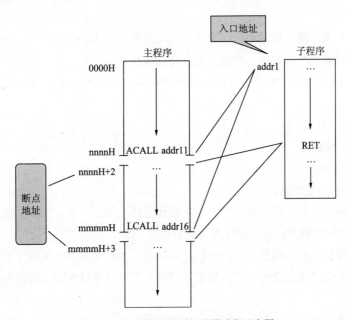

图5.18 子程序的调用与返回过程示意图

（1）子程序的入口地址：子程序的第一条指令地址称为子程序的入口地址，常用标号表示。

（2）断点：调用指令的下一条指令的首地址。

（3）调用过程：执行ACALL或LCALL指令时，首先将当前的PC值（断点地址）压入堆栈保存（低8位先进栈，高8位后进栈），然后将子程序的入口地址送入PC，转去执行子程序。这个过程是由CPU自动完成的。

（4）返回过程：子程序执行到RET指令后，将压入堆栈的断点地址弹回给PC（先弹回PC的高8位，后弹回PC的低8位），使程序回到原先被中断的地址去继续执行。

需要指出的是，中断服务程序是一种特殊的子程序，它是在CPU响应中断时，由硬件完成调用而进入相应的中断服务程序。中断返回时，RETI指令与RET指令相似，区别在于RET是从子程序返回，RETI是从中断服务程序返回，在恢复断点前还具有清除中断响应被置位的优先级状态、释放中断逻辑等功能。

2）保护现场与恢复现场

保护现场：由于单片机中的寄存器为共享资源，主程序转入子程序后，原来的信息必须保存才不会在运行子程序时丢失。这个保护过程称为保护现场。

保护现场的操作通常放在子程序的开始部分时，利用压栈指令将子程序中用到的SFR、工作寄存器或存储单元的内容压入堆栈保护起来。例如：

```
PUSH    PSW
PUSH    ACC
PUSH    06H
```

恢复现场：从子程序返回时，必须将保存在堆栈中的信息还原，这个还原过程称恢复现场。

恢复现场的操作通常放在子程序末尾、返回指令（RET、RETI）前，利用出栈指令将保存的内容弹回到原来的地方。注意：必须遵循堆栈存取原则"先进后出"来恢复现场，以避免恢复数据时出错。例如：按照上面保护PSW、ACC和06H单元的顺序，恢复现场时，指令如下：

```
POP    06H
POP    ACC
POP    PSW
```

3）子程序的参数传递

主程序在调用子程序时，常有一些参数要传送给子程序，并且子程序结束后也常有一些结果参数要送回主程序，这些过程称为参数传递。

入口参数是指主程序提供给子程序的初始数据。主程序在调用子程序前将入口参数送到约定的存储单元（或寄存器）中，然后子程序从约定的存储单元（或寄存器）中获得这些入口参数。

出口参数是子程序执行程序后回送给主程序的结果。子程序在结束前将出口参数送到约定的存储单元（或寄存器）中，然后主程序从约定的存储单元（或寄存器）中获得这些出口参数。

常用的入口参数和出口参数的传递方法有以下几种：

（1）应用工作寄存器或累加器传递参数。这种方法是将入口参数和出口参数放在工作寄存器R0~R7或累加器A中。该方法程序简单、运算速度较快，但因工作寄存器有限，不能传递太多的数据，适用于参数较少的情况。

（2）应用地址指针传递参数。由于数据一般存放于存储器中，而不是工作寄存器中，故可以用指针来指示数据的位置，这样能有效节省传递数据的工作量，并可实现可变长度运算。数据如果在内部RAM中，可用R0或R1作指针；数据如果在外部RAM中，可用DPTR作指针。

（3）应用堆栈传递参数。这种方法是在主程序中把参数或参数的地址压入堆栈，在子程序中从堆栈取出参数或参数的地址，从而实现参数传递。该方法简单，能传递的数据量较大，且不必为特定的参数分配存储单元。注意设置堆栈区时应留有足够的堆栈空间。

4）子程序的嵌套

主程序与子程序是相对的，同一个子程序既可以作为另一个程序的子程序，也可以有自己的子程序。将子程序中又调用其他子程序称为子程序嵌套。

8051单片机允许多重嵌套，如图5.19所示。由于每次调用子程序会自动将断点地址压入堆栈，再加上保护现场所需的堆栈空间，因此嵌套的次数受到堆栈空间大小的限制。实际使用时，设置堆栈区时（即SP的值）要使堆栈有一定的深度。

5）子程序的设计要点

（1）子程序的第一条指令前必须要有标号，且最好以子程序的功能命名，以便一目了然，方便调用。例如，延时子程序常以DELAY为标号，显示子程序常以DISPLAY为标号。

（2）子程序一般应包括如下结构：

保护现场；

取入口参数、执行程序、将结果送出口参数约定的SFR或RAM保存；

恢复现场；

返回。

子程序返回主程序之前，必须执行子程序末尾的一条返回指令。初学者常常忘记这一点，使程序不能正确返回。

注意对子程序中用到的各工作寄存器、特殊功能寄存器和内存单元进行保护和恢复，一般压栈指令和出栈指令应成对出现，且操作数顺序相反。

（1）为使所编子程序可以放在程序存储器64KB存储空间的任何区域并能被主程序调用，子程序内部必须使用相对转移指令，而不能使用其他转移指令，以便汇编时生成浮动代码。

（2）含有子程序的程序设计，主程序必须从0000H开始，子程序可以紧接在主程序后，也可以另外指定一个新

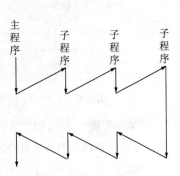

图5.19 子程序多重嵌套示意图

的起始地址，但不能与其他程序重叠。

实例5.9 试编写程序求数组的平方和：$y = \sum_{i=1}^{10} d_1^2$，设数组的首地址为片内RAM 20H，结果存入30H和31H单元。

解 10个数的求和采用循环结构实现，由于对每个数都要先求其平方值，因此将求平方操作独立出来作为子程序，求一个数的平方值用查表指令实现，可参考第4章实例6的程序。程序及流程图如图5.20和图5.21所示。

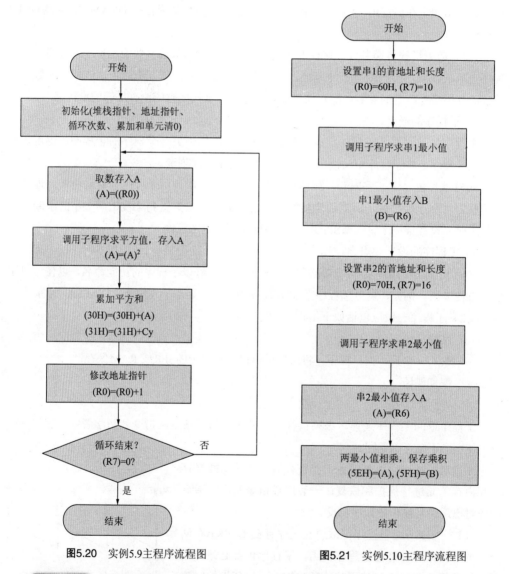

图5.20 实例5.9主程序流程图   图5.21 实例5.10主程序流程图

实例5.10 编写程序求内部RAM中两个无符号数据串（串长小于16）的最小值的乘积。设两个数据串的首地址分别为60H和70H，长度分别为10和16，乘积存入5EH和5FH。

解 首先要分别求两个数据串的最小值，因此可将查找最小值编写为子程序，可参考实例5.6的程序改写。在主程序中调用2次子程序求得最小值，再将两数相乘即可。程序及流程图如图5.22 和图5.23所示。

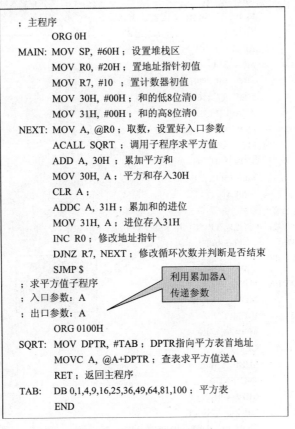

```
; 主程序
        ORG 0H
MAIN:   MOV SP, #60H ; 设置堆栈区
        MOV R0, #20H ; 置地址指针初值
        MOV R7, #10  ; 置计数器初值
        MOV 30H, #00H ; 和的低8位清0
        MOV 31H, #00H ; 和的高8位清0
NEXT:   MOV A, @R0 ; 取数, 设置好入口参数
        ACALL SQRT ; 调用子程序求平方值
        ADD A, 30H ; 累加平方和
        MOV 30H, A ; 平方和存入30H
        CLR A ;
        ADDC A, 31H ; 累加和的进位
        MOV 31H, A ; 进位存入31H
        INC R0 ; 修改地址指针
        DJNZ R7, NEXT ; 修改循环次数并判断是否结束
        SJMP $
; 求平方值子程序
; 入口参数: A          利用累加器A
; 出口参数: A          传递参数
        ORG 0100H
SQRT:   MOV DPTR, #TAB ; DPTR指向平方表首地址
        MOVC A, @A+DPTR ; 查表求平方值送A
        RET ; 返回主程序
TAB:    DB 0,1,4,9,16,25,36,49,64,81,100 ; 平方表
        END
```

图5.22 实例5.9求平方和程序

5.3 综合程序设计

以上侧重的是各种结构的程序设计方法，本节将综合各种编程方法，给出一些应用实例和具体任务。

5.3.1 查表程序

在实际的单片机应用中，对于有些需要计算的操作通常采用查表的方法来解决，可以使程序更简洁，执行速度更快。查表程序常应用于数码显示、打印字符的转换、数据转换等控制应用场合或智能仪器仪表中。

查表程序是利用查表指令来实现的，基本方法是根据存放在ROM中数据表格的项数来查找与它所对应的值。使用不同的查表指令，查表程序的编写有所不同。

1）采用MOVC A，@A+DPTR指令查表程序的设计方法

（1）在程序存储器中建立相应的数据表。

（2）将表头地址送DPTR，将所查数据在表中的偏移量送A。

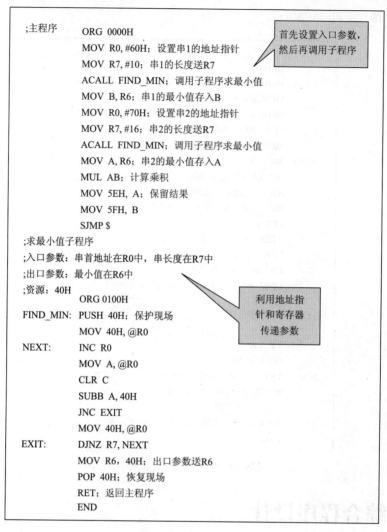

```
;主程序        ORG 0000H                          首先设置入口参数，
              MOV R0, #60H；设置串1的地址指针        然后再调用子程序
              MOV R7, #10；串1的长度送R7
              ACALL FIND_MIN；调用子程序求最小值
              MOV B, R6；串1的最小值存入B
              MOV R0, #70H；设置串2的地址指针
              MOV R7, #16；串2的长度送R7
              ACALL FIND_MIN；调用子程序求最小值
              MOV A, R6；串2的最小值存入A
              MUL AB；计算乘积
              MOV 5EH, A；保留结果
              MOV 5FH, B
              SJMP $
;求最小值子程序
;入口参数：串首地址在R0中，串长度在R7中
;出口参数：最小值在R6中
;资源：40H                                        利用地址指
              ORG 0100H                           针和寄存器
FIND_MIN:    PUSH 40H；保护现场                      传递参数
              MOV 40H, @R0
NEXT:        INC R0
              MOV A, @R0
              CLR C
              SUBB A, 40H
              JNC EXIT
              MOV 40H, @R0
EXIT:        DJNZ R7, NEXT
              MOV R6, 40H；出口参数送R6
              POP 40H；恢复现场
              RET；返回主程序
              END
```

图5.23 实例5.10程序

（3）采用查表指令MOVC A，@A+DPTR完成查表。

2）采用MOVC A，@A+PC指令查表程序的设计方法

（1）在程序存储器中建立相应的数据表。

（2）将所查数据在表中的偏移量送A，使用"ADD A，#data"指令对累加器A的内容进行修正，data由公式"data=数据表首地址-PC-1"确定，即data值等于查表指令和数据表之间的字节数。

（3）采用查表指令MOVC A，@A+PC完成查表。

实例5.11 用查表指令编写程序，将存放在片内40H的1位十六进制数转换成相应的ASCII码，保存回原地址。

解 为进行对比，在此分别用两种查表指令实现。方法一用"MOVC A，@A+PC"指令实现，程序以及查表过程示意图如图5.24和图5.25所示。方法二用"MOVC A，@

A+DPTR" 指令实现,程序以及查表过程示意图如图5.26和图5.27所示。对比两种方法可知,方法一由于要根据表的位置对偏移量进行修正,不但要知道每条指令的字节数,还要经过计算,因此使用起来较复杂,容易出错。

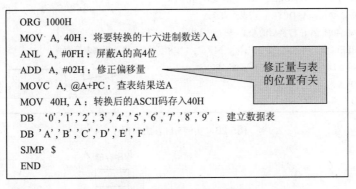

```
ORG  1000H
MOV  A, 40H ;将要转换的十六进制数送入A
ANL  A, #0FH ;屏蔽A的高4位
ADD  A, #02H ;修正偏移量
MOVC A, @A+PC ;查表结果送A
MOV  40H, A ;转换后的ASCII码存入40H
DB   '0','1','2','3','4','5','6','7','8','9' ;建立数据表
DB   'A','B','C','D','E','F'
SJMP $
END
```

修正量与表的位置有关

图5.24 实例5.11方法一程序

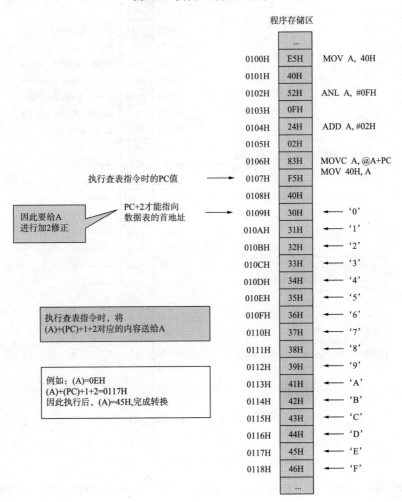

图5.25 实例5.11方法一查表过程示意图

```
ORG 1000H
MOV  A, 40H；将要转换的十六进制数送入A
ANL  A, #0FH；屏蔽A的高4位
MOV  DPTR, #TABLE；数据表首地址送DPTR
MOVC A，@A+DPTR；查表结果送A
MOV  40H, A；转换后的ASCII码存入40H
TABLE: DB  '0','1','2','3','4','5','6','7','8','9'；建立数据表
       DB 'A','B','C','D','E','F'
SJMP $
END
```

表可任意放置

图5.26 实例5.11方法二程序

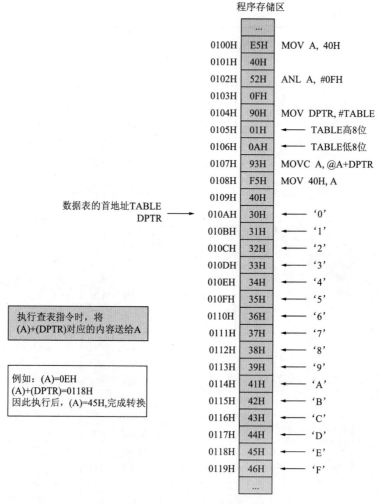

程序存储区

地址	内容	说明
	...	
0100H	E5H	MOV A, 40H
0101H	40H	
0102H	52H	ANL A, #0FH
0103H	0FH	
0104H	90H	MOV DPTR, #TABLE
0105H	01H	← TABLE高8位
0106H	0AH	← TABLE低8位
0107H	93H	MOVC A, @A+DPTR
0108H	F5H	MOV 40H, A
0109H	40H	
010AH	30H	← '0'
010BH	31H	← '1'
010CH	32H	← '2'
010DH	33H	← '3'
010EH	34H	← '4'
010FH	35H	← '5'
0110H	36H	← '6'
0111H	37H	← '7'
0112H	38H	← '8'
0113H	39H	← '9'
0114H	41H	← 'A'
0115H	42H	← 'B'
0116H	43H	← 'C'
0117H	44H	← 'D'
0118H	45H	← 'E'
0119H	46H	← 'F'
	...	

数据表的首地址TABLE
DPTR →

执行查表指令时，将
(A)+(DPTR)对应的内容送给A

例如：(A)=0EH
(A)+(DPTR)=0118H
因此执行后，(A)=45H,完成转换

图5.27 实例5.11方法二查表过程示意图

实例5.12 双字节查表程序设计。设有一个巡回检测报警装置，需对96路输入进行控制，每路有一个额定的最大值，是双字节数。当检测量大于该路对应的最大值时，就进

行超限报警。假设R2为保存检测路数的寄存器，试编写查找该路最大额定值的子程序。

解 用"MOVC A，@A+DPTR"指令编写子程序，其

入口参数：R2存放检测路数（为0~95之间的数）；

出口参数：R4（最大额定值的高8位），R3（最大额定值的低8位）。

程序以及查表过程示意图如图5.28和图5.29所示。

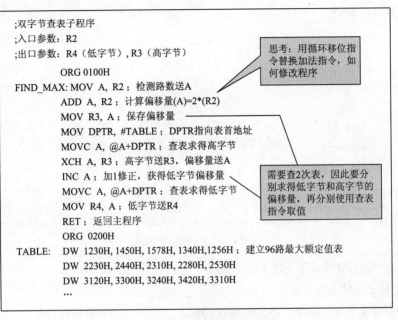

图5.28 实例5.12双字节查表子程序

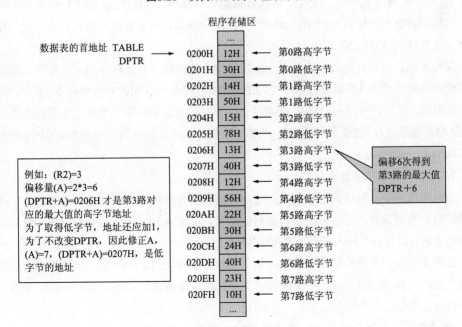

图5.29 实例5.12查表过程示意图

5.3.2 散转程序

　　散转程序是一种并行分支程序（多分支程序），它是根据某种输入或运算结果，分别转向各个处理程序，一般用散转指令"JMP @A+DPTR"来实现。散转指令将累加器A中的8位偏移量与16位数据指针DPTR的内容相加后装入程序计数器PC中，A的内容不同，散转的入口地址也就不同，如图5.30所示。由于用A存放转移地址序号（即偏移量），因此转移的地址最多为256个。

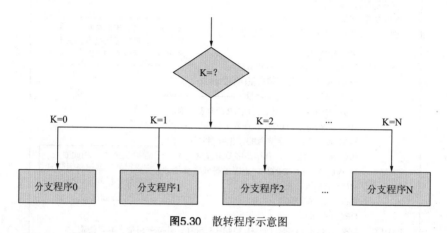

图5.30 散转程序示意图

　　散转程序的设计通常采用以下两种方法。

　　1）散转表为转移指令表

　　在有些应用中需根据某一单元的内容（0，1，2，…，N）分别转向处理程序0，处理程序1，……，处理程序N。此时，可以直接将转移指令（AJMP或LJMP）组成一个转移表，再将转移表首地址装入DPTR，将单元的内容送入A，就可以利用散转指令实现程序的散转。见第4章中的例4.22。

　　这种方法表中存放的是转移指令，由转移指令转向相应处理程序的入口地址。当散转表首地址与处理程序入口地址在同一个2KB范围的存储区时，用绝对转移指令AJMP，超出2KB范围时，用长转移指令LJMP。还须注意的是，转移表是由双字节或三字节指令组成，因此A中的值要进行乘2或乘3的修正。当修正值有进位时，则应将进位先加在DPTR的高位字节DPH上，再转移。

　　2）散转表为转移地址表

　　在有些应用中，转移范围较大，此时，可以直接将转移的目的地址组成散转表。在需要散转时，先用查表的方法获得转移的目的地址，并装入DPTR中，再将A清0，然后执行散转指令就可以使程序转入各个处理程序执行。

　　这种方法表中存放的是各处理程序的入口地址。使用时，A总为0，根据DPTR中的内容决定程序转移的目的地址。由于散转表是由16位地址组成的，因此需要两次查表操作分别获得地址的低位字节和高位字节，存入DPL和DPH中。

　　实例5.13 编写散转程序，要求根据R7的内容，转至对应的分支程序。设R7的内容为0~7，对应的处理程序的入口地址分别为ADDR0~ADDR7。

解 给出的是转移的目的地址，因此采用方法二，建立转移地址表，在表中存放8个处理程序的入口地址。散转程序及转移地址表如图5.31和图5.32所示。

```
        ORG 100H
        MOV DPTR, #TAB ; 转移地址表首地址送DPTR
        MOV A, R7 ;
        ADD A, R7 ; 偏移量修正(A)=2(R7)        转移地址是双字
        MOV R3, A ; 偏移量暂存R3              节，乘2修正
        MOVC A, @A+DPTR ; 查表获得高位地址送A
        XCH A, R3 ; 交换后，R3中为转移目的地址的高字节，A中为偏移量
        INC A ; 加1修正偏移量
        MOVC A, @A+DPTR ; 查表获得低位地址送A
        MOV DPL, A ; 低位地址存入DPL
        MOV DPH, R3 ; 高位地址存入DPH
        CLR A ;
        JMP @A+DPTR ; DPTR中为转移的目的地址，(PC)=(DPTR)，程序发生跳转
    TAB: DW ADDR0, ADDR1, ADDR2, …, ADDR7 ; 转移地址表
```

图5.31 实例5.13散转程序

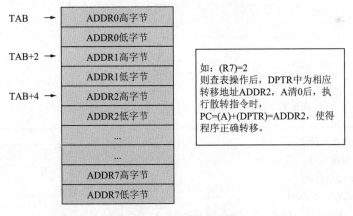

图5.32 实例5.13转移地址表

5.3.3 数制转换程序

单片机与外设之间交换的数据类型常常有BCD码、ASCII码等，而单片机只能处理二进制数据，因此存在数制转换问题。在程序设计中，可以采用运算或查表的方法来完成。

实例5.14 编写程序将R2中的ASCII码转换为十六进制数，结果存入R3中。

解 ASCII码与十六进制数的对应关系如表5.1所示。

表5.1　ASCII码与十六进制数对照表

ASCII码	30H	31H	32H	33H	34H	35H	36H	37H	38H	39H	41H	42H	43H	44H	45H	46H
十六进制数	0	1	2	3	4	5	6	7	8	9	A	B	C	D	E	F

分析上表可发现，ASCII码转换为十六进制数的算法为：当转换的数小于等于39H时，就减去30H修正；当转换的数大于39H时，就减去37H修正。为使程序简单，首先让ASCII码减去30H，判断D4位如果不为0，则说明转换的数大于39H，由于已经减掉30H，因此只需再减去7即可。据此可写出流程图及程序如图5.33和图5.34所示。

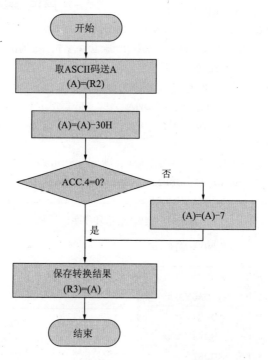

图5.33　实例5.14 ASCII码转换为十六进制数程序流程图

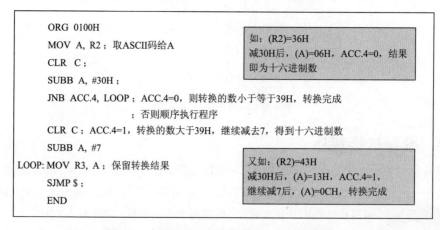

图5.34　实例5.14 ASCII码转换为十六进制数程序

实例5.15 编写程序将2位十六进制数转换为ASCII码。设片内RAM 20H单元中存放十六进制数，转换完成的ASCII码按高低顺序存入21H和22H单元。

解 1位十六进制数转换为ASCII码的程序在实例5.11中已给出，可以将其改写为子程序。2位十六进制数的转换只需将高4位和低4位分离，再调用1位十六进制数转换为ASCII码的子程序分别转换即可。流程图及程序如图5.35所示。

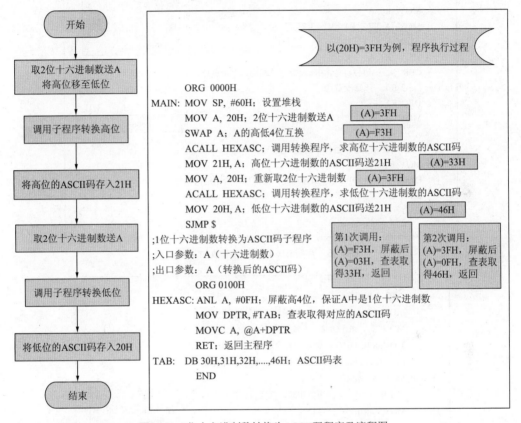

图5.35 2位十六进制数转换为ASCII码程序及流程图

5.3.4 算术运算程序

实例5.16 编写多字节BCD数加法程序，将30H开始存放的3字节BCD数与40H开始存放的3字节BCD数相加（高位字节在前，低位字节在后），结果保存在30H开始的单元。

解 参考实例4.12中2字节数相加的例子，从低位开始加起，高位相加时要累加进位。程序用循环结构实现，如图5.36所示（程序流程图略）。

实例5.17 编写多字节无符号数减法程序。已知片内RAM以BLOCK 1和BLOCK2为起始的单元中分别存有5字节无符号被减数和减数（低位在前，高位在后）。求差值，并把结果存入以BLOCK1为起始地址的片内RAM存储单元中。

解 本程序算法很简单，只要用减法指令从低字节开始相减即可。程序用循环结构实现，如图5.37所示（程序流程图略）。

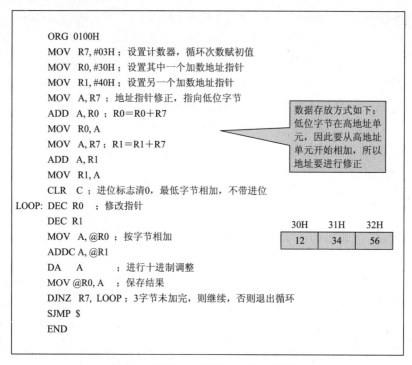

图5.36 实例5.16多字节BCD数加法程序

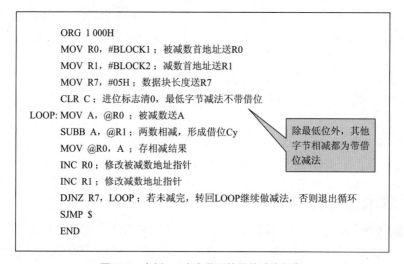

图5.37 实例5.17多字节无符号数减法程序

5.4　汇编语言程序的调试方法

汇编语言程序的调试是指排除各种软件错误，包括语法错误、功能错误和逻辑错误。

1）语法错误

语法错误包括使用非法指令，标号不合法等，其中有些是显性的，有些是隐性的。前者比较容易发现，例如指令应用有误，书写错误，指令应用超出允许的范围等，借助仿真开发系统在汇编后给出的提示一般都能发现并改正；后者往往难以发现，必须在分析错误或结果的基础上逐步缩小可能出现错误的区域，最后找到错误所在。需要注意的是，即使汇编通过，也有可能存在隐性的语法错误。

2）功能错误

功能错误是指由于算法或设计思想等问题导致不能实现软件功能的一类错误。这类错误往往是致命的，且不能依赖仿真开发系统指出，只能由开发者通过设置断点、单步执行等方式以及对结果的分析找出，而且需要对程序进行较大的调整才能改正。

3）逻辑错误

逻辑错误主要是指在没有语法错误的基础上，对算法的实现编程不当所导致的一类错误。仿真开发系统一般也不能发现这类错误，同样要借助于设置断点、单步执行等程序运行方式，并通过查看寄存器、RAM单元的内容以及比较入口和出口的数据等方法才能定位。这类错误常见于以下几种。

（1）指令使用不当，例如放置位置不妥，使用了错误的指令（如应该用ADDC而用了ADD）等。

（2）程序转移错误，例如跳转位置不正确，分支不完整、程序陷入死循环等。

（3）调用子程序错误，例如入口参数、出口参数传递出错，没有返回指令，没有保护或恢复现场等。

（4）中断程序错误，例如不能进入中断（中断未进行初始化或入口未处理），中断重入（未设置正确的触发方式），没有现场的保护与恢复等。

调试中出现的问题、错误是各种各样的，这里只指出了几种常见的错误，读者在调试过程中如果出现错误，应该从原理、指令系统的具体规定、硬件要求等几方面入手，通过仿真开发系统的各种调试方法寻找错误的原因，进而消除错误。

这里再次强调，调试时可以采用设置断点、单步运行等方法，通过查看各种寄存器、RAM单元的内容以及观察现象，判断运行结果是否正确，从而判断程序设计是否正确。如果不正确则需退出调试状态，回到编辑状态修改程序，然后重新进行编译、构建或重建，再次运行程序，不断重复这个过程，直至运行结果无误。初学者往往在修改程序后急于执行而忽略对程序的重新编译或重建步骤，导致运行的HEX文件仍然是修改前的程序所生成，结果自然不对。但会给人造成修改无效的假象，这是特别需要注意的地方。

5.5　汇编语言程序开发实例

1. 任务5.1

设计单片机系统，使8个发光二极管间隔一定的时间循环点亮。

【任务分析】　在第3章任务3.1中，已经学会了如何利用I/O接口控制二极管发光，但那里只是静态的点亮。这里要求让二极管动态的点亮，就是1位1位地轮流点亮，1个灯亮的时候，其他都灭。

【硬件设计】　同任务3.1相同，这里选择使用P1口，图3.19中n=1，Proteus仿真电路图如图5.38。

【软件设计】 根据图2.6中P1口与LED灯的连接方式，8个LED灯自右至左轮流点亮的控制字如表5.2所示。不难发现，其实就是P1的值循环左移。因此只要间隔一定的时间将P1的值左移1位就可以完成任务。间隔时间可以通过调用软件延时子程序实现。流程图以及程序如图5.39所示，仿真过程中的一个运行画面如图5.40所示。

表5.2 轮流点亮灯的控制字

LED状态	P1口状态								控制字
	P1.7	P1.6	P1.5	P1.4	P1.3	P1.2	P1.1	P1.0	
LED1亮	1	1	1	1	1	1	1	0	FEH
LED2亮	1	1	1	1	1	1	0	1	FDH
LED3亮	1	1	1	1	1	0	1	1	FBH
LED4亮	1	1	1	1	0	1	1	1	F7H
LED5亮	1	1	1	0	1	1	1	1	EFH
LED6亮	1	1	0	1	1	1	1	1	DFH
LED7亮	1	0	1	1	1	1	1	1	BFH
LED8亮	0	1	1	1	1	1	1	1	7FH

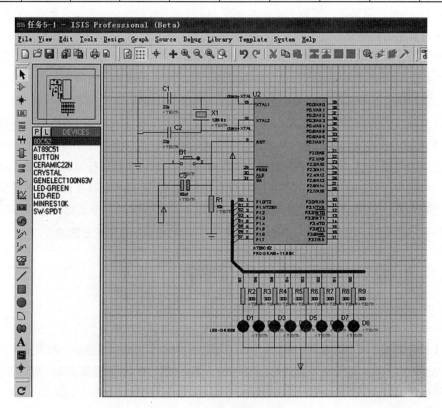

图5.38 任务5.1仿真电路图

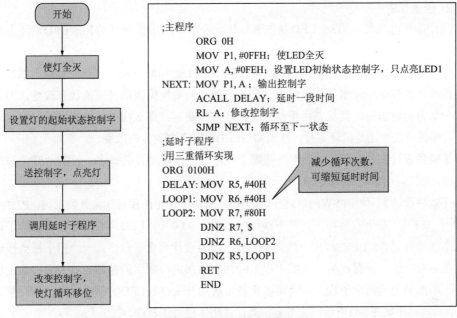

图5.39 任务5.1程序及流程图

The flowchart and program code:

开始

使灯全灭

设置灯的起始状态控制字

送控制字，点亮灯

调用延时子程序

改变控制字，使灯循环移位

```
;主程序
        ORG 0H
        MOV P1, #0FFH；使LED全灭
        MOV A, #0FEH；设置LED初始状态控制字，只点亮LED1
NEXT:   MOV P1, A；输出控制字
        ACALL DELAY；延时一段时间
        RL  A；修改控制字
        SJMP NEXT；循环至下一状态
;延时子程序
;用三重循环实现
ORG 0100H
DELAY: MOV R5, #40H
LOOP1: MOV R6, #40H
LOOP2: MOV R7, #80H
        DJNZ R7, $
        DJNZ R6, LOOP2
        DJNZ R5, LOOP1
        RET
        END
```

减少循环次数，可缩短延时时间

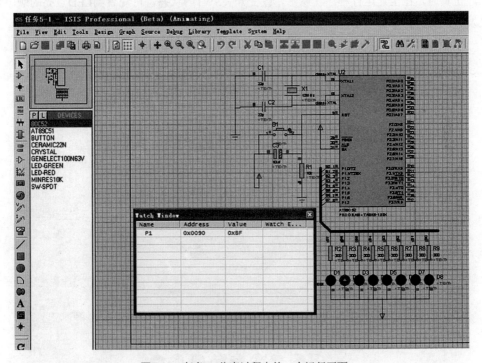

图5.40 任务5.1仿真过程中的一个运行画面

问题 如果时间间隔缩小到一定程度，会出现什么现象？

解释 二极管有余辉效应，再加上人的眼睛有视觉暂留效应，因此如果时间过短，看起来8个LED灯会同时亮。

2. 任务5.2

设计单片机系统，用8个LED制作跑马灯，要求：使用拨动开关控制LED循环点亮的方向。

【任务分析】 在任务5.1中，已经实现了8个LED的循环点亮，可在此基础上增加相应的硬件部件和程序实现跑马灯。由于循环点亮的方向要根据拨动开关的状态改变，因此要设置一个方向标志位，其状态由拨动开关的状态来决定，那么LED的控制字就根据标志位来决定是循环左移还是循环右移，从而实现LED循环点亮的方向改变。

【硬件设计】 在任务5.1的电路基础上，增加一个拨动开关即可。设拨动开关与单片机的P3.3相连，仿真电路如图5.41所示。

【软件设计】 使用PSW的第5位F0作为方向标志，由电路图可知，开关上拨，P3.3=1，令F0=1，LED从左至右循环；开关下拨，P3.3=0，令F0=0，LED从右至左循环。除了延时子程序（沿用任务5.1中的程序，此处略）外，还要设计两个子程序，一个用于根据拨动开关的状态对F0进行设置，另一个用于根据F0的状态决定控制字的循环转移方向。在主程序中，不断地调用这两个子程序，就可以实现用拨动开关控制LED的循环方向，流程图如图5.42所示，程序如图5.43所示，为节省空间，省略了延时子程序。

仿真时，在全速运行程序状态下，改变开关SW1的状态，可观察到LED点亮的顺序随之发生改变。

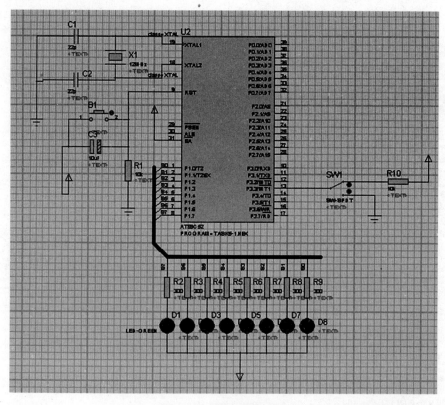

图5.41 任务5.2仿真电路图

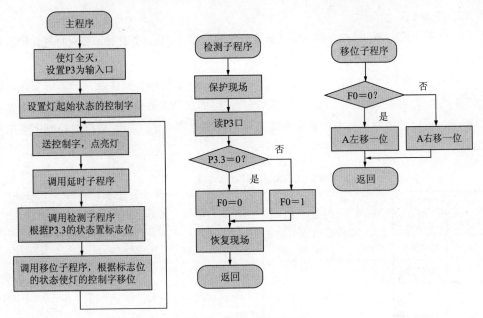

图5.42　任务5.2程序流程图

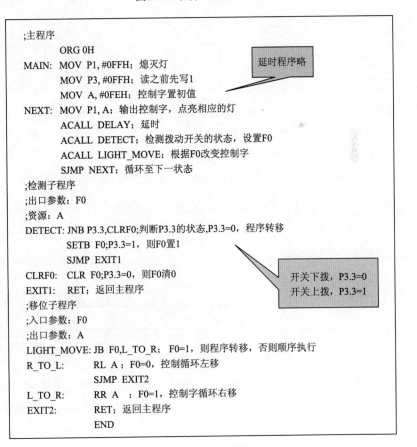

```
;主程序
        ORG 0H
MAIN:   MOV P1, #0FFH；熄灭灯
        MOV P3, #0FFH；读之前先写1
        MOV A, #0FEH；控制字置初值          延时程序略
NEXT:   MOV P1, A；输出控制字，点亮相应的灯
        ACALL DELAY；延时
        ACALL DETECT；检测拨动开关的状态，设置F0
        ACALL LIGHT_MOVE；根据F0改变控制字
        SJMP NEXT；循环至下一状态
;检测子程序
;出口参数：F0
;资源：A
DETECT: JNB P3.3,CLRF0;判断P3.3的状态,P3.3=0，程序转移
        SETB F0;P3.3=1，则F0置1
        SJMP EXIT1
CLRF0:  CLR F0;P3.3=0，则F0清0          开关下拨，P3.3=0
EXIT1:  RET；返回主程序                  开关上拨，P3.3=1
;移位子程序
;入口参数：F0
;出口参数：A
LIGHT_MOVE: JB F0,L_TO_R；F0=1，则程序转移，否则顺序执行
R_TO_L:     RL A；F0=0，控制循环左移
            SJMP EXIT2
L_TO_R:     RR A ；F0=1，控制字循环右移
EXIT2:      RET；返回主程序
            END
```

图5.43　任务5.2程序

3. 任务5.3

设计单片机系统，对按键的按动次数进行统计，要求利用8个发光二极管将统计的次数进行实时显示，LED亮表示1，LED灭表示0。

【任务分析】　8个LED可以看作8位二进制数，而按动的次数就是一个二进制数，因此任务的要求实际上就是将LED发光的状态与按键的按动次数结合起来，二者的关系如表5.3所示。可以使用寄存器存放按动次数，然后用寄存器中的二进制数形成控制字输出给LED。

表5.3　LED的状态与按动次数间的关系

按动次数		LED状态								控制字
十进制	二进制	8	7	6	5	4	3	2	1	
0	00000000	灭	灭	灭	灭	灭	灭	灭	灭	11111111
1	00000001	灭	灭	灭	灭	灭	灭	灭	亮	11111110
2	00000010	灭	灭	灭	灭	灭	灭	亮	灭	11111101
6	00000110	灭	灭	灭	灭	灭	亮	亮	灭	11111001
15	00001111	灭	灭	灭	灭	亮	亮	亮	亮	11110000
39	00100111	灭	灭	亮	灭	灭	亮	亮	亮	11011000
100	01100100	灭	亮	亮	灭	灭	亮	灭	灭	10011011
255	11111111	亮	亮	亮	亮	亮	亮	亮	亮	00000000

当按键按下时，与其相连的口线状态为0，因此可通过检测口线的状态统计按动次数。当检测到状态为0时，认为有键按下，为了确保按动1次只给寄存器加1，还要等待口线状态返回到1时，才给寄存器加1。否则，由于按键低电平的状态会持续一段时间，在此期间，如果扫描按键的频率较快的话，会检测到多个0，而造成误统计，如图5.44所示。

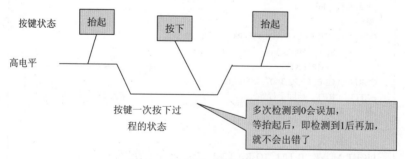

图5.44　按键按下过程示意图

【硬件设计】　只需将任务5.2中的拨动开关换为按键即可，如图5.45所示。

【软件设计】　统计按键次数用子程序实现，根据图5.45，当检测到P3.3=0时说明键按下，继续扫描直至P3.3=1，键释放，这才是一次完整的按键过程，给统计寄存器R7加1。主程序不断调用统计子程序，并根据R7的值形成LED的控制字，再输出至P1口，如此不断循环。由于P1口输出0时使LED发光，因此只需将R7中的值取反就恰好形成控制字，如表5.2所示。程序及流程图如图5.46和图5.47所示。仿真过程中的一个运行画面如图5.48，图中R7为0A，刚好最右边的4个灯是亮灭亮灭，代表1010。

搭建实际电路运行时，你会发现，有时候，按下一次按键，LED显示的次数却不只加1，这是由于按键抖动造成的，因此，需要进行消抖处理，方法见8.4.1小节。

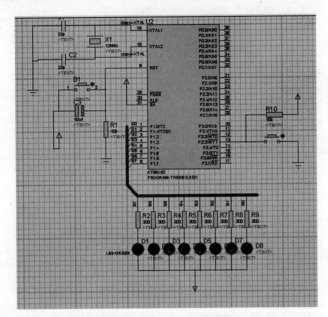

图5.45　任务5.3仿真电路图

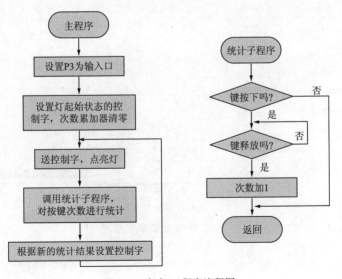

图5.46　任务5.3程序流程图

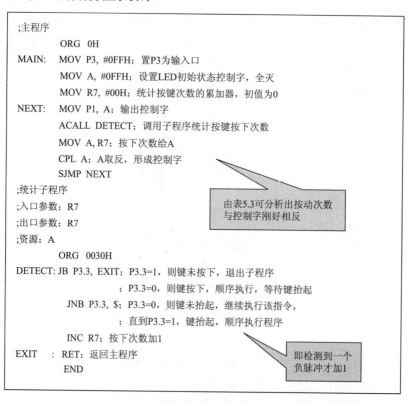

```
;主程序
        ORG  0H
MAIN:   MOV P3, #0FFH；置P3为输入口
        MOV A, #0FFH；设置LED初始状态控制字，全灭
        MOV R7, #00H；统计按键次数的累加器，初值为0
NEXT:   MOV P1, A；输出控制字
        ACALL DETECT；调用子程序统计按键按下次数
        MOV A, R7；按下次数给A
        CPL A；A取反，形成控制字
        SJMP NEXT
;统计子程序
;入口参数：R7
;出口参数：R7
;资源：A
        ORG  0030H
DETECT: JB P3.3, EXIT；P3.3=1，则键未按下，退出子程序
                ；P3.3=0，则键按下，顺序执行，等待键抬起
        JNB P3.3, $；P3.3=0，则键未抬起，继续执行该指令，
                ；直到P3.3=1，键抬起，顺序执行程序
        INC R7；按下次数加1
EXIT  : RET；返回主程序
        END
```

由表5.3可分析出按动次数与控制字刚好相反

即检测到一个负脉冲才加1

图5.47 任务5.3程序

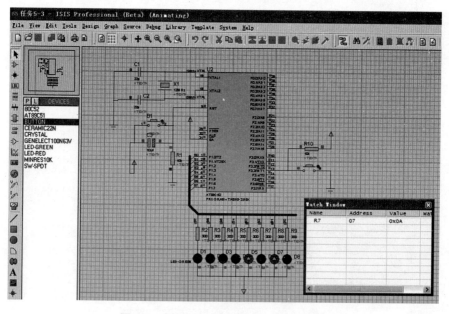

图5.48 任务5.3仿真过程中的一个运行画面

4. 任务5.4

设计步进电机控制系统，要求用拨动开关控制步进电机旋转的方向，并用LED灯进行

指示。

【任务分析】 在任务3.3中，已学会了如何驱动步进电机旋转以及如何控制旋转的方向，只是当时为减少指令的使用便于读者理解，程序编写得啰嗦，在此用循环和查表指令重新编写步进电机的控制程序。在任务5.2中，刚刚学习了如何利用拨动开关控制LED循环移动的方向，可利用该方法完成步进电机旋转方向的控制。

【硬件设计】 在图3.31的基础上，增加一个拨动开关（仍与P3.3连接）和2个LED，LED可分别与P0.0和P0.1连接，如图5.49所示。

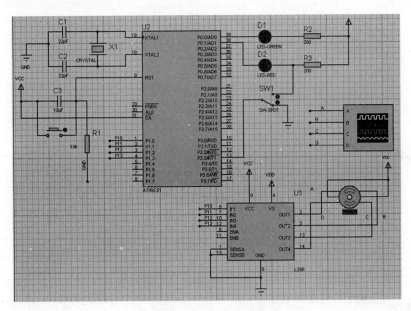

图5.49 任务5.4仿真电路图

【软件设计】 不管采用4拍还是8拍的通电顺序，都是向P1口按照一定的节拍顺序输出不同的控制字，由于基本操作都相同，因此可以用循环程序来实现，只是每次循环输出的控制字不同，这可以通过查表来实现，即将控制字按照通电顺序制成节拍表，每次输出前先查表取得节拍控制字。为实现旋转方向的控制，可设计2个节拍表，分别对应顺时针旋转和逆时针旋转的控制字，通过判断拨动开关的状态来决定当前使用哪一个节拍表。

依然使用PSW的第5位F0作为拨动开关状态的方向标志，开关上拨时，P3.3=1，令F0=1，步进电机顺时针转动，点亮LED1；开关下拨时，P3.3=0，令F0=0，步进电机逆时针转动，点亮LED2。检测拨动开关状态并对F0进行赋值的子程序同任务5.2，其他程序流程图及程序如图5.50和图5.51所示。仿真过程中的两个运行画面如图5.52所示。

问题 改变延时时间对于步进电机的旋转有何影响？

解释 延时的时间改变，意味着步进电机各相通电的时间间隔被改变，即输出节拍的频率被改变，故步进电机的转速被改变。延时的时间越短，频率越快，转速越快；时间越长，频率越慢，转速也越慢。读者可实际动手试一试。

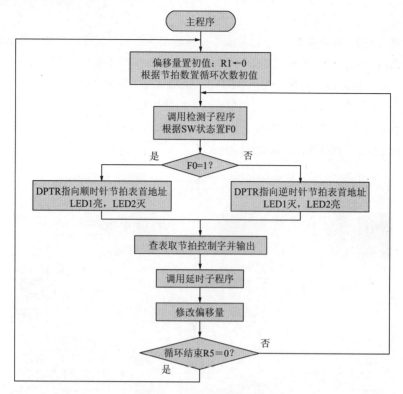

图5.50 任务5.4程序流程图

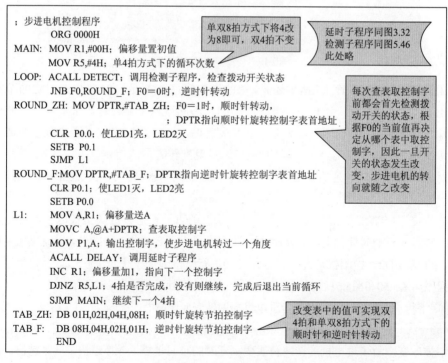

图5.51 任务5.4程序

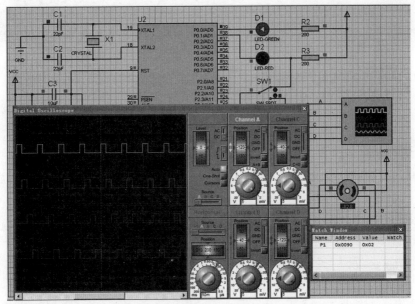

(a) 开关上拨，电机顺时针旋转，绿色LED亮

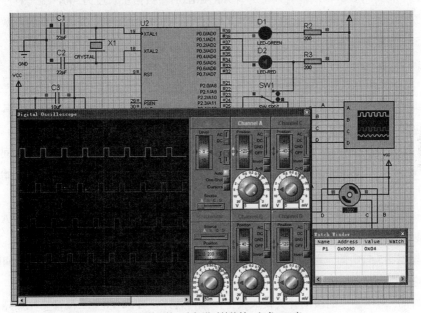

(b) 开关下拨，电机逆时针旋转，红色LED亮

图5.52 仿真过程中的两个运行画面

知识与技能归纳

进行单片机应用系统设计时，除了需要熟悉单片机的硬件原理以外，还需要掌握单片机的汇编语言指令系统，掌握程序设计的方法，才能设计出质量高、可读性好、程序短和执行速度快的优秀程序。

（1）学会模块化程序设计方法，且程序设计中要尽量应用循环和子程序结构，使程序架构清晰、可读性好，通过改进算法和择优使用指令可节省工作单元和减少程序的执行时间。

（2）掌握汇编语言程序的编辑和调试方法，能够定位并排除常见的软件错误。

（3）能够熟练使用1~2种开发工具。

思考与练习

1. 编写程序计算片内RAM 40H~47H单元中的无符号数的算术平均值，结果存放在50H单元。

2. 编写程序计算求函数值，设x的值存于片外20H单元，将y存于片外200H单元。

$$y = \begin{cases} 2x(x>0) \\ 100(x=0) \\ |x|(x<0) \end{cases}$$

3. 设一带符号数数据块，首地址为片外RAM20H，数据块长度为200，编写程序统计其中的正数、负数和零的个数，存放在片内RAM20H、21H和22H中，并将其中的正数送至片内RAM30H开始的存储区。

4. 编写程序求数组中的无符号数据的最大值。数组长度为20，起始地址为片外RAM 1000H，将最大值存入片内20H单元。

5. 编写程序将片内RAM30H单元中的十六进制数转换为3位非压缩BCD码，将其中的百位、十位和个位分别存放在31H、32H和33H单元。

6. 片外RAM 2000H单元开始的存储区中，存放着20个用ACSII码表示的0~9之间的数，试编写程序将它们转换成BCD码，并以压缩BCD码的形式存放在片内RAM 40H开始的单元中。

7. 试编写查表程序，从首地址为2000H、长度为9FH的数据块中找出第一个ASCII码A，将其地址送到20A0H和20A1H单元中。

8. 根据图5.51中的电路编写程序，要求将8个二极管分为4组，每组2个，4组间隔一定的时间轮流点亮。

9. 将图5.51电路中的拨动开关换成按键，编写程序，要求使8个二极管循环点亮，且每当有按键按下，8个二极管的循环点亮方向就改变一次。

10. 编写程序将任务5.3中用二极管显示的按键次数改为十进制形式。

第6章
中断系统

从本章开始，陆续介绍单片机中的内部资源，为后续学习单片机应用系统的设计、利用单片机内部资源解决实际问题奠定基础。中断技术是计算机中的重要技术之一，中断系统也是单片机系统中的重要组成部分。利用中断技术，可使单片机应用系统更加灵活、效率更高。中断技术的使用既与硬件有关，也与软件有关。本章主要介绍8051单片机中断系统，既有中断源、中断控制寄存器等硬件原理，也有中断系统初始化、中断程序设计与调试等软件知识。

6.1   中断概述

6.1.1   数据传送方式

计算机是通过外部设备（也称为外设、输入/输出设备或I/O设备）与外界进行联系的。输入设备用于外设向计算机输入原始的程序和数据，输出设备用于计算机向外界输出运算结果或命令。因此，外设是计算机必不可少的组成部分。

计算机与外设之间不能直接相连，而要通过不同的接口电路来传送信息。信息传送的方式通常可分为程序控制方式和DMA（Direct Memory Access）方式。

DMA方式即直接存储器存取方式，是在内存与外设之间直接传送数据，不需要CPU干预也不需要软件介入，整个传送过程只由硬件完成，因此传送速度快，适用于要求高速大量传送数据的场合。

程序控制方式在CPU的控制下通过预先编写好的输入或输出程序实现数据的传送，传送速度慢，又分为无条件传送、查询传送和中断传送。

1）无条件传送方式

这种数据传送的方式类似于CPU与存储器之间的数据传送。CPU传送数据前不需要了解外设的状态，认为外设在任何时刻都是处于"准备好"的状态。

无条件方式的优点是软件和硬件结构简单，缺点是要求外设的时序同CPU配合精确，一般外设难以满足要求。

2）查询传送方式

CPU传送数据前，需要查询外设的状态，要在外设处于"准备好"的状态下才传送数据。查询工作通常由软件完成，过程如图6.1所示。

查询方式的优点是硬件接口电路简单，软件容易实现，传送可靠，通用性好。缺点是CPU的工作效率低，多个外设同主机进行数据交换的同步协调问题难以解决。

以上两种传送方式中，CPU和外设只能串行工作，各外设之间也是串行工作。为提高系统的工作效率，利用中断技术实现CPU与外设的数据传送，这就是中断传送方式。下面首先介绍中断相关概念。

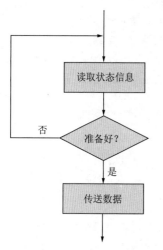

图6.1   查询传送过程示意图

6.1.2   中断技术基础

1）中断的定义

中断是一个过程，当CPU正在处理某些事务的时候，外部又发生了某一事件，请求CPU及时处理。于是，CPU暂时中断当前的工作，转而处理所发生的事件。处理完毕，再回到原来被中断的地方，继续原来的工作。通常将原来运行的程序称为"主程序"，将中断之后转去执行的程序称为"中断处理子程序"或者"中断服务子程序"，将主程序被打断的地方（即将要执行的下一条指令的地址）称为"断点"。如图6.2所示。

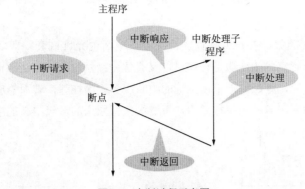

图6.2 中断过程示意图

日常生活中也不乏中断现象。例如，边看书边烧水，当水开时壶的哨音会响，这就是一个中断请求信号，而且很紧急。一般我们会随手在书上做记号或夹个标签以便记录看书的进度，这便是标记断点。之后，我们会去关火和灌水，这就相当于执行中断处理程序。然后我们会回到标记的位置继续看书，这就是中断返回。以上过程就是一个典型的中断。

引入中断技术后，CPU可以与外设并行同步工作，且通过分时操作可同时管理多个外设的工作，极大地提高了CPU的工作效率。利用中断，应用系统可以对故障和紧急情况作出处理，例如电源掉电时可以及时保存数据，以提高系统的安全性。中断还可以提高实时数据的处理效率，特别是在实时控制中，CPU可以依靠实时的数据通信针对外界的变化做出及时处理。因此，中断系统在计算机中占有重要的位置，对于应用系统的设计是必不可少的。

中断处理程序是一种特殊的子程序，两者的主要区别如表6.1所示。

表6.1 中断处理程序与子程序对比

名 称	执行的时间	调用的方式	返回方法
中断处理程序	随机的，允许响应中断请求时执行	硬件改变程序执行方向	RETI指令
子程序	预先安排好，遇到调用指令就执行	软件（调用指令）使程序转移	RET指令

2）中断源的定义

产生中断请求信号的来源统称为"中断源"。可以是引起中断的设备或事件，也可以是发出中断请求的源头。

中断源通常可分为以下几类：外部设备中断源（如键盘等）、控制对象中断源（如开关或按键闭合与断开、温度超限等）、故障中断源（如电源掉电）和定时脉冲中断源（如定时时间到、计数次数到）等几类。中断源的请求信号应符合CPU响应中断的条件，如触发方式、持续时间、幅度等。

3）中断的优先权问题

通常一个CPU可管理多个中断源，能够响应这些中断源的中断请求。但是在同一时间

CPU只能响应一个中断源的中断请求。若同时来了两个或两个以上中断请求，CPU需要分先后顺序给予响应，而排序的依据就是各中断源的优先级别。为此，系统会预先给每个中断源的中断请求设置一个中断优先级别（也称为中断优先权），以便CPU按中断优先级的高低顺序响应中断请求。

与子程序嵌套类似，在符合条件的情况下，中断也允许嵌套，即CPU正在响应一个中断源的请求而执行它的中断服务程序时，又有优先级别更高的中断源向CPU发出中断请求，且CPU允许响应，则CPU把正在执行的中断服务程序挂起，转而响应高级中断源的中断请求，当它的中断服务程序执行完后，再继续执行原来的低级中断的中断服务程序。如图6.3所示。

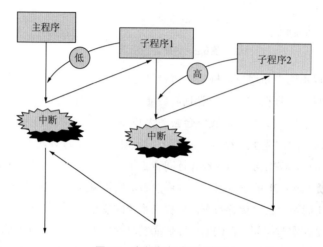

图6.3 中断嵌套过程示意图

中断嵌套是有条件的，如果新出现的中断请求的优先级别与正在处理的中断的优先级别是同级或更低，则不会发生中断嵌套。即使新的中断请求优先级别更高，但是如果在低级中断服务程序中设置了关中断指令或禁止该高级中断的指令，CPU也将不予响应，因此也不会产生中断嵌套。

4）中断的处理过程

如图6.2所示，当中断源的请求被允许后，CPU会中断现行操作，转去处理这个中断请求，处理过程可分为三个阶段：中断响应、中断处理与中断返回。

（1）中断响应：这一阶段的主要工作是保护断点和寻找中断源。断点的概念与子程序相同，就是将要执行的下一条指令的地址，也就是中断返回后将要执行的指令地址。保护方式也相同，即将断点地址压入堆栈。寻找中断源是指将相应的中断服务程序的入口地址（也称为中断向量或中断矢量）装入程序计数器PC，使程序转入对应的中断服务子程序执行。保护断点和寻找中断源都是由硬件自动完成的，用户不必关心，明白其中原理即可。

（2）中断处理：指执行中断服务程序，中断服务程序从入口地址开始，到返回指令RETI为止，是中断处理的具体内容。一般包括：

- 保护现场。
- 为中断源服务。
- 恢复现场。

（3）中断返回：指CPU结束中断处理程序后，返回到断点处，继续执行主程序。中断返回由指令RETI实现，作用有两个：一是栈顶内容（断点地址）弹出到PC，以恢复断点；二是清除中断服务标志，即优先级状态触发器清0，以真正开放中断。

　5）中断系统的功能

中断系统应能够完成上述各项任务，保证中断过程正常进行，包括响应中断和处理中断、中断返回、优先权排队、中断嵌套等。各项功能的实现既需要硬件电路的支持，也需要软件程序的配合。所以中断系统既与硬件有关，也与软件有关。

6.2　8051单片机中断系统

8051单片机中断系统可用三个数字进行概括：五、四、二，即五个中断源、四个中断控制寄存器、两级管理，如图6.4。具体来说，就是51单片机提供了5个中断源，通过四个控制寄存器对它们进行两级管理，第一级是中断允许，第二级是中断优先权。通过这两级管理，中断系统可实现禁止或允许某个中断源的中断请求、中断优先级控制以及两级中断嵌套。

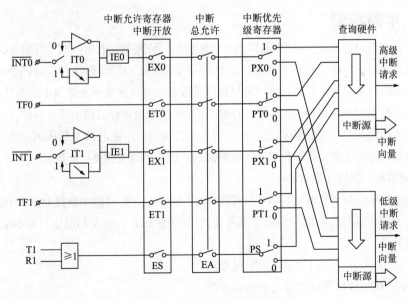

图6.4　8051单片机中断结构

6.2.1　中断源

8051单片机有五个中断源，包括两个外部中断、两个定时中断和1个串行中断。五个中断源共有6个中断请求标志，分别存放在定时器控制寄存器TCON和串口控制寄存器SCON中。

1）外部中断源

由外部接口电路引起的中断，称为外部中断0和1。外设可通过两个固定引脚向CPU发出中断请求信号。外部中断0请求信号 $\overline{INT0}$ 由P3.2引脚输入，外部中断1请求信号 $\overline{INT1}$ 由P3.3输入。当这两个中断源有中断请求信号时，对应的中断请求标志IE0和IE1由硬件自动置1。

中断请求信号的触发方式有两种：电平触发（低电平有效）和边沿触发（负跳变即下降沿有效）。用户可通过对触发方式控制位IT0和IT1的设置来选择所需的触发方式。

中断请求标志IE0、IE1和触发方式控制位IT0、IT1位于定时器控制寄存器TCON中。

2）定时器中断源

属于内部中断。8051内部有2个定时/计数器T0和T1，当T0和T1内部的计数器产生溢出时，分别产生溢出中断，对应的中断请求标志TF0 和TF1由硬件自动置1，表明定时时间到或计数值满。利用定时器溢出中断，可以实现定时或计数功能。

定时中断请求标志TF0 和TF1位于定时器控制寄存器TCON中。

3）串行口中断源

属于内部中断。8051内部有一个全双工的异步串行口，当串行口发送/接收完一帧数据后，产生发送/接收中断请求，对应的中断请求标志TI和RI由硬件自动置1。发送中断 TI 和接收中断RI共用一个内部中断源，它们进行逻辑"或"后，作为一个内部的串行口中断源，因此一个串口中断有两个请求标志RI和TI，位于串口控制寄存器中。

6.2.2　中断控制

8051单片机设置了4个专用寄存器用于中断控制，分别是定时器控制寄存器 TCON、串行口控制寄存器 SCON、中断允许寄存器 IE和中断优先级控制寄存器 IP，这四个寄存器都是可位寻址的特殊功能寄存器，用户可以通过设置其中每位的状态来管理中断系统。

中断源的中断请求通过TCON和SCON中相应的中断请求标志位的状态得到反映；通过设置IE中各中断允许控制位的状态，可以禁止或允许对应中断源的中断请求；通过设置IP中各中断源的优先级别，可以决定对各中断源的响应顺序以及实现中断嵌套。

1）定时器控制寄存器TCON

TCON寄存器的字节地址是88H，其高4位用于定时/计数器的中断控制，低4位用于外部中断的控制，这里只给出与中断控制有关的6位的位地址、含义和用法，如图6.5所示，详细说明如下。

- TF1：定时/计数器T1的溢出中断标志。
- TF0：定时/计数器T0的溢出中断标志。

当定时器T0/T1产生溢出（计数器达到最大值后再加1，即由全"1"变成全"0"）时，TF0/TF1被硬件自动置1，当溢出中断得到CPU 响应后，TF0/TF1被硬件自动复位。

当定时器T0/T1工作于中断方式时，TF0/TF1作为中断请求标志位，得到CPU响应中断后自动清0；当定时器T0/T1工作于查询方式时，执行完相应服务程序后需要由软件清0，即用户通过指令将TF0/TF1置0，如CLR TF0。

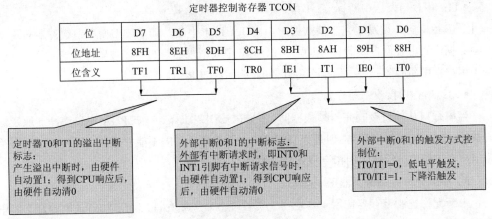

图6.5 TCON寄存器

- IE1：外部中断1的中断请求标志。
- IE0：外部中断0的中断请求标志。

当CPU检测到$\overline{INT0}$（P3.2）或$\overline{INT1}$（P3.3）引脚有中断请求信号时，说明外部中断源有中断请求，IE0或IE1由硬件置1，得到响应后，由硬件自动清0。

- IT1：外部中断1的触发方式控制位。
- IT0：外部中断0的触发方式控制位。

用于规定外部中断请求触发信号的有效方式，等于0时，为电平触发方式，低电平有效；等于1时，为下降沿触发方式，即检测到由高电平向低电平的跳变才有效。有效方式可以由用户通过指令进行设置。例如：

CLR IT0；设定外部中断0为低电平触发

SETB IT1；设定外部中断1为下降沿触发

2）串行口控制寄存器 SCON

SCON寄存器的字节地址是98H，其中的D2～D7位用于串行口方式设置和串行口发送/接收控制，与中断控制有关的只有两位，位地址、含义和用法如图6.6所示。

串行口控制寄存器 SCON

位	D7	D6	D5	D4	D3	D2	D1	D0
位地址	9FH	9EH	9DH	9CH	9BH	9AH	99H	98H
位含义	SM0	SM1	SM2	REN	TB8	RB8	TI	RI

串行口发送中断标志：
串口发送完一帧数据时，由硬件自动置1；得到响应后，不能由硬件自动复位，需要软件清0

串行口接收中断标志：
串口接收完一帧数据时，由硬件自动置1；得到响应后，不能由硬件自动复位，需要软件清0

图6.6 SCON寄存器

- TI：串行口发送中断标志。

当串行口向外设发送完一帧数据时，向CPU请求中断，请求CPU向串口缓冲器传送下一帧数据，TI由硬件自动置1，但是当CPU响应中断请求后，TI不能被硬件自动复位，而必须由用户在中断服务程序中用指令将其清0。例如：CLR TI。

- RI：串行口接收中断标志。

当串行口从外设接收完一帧数据时，向CPU请求中断，请求CPU从串口缓冲器取走这一数据，RI由硬件自动置1，但是当CPU响应中断请求后，RI不能被硬件自动复位，而必须由用户在中断服务程序中用指令将其清0。例如：CLR RI。

3）中断允许控制寄存器IE

中断允许控制寄存器IE用于实现第一级管理——中断允许控制，8051采用的是二级中断允许控制，第一级可视为一个总开关，第二级可视为五个分开关。与此相对应，共有6个中断允许控制位。通过对IE中这些控制位的设置，可以决定是否允许CPU响应各中断源的中断请求。

IE字节地址是A8H，其中有6个中断允许控制位，位地址、含义和用法如图6.7所示。

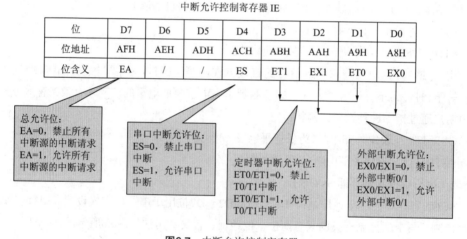

图6.7　中断允许控制寄存器

（1）中断允许总控制位（EA）。

EA=0时，CPU禁止（屏蔽）所有中断，此时称为"关中断"状态，即使有中断请求信号也得不到响应；EA=1时，CPU允许所有中断，此时称为"开中断"状态，但是每个中断是否真的开放，还取决于IE中相应中断源的中断允许控制位的状态。

EA的状态可由用户通过软件设定。例如：

CLR EA；关中断

SETB EA；开中断

（2）中断允许源控制位（ES、EX0/EX1、ET0/ET1）。

- ES：串行口中断允许位。
- ET0：定时/计数器T0的中断允许位。

- ET1：定时/计数器T1的中断允许位。
- EX0：外部中断0的中断允许位。
- EX1：外部中断1的中断允许位。

上述控制位为1时，允许相应中断，但是是否真的开放，还取决于EA的状态；为0时，禁止相应中断，即使EA=1，也不能得到CPU的响应。各控制位的状态可由用户通过软件设定。

> ※说明
>
> 　　单片机上电复位后，IE=0，单片机处于关中断状态，各个中断源也被禁止，因此如果使用中断的话，必须对IE进行设置。例如：下面两条指令开放定时器T0溢出中断：
> 　　　SETB EA
> 　　　SETB ET0

4）中断优先级控制寄存器IP

中断优先级控制寄存器用于实现第二级管理——中断优先级控制。8051设置了两个中断优先级，即高优先级和低优先级。5个中断源的优先级可通过中断优先级控制寄存器IP进行设置，共有5个中断优先级控制位。通过对IP进行设置，可以决定对各中断源的响应顺序以及实现二级中断嵌套。

（1）中断优先级控制寄存器IP。

中断优先级寄存器IP是用户对中断优先级控制的基础，其字节地址是B8H，共有5个中断优先级控制位，位地址、含义和用法如图6.8所示。若某位为1，相应的中断就设置为高优先级，否则就设置为低优先级。各控制位的状态可由用户通过软件设定。

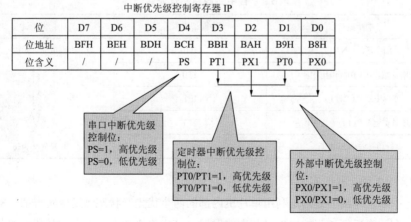

图6.8　中断优先级控制寄存器

※说明

　　单片机上电复位后，IP=0，各中断源均设置为低优先级，因此如果希望某个中断源为高优先级的话，必须对IP进行设置。例如：下面的指令将定时器T0溢出中断设置为高优先级：

　　SETB　PT0

（2）中断优先级处理原则。

5个中断源只有两级优先级，必然有2个中断源处于同一级别，为了进行区分，中断系统对各中断源的中断优先级规定了一个自然顺序，如表6.2所示。自然优先级由内部硬件查询电路实现。

8051单片机的中断优先级控制采用自然优先级和人工设置高、低优先级相互结合的策略，遵循以下原则：

● 先高级后低级：不同优先级的中断源同时请求中断时，CPU先响应高优先级中断，然后响应低优先级中断。

● 按序执行：相同优先级的中断源同时请求中断时，按照自然优先级确定响应顺序。

● 高级可以打断低级：如果CPU正在执行低优先级的中断服务程序，又出现高优先级的中断请求时，CPU会响应这个高优先级的中断，此时发生中断嵌套。但是如果低级中断服务程序中设置了关中断指令或禁止该高级中断的指令，CPU将不予响应。

● 低级不能打断高级：如果CPU正处理高级中断时又接到低级中断请求，CPU不予响应，继续执行正在执行的高级中断服务程序，一直到程序结束，返回主程序后再执行一条指令，才会响应新的低级中断请求。

● 同级不能相互打断：相同级别的中断源不能打断正在处理的同级中断。

表6.2　各中断源自然优先级顺序

中断源	中断请求标志	优先级
外部中断0（$\overline{INT0}$）	IE0	最高优先级
定时/计数器0（T0）溢出中断	TF0	
外部中断1（$\overline{INT1}$）	IE1	
定时/计数器1（T1）溢出中断	TF1	
串行口接收/发送中断	RI/TI	最低优先级

（3）中断优先权的实现。

上述中断优先级的处理是利用单片机内部的两个优先级状态触发器实现的。8051的中断系统中有两个不可访问的优先级状态触发器：高优先级状态触发器和低优先级状态触发器。CPU响应高级中断源中断时，高优先级状态触发器被置1，阻断其他中断源的中断请求，因此同级和低级中断不能打断正在执行的高级中断；CPU响应低级中断源中断时，低优先级状态触发器被置1，阻断同级中断源的中断请求。

CPU执行RETI指令时，清除相应的优先级状态触发器，以便真正开放中断。

实例6.1　假设某单片机系统允许片内定时器/计数器中断，禁止其他中断，试设置中断允许寄存器IE的值。

解　IE可字节寻址也可位寻址，因此有两种方法实现要求，一种是用字节操作指令，另一种是用位操作指令，如图6.9所示。

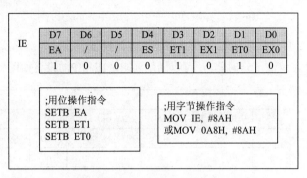

图6.9　实例6.1中IE的设置结果

实例6.2　假设某单片机系统片外中断为高优先级，片内中断为低优先级，试设置中断优先级控制寄存器IP的值，并分析5个中断源的中断响应顺序。

解　据题意，2个外部中断为高优先级，其他都为低优先级。同IE一样，也可分别用字节操作指令和位操作指令设置IP，如图6.10所示。

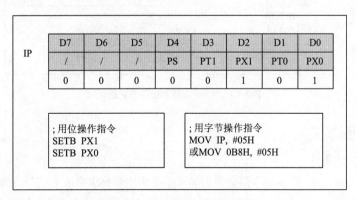

图6.10　实例6.2中IP的设置结果

先将高级中断和低级中断分开，再根据自然优先级顺序排列，5个中断源的中断响应顺序如图6.11所示。

实例6.3　某单片机系统使用定时器/计数器1实现定时，外部设备1和外部设备2分别通过 $\overline{INT0}$ 和 $\overline{INT1}$ 引脚向CPU申请中断。要求中断优先权的排列顺序依次为外部设备2→外部设备1→定时器1。试设置中断允许寄存器和中断优先级控制寄存器的值。

解　使用了定时器1中断、外部中断1和外部中断0，IE相应位设置为1即可。要求3个中断的优先级顺序为：外部中断1>外部中断0>定时器1中断，由于外部中断1的优先级高于

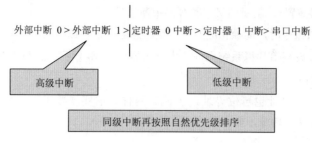

外部中断 0 > 外部中断 1 > 定时器 0 中断 > 定时器 1 中断 > 串口中断

高级中断   低级中断

同级中断再按照自然优先级排序

图6.11   实例6.2中 5个中断源的中断响应顺序

外部中断0,违反了自然优先级顺序,只能通过将其设置为高优先级来实现,而外部中断0的自然优先级顺序本就高于定时器1,可以满足要求。IE和IP的设置如图6.12所示。

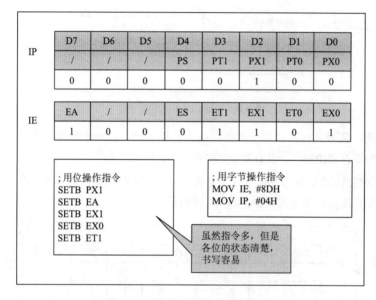

IP

D7	D6	D5	D4	D3	D2	D1	D0
/	/	/	PS	PT1	PX1	PT0	PX0
0	0	0	0	0	1	0	0

IE

EA	/	/	ES	ET1	EX1	ET0	EX0
1	0	0	0	1	1	0	1

```
;用位操作指令
SETB PX1
SETB EA
SETB EX1
SETB EX0
SETB ET1
```

```
;用字节操作指令
MOV IE, #8DH
MOV IP, #04H
```

虽然指令多,但是各位的状态清楚,书写容易

图6.12   实例6.3 IE和IP的设置结果

6.2.3   中断响应

1)中断响应条件

8051单片机每个机器周期中都会去查询一下各个中断标志,看它们是否为1,如果是,就说明有中断请求,但是CPU并不一定会响应,只有满足中断响应条件时才会给与响应。中断响应条件一般有以下几个。

(1)CPU开放中断,即EA=1。

(2)开放对应的中断源。

(3)无同级或更高级中断正在服务。

(4)当前的指令周期已经结束。

(5)执行了指令RETI或访问IE、IP后又执行了一条指令。

其中前2个条件是基本条件,若满足,CPU一般会给与响应,但是如果后面3个条件不能满足，则中断响应会被阻断，以下详细说明。

当CPU正在响应某一中断请求时，又来了新的高级中断请求，则CPU在执行完当前指令后，会立即响应，实现中断嵌套；若新的中断请求是低级或同级中断，则CPU必须等到现有中断服务完成以后才会自动响应新的中断请求。

如果正在执行的是多字节指令，那么在指令完成前，不会响应任何中断请求。

如果正在执行的是返回指令RETI或者是对IE和IP的读写指令，那么CPU必须等到执行完当前指令后又执行了一条新的指令，才响应该中断请求。

如果中断请求得不到立即响应，CPU会将该中断请求锁存在对应的中断请求标志位中，然后在下一个机器周期继续查询。

2）中断响应操作

如图6.13所示，如果中断响应条件满足，且不存在中断阻断的情况，CPU对中断请求给与响应。

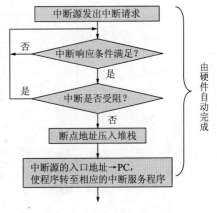

图6.13   中断响应过程示意图

首先CPU根据中断源的优先级将相应的优先级状态触发器置1，屏蔽同级或低级中断；然后执行一条长调用指令"LCALL addr16"，这是由硬件自动生成的，执行过程与软件调用子程序相同：保护断点，将断点地址压入堆栈（先送低8位，再送高8位），之后根据中断请求标志将相应的中断服务程序的入口地址装入程序计数器PC中，转入对应的中断服务程序。

这些工作都是由硬件自动完成的，用户不用考虑。但是用户必须了解长调用指令中的"addr16"也就是中断服务程序的入口地址（即中断向量或中断矢量）是如何分配的。

8051的5个中断源的中断服务程序入口地址是固定的，如表6.3所示。由于入口地址之间只间隔8个单元，不足以存储中断服务程序，所以一般情况下会在入口处安排一条无条件转移指令。这样CPU实际上是先执行这条无条件转移指令，通过这条指令再跳转到真正的中断服务程序处执行。另外，实际编程时，程序必须从0000H开始，而且为了让出中断源的中断向量所占用的地址空间，需要在0000H开始处也安排一条无条件转移指令，而真正的主程序从0030H单元以后开始存放。以上操作可以称为中断入口的处理。

表6.3   中断源的中断服务程序入口地址

中断源	中断向量
外部中断0（$\overline{INT0}$）	0003H
定时器0（T0）	000BH
外部中断1（$\overline{INT1}$）	0013H
定时器1（T1）	001BH
串行口中断	0023H

实例6.4   如果某单片机应用系统中使用全部5个中断源，请写出中断入口处理部分的程序段。

解   程序从0000H开始，而且每个中断服务程序入口处都要安排一条无条件转移指令，整个程序的架构如图6.14所示。

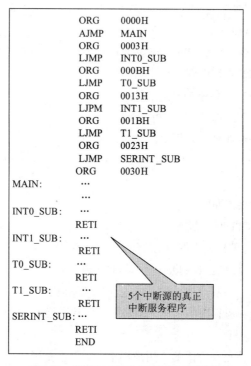

```
            ORG     0000H
            AJMP    MAIN
            ORG     0003H
            LJMP    INT0_SUB
            ORG     000BH
            LJMP    T0_SUB
            ORG     0013H
            LJPM    INT1_SUB
            ORG     001BH
            LJMP    T1_SUB
            ORG     0023H
            LJMP    SERINT_SUB
            ORG     0030H
MAIN:       …
            …
INT0_SUB:   …
            RETI
INT1_SUB:   …
            RETI
T0_SUB:     …
            RETI
T1_SUB:     …
            RETI
SERINT_SUB: …
            RETI
            END
```

5个中断源的真正中断服务程序

图6.14   实例6.4中断入口处理及程序架构

6.2.4   中断请求信号的撤除

在中断请求被响应之前，中断源发出的中断请求信号被保存在寄存器TCON和SCON中的相应中断标志位中。一旦某个中断请求得到响应，在中断返回前，必须及时将其中断请求标志位撤除（即清0），否则会造成重复响应同一中断请求，引起中断系统的混乱。

对于定时器溢出中断请求，其标志位TF0和TF1在得到响应后由硬件自动清0，即中断请求是自动撤除的，无需用户操作。

对于串行口中断请求，其标志位TI和RI在得到响应后不能由硬件自动清0，需要软件清0。因为TI和RI共用一个中断源，进入串行口中断服务程序后需要对它们进行检测，以区分当前中断是接收中断还是发送中断。因此为了防止CPU再次重复响应这类中断，用户必须在中断服务程序开始处的适当位置用指令将它们清0。

对于外部中断请求，其请求信号的触发方式有两种，电平触发和下降沿触发，不同的触发方式，其中断请求撤除的方法不同。

对于下降沿触发的外部中断，其标志位IE0和IE1在得到CPU响应时，由硬件自动清0，中断请求也是自动撤除的，无需用户操作。因为只有在输入引脚（$\overline{INT0}$或$\overline{INT1}$）上检测到由高到低的电平跳变，才认为是有效的中断请求信号，因此外部中断源在得到CPU中断响应后，随着边沿的过去，外部的中断请求信号消失。

对于电平触发的外部中断，其标志位IE0或IE1虽然在得到响应后能由硬件自动清0，但是如果外部中断源不能及时撤除它在$\overline{INT0}$或$\overline{INT1}$上的低电平，就会使已经复位的IE0或IE1再次置位，造成重复响应。因此电平触发型外部中断请求信号不能自动撤除，必须依靠外电路和指令相配合来实现。通常采用的方法是将外部中断请求信号通过D触发器与$\overline{INT0}$或$\overline{INT1}$引脚相连，如图6.15所示。

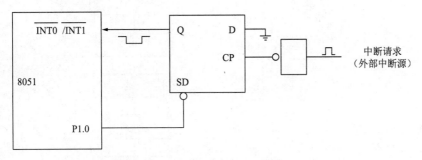

图6.15 电平触发的外部中断请求撤除电路

外部中断请求信号加在D触发器的CP端，由于D端接地，外部中断请求的正脉冲信号会在D触发器的Q端输出低电平信号，因此$\overline{INT0}$或$\overline{INT1}$端为低，向CPU发出中断请求。D触发器的异步置1端（SD）接8051的P 1.0，常态下使其为"1"，当从此口线输出负脉冲时，会将D触发器的Q端置1。因此只要在得到响应后，通过指令使P1.0输出负脉冲，就可以撤除外部中断请求。输出负脉冲的操作放在中断服务程序中，由以下两条指令实现。

CLR　P1.0；P1.0输出0

SETB P1.0；P1.0输出1

6.3　中断程序的设计与应用

6.3.1　中断程序设计

中断系统既与硬件有关，也与软件有关，因此中断程序的设计具有特殊性。通常在中断程序的主程序中要配合所使用的中断源进行一定的设置，在中断服务子程序中实现所请求的功能，还要注意保护和恢复现场。主程序和中断服务程序的流程如图6.16所示。

由图6.16可见，中断程序的设计一般涉及两部分：

（1）主程序中的中断入口处理和中断初始化。

（2）中断得到响应后所执行的处理程序，中断的功能在这部分实现。

1）中断程序的初始化

单片机在复位后，中断控制寄存器TCON、IP和IE的值均为0，系统处于关中断状态，且中断源的优先级都为低级，因此要根据应用系统的要求对相应的控制位进行设置。初始

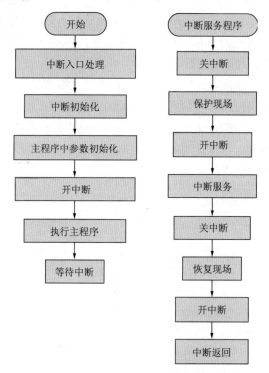

图6.16 中断程序流程图

化的内容有:

- 通过TCON（IT0和IT1）设定外部中断的触发方式。
- 通过IP（PX1，PX0，PT1，PT0，PS）设定各个中断源的优先级别。
- 通过IE（EA，EX1，EX0，ET1，ET0，ES）选择允许/禁止中断源的中断请求。

实例6.5 设8051外部设备接$\overline{INT1}$引脚，中断触发方式为下降沿触发，高优先级，试编制8051中断系统的初始化程序段。

解 初始化程序实际上就是对TCON、IP和IE的各位进行置1或清0，由于它们都是可位寻址的SFR，因此可以用位操作指令和字节操作指令实现，但是由例6.1和例6.2可看出，使用位操作指令比较简单，因为这样不必记住各控制位在寄存器中的位置，而只需记住各控制位的名称。程序如图6.17。

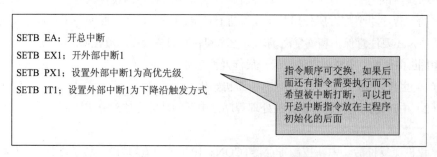

图6.17 实例6.5中断初始化程序段

2）中断服务程序编写注意事项

中断服务程序的结构如图6.16所示，一般由4部分组成：保护现场、中断处理、恢复现场、中断返回。

编写中断服务程序时应注意如下几点：

（1）对中断程序入口的处理，通常利用无条件转移指令使程序跳转至真正的中断服务程序起始地址。

（2）视需要保护和恢复现场，一般利用堆栈实现，"PUSH"与"POP"指令必须成对使用，且操作数顺序相反。而且为了避免在进行保护现场和恢复现场时被其他中断请求打断而造成混乱，可以在操作前关中断，操作后再开中断，如图6.16所示。

（3）如果不希望当前的中断服务程序被高级中断打断，可以在服务程序开始处安排关中断指令或者禁止该高级中断源的指令，中断返回前再重新开放中断或允许该中断源。

（4）中断服务程序的最后，一定安排中断返回指令RETI，保证程序正确返回，许多初学者往往忘记这一点，或者使用子程序的返回指令RET，都是错误的。

实例6.6 系统使用外部中断1，且寄存器R0、R1、DPTR、A需保护，试给出程序架构。

解 主程序中安排外部中断1入口处理和初始化，中断服务程序中安排保护和恢复现场以及中断返回，如图6.18所示。

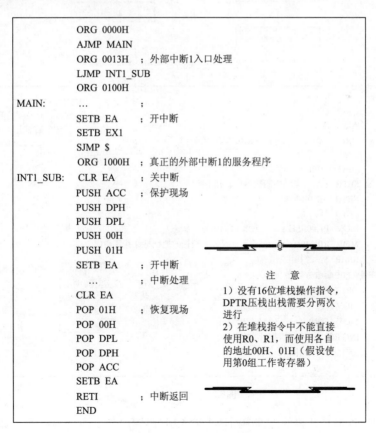

```
              ORG 0000H
              AJMP MAIN
              ORG 0013H    ；外部中断1入口处理
              LJMP INT1_SUB
              ORG 0100H
MAIN:         …           ；
              SETB EA      ；开中断
              SETB EX1
              SJMP $
              ORG 1000H    ；真正的外部中断1的服务程序
INT1_SUB:     CLR EA       ；关中断
              PUSH ACC     ；保护现场
              PUSH DPH
              PUSH DPL
              PUSH 00H
              PUSH 01H
              SETB EA      ；开中断
              …            ；中断处理
              CLR EA
              POP 01H      ；恢复现场
              POP 00H
              POP DPL
              POP DPH
              POP ACC
              SETB EA
              RETI         ；中断返回
              END
```

注　意
1）没有16位堆栈操作指令，DPTR压栈出栈需要分两次进行
2）在堆栈指令中不能直接使用R0、R1，而使用各自的地址00H、01H（假设使用第0组工作寄存器）

图6.18 实例6.6程序架构

6.3.2 中断程序设计实例

实例6.7 8051单片机的P1口接8个拨动开关，$\overline{INT0}$引脚与按键相连。编写程序将拨动开关的状态以中断方式读入，存入30H开始的存储单元，要求每当拨动开关状态设定好后，就用按键请求中断，将当前状态读入。

解 题目规定使用外部中断0，由按键产生中断请求信号，按键按下一次产生一个负脉冲，因此外部中断采用下降沿触发。只使用一个中断源，不涉及优先级问题。在主程序中完成外部中断0的入口处理和初始化，在中断服务子程序中完成拨动开关状态的输入以及存入指定存储单元的操作。流程图以及程序如图6.19和6.20所示。

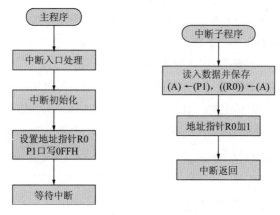

图6.19 实例6.7程序流程图

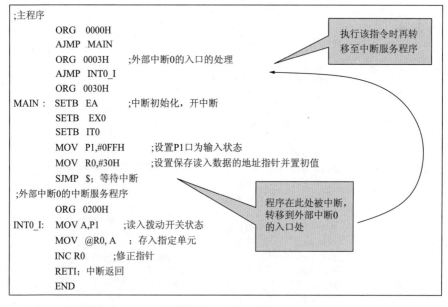

```
;主程序
        ORG   0000H
        AJMP  MAIN
        ORG   0003H      ;外部中断0的入口的处理
        AJMP  INT0_I
        ORG   0030H
MAIN :  SETB  EA         ;中断初始化，开中断
        SETB  EX0
        SETB  IT0
        MOV   P1,#0FFH    ;设置P1口为输入状态
        MOV   R0,#30H     ;设置保存读入数据的地址指针并置初值
        SJMP  $；等待中断
;外部中断0的中断服务程序
        ORG   0200H
INT0_I: MOV   A,P1       ;读入拨动开关状态
        MOV   @R0, A     ；存入指定单元
        INC R0           ;修正指针
        RETI；中断返回
        END
```

执行该指令时再转移至中断服务程序

程序在此处被中断，转移到外部中断0的入口处

图6.20 实例6.7程序

问题 8051单片机的外部中断请求输入引脚只有2个：$\overline{INT0}$与$\overline{INT1}$，如果有2个以

上的外部设备需要以中断方式与单片机进行数据传送，如何实现？

解释 这种情况下，需要对外部中断进行扩展，扩展的方法有中断加查询扩展法、定时器扩展法以及专用芯片扩展法。

中断加查询扩展法：如图6.21所示，多个外部中断源经过"线或"电路接入 $\overline{\text{INT0}}$（或 $\overline{\text{INT1}}$），只要有一个外部中断源输出高电平就会使 $\overline{\text{INT0}}$（或 $\overline{\text{INT1}}$）为低电平，从而向CPU发出中断请求。因此任意一个外部中断源都可以触发外部中断。P1.0~P1.3作为外部中断源的识别线，供CPU查询。在中断服务程序中通过对I/O口线的查询来确定当前是哪个设备提出中断请求，查询的顺序决定了各中断源的优先级别。

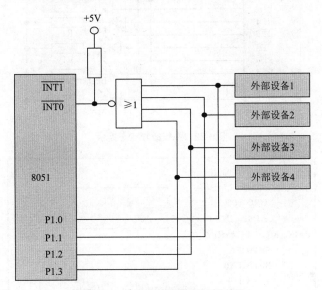

图6.21　中断加查询扩展外部中断

定时器扩展法：利用单片机内部的定时/计数器，将定时器中断通过适当设置作为外部中断使用，详细方法见7.4.2小节。

专用芯片扩展法：利用专用芯片对外部中断进行扩展，如可编程中断控制器8259A。8259A具有强大的中断管理功能，一片8259A可以管理8级优先权中断源，因此最多可扩展8个外部中断，8片8259A级联最多可扩展64个外部中断。详细内容可参考相关书籍。

实例6.8 设系统有4个故障源，当任意一个故障出现时，都能够向系统提出中断请求，并用LED指示灯进行提示，系统电路如图6.22所示，编写相应程序。

解 对图进行分析可知，当系统的各部分正常工作时，4个故障源的输入均为低电平，LED指示灯全不亮。当有某个部分出现故障时，相应的故障源输入线由低电平变为高电平，使 $\overline{\text{INT0}}$ 引脚为低电平，向CPU提出中断请求。中断服务程序中完成确定故障源以及点亮相应的LED指示灯的功能。程序如图6.23所示。

1. 任务6.1

设计单片机系统，用按键控制8个发光二极管循环点亮，每按动一次按键，灯循环移动一位。

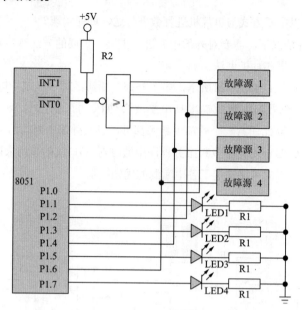

图6.22   系统故障状态提示

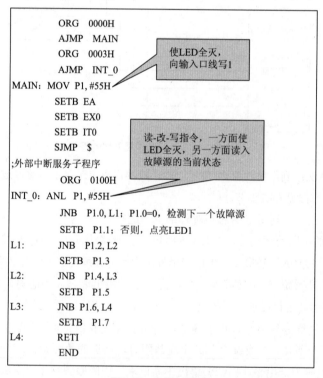

图6.23   实例6.8程序

【任务分析】   在任务5.1中，已学会了如何让LED循环点亮，时间间隔是由软件延时实现的。此处需要在任务5.1的基础上将延时去掉，改为由按键控制，每按动一次按键，才使LED移位点亮，没有键按下，LED的状态就保持不变。每当按键按下，视为发出外部中断请求信号，在中断服务程序中完成LED控制字的循环移位并输出至I/O接口点亮LED。

【硬件设计】 用P1口连接8个LED，按键应与外部中断0（或1）输入引脚$\overline{INT0}$（或$\overline{INT1}$）相连。此处使用外部中断0，仿真电路如图6.24所示。

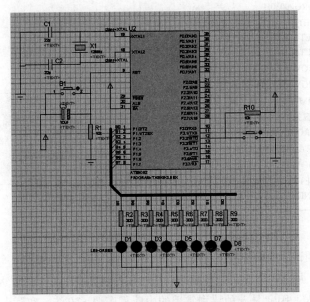

图6.24 任务6.1仿真电路图

【软件设计】 与实例6.7相同，都是由按键产生外部中断请求信号，采用下降沿触发，不涉及优先级问题。在主程序中完成外部中断0的入口处理和初始化，在中断服务子程序中完成控制字的循环移位（左移或右移）并输出至P1口。流程图以及程序如图6.25和图6.26所示。

【系统仿真及调试】 在中断程序开始的地方设置一个断点，可以设在中断入口处理的地方，也可以设在中断程序的第一条指令处。仿真过程中，如果中断初始化设置正确，按键按下触发中断，应该会在设置断点处暂停仿真，之后选择单步执行程序，可以完成对

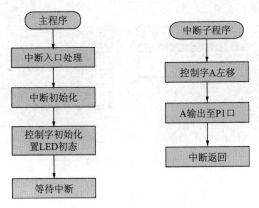

图6.25 任务6.1程序流程图

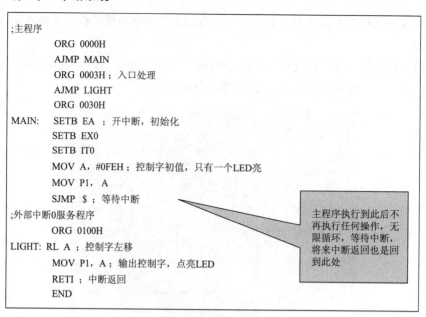

```
;主程序
        ORG 0000H
        AJMP MAIN
        ORG 0003H ；入口处理
        AJMP LIGHT
        ORG 0030H
MAIN:   SETB EA ；开中断，初始化
        SETB EX0
        SETB IT0
        MOV A, #0FEH ；控制字初值，只有一个LED亮
        MOV P1, A
        SJMP $ ；等待中断
;外部中断0服务程序
        ORG 0100H
LIGHT: RL A ；控制字左移
        MOV P1, A ；输出控制字，点亮LED
        RETI ；中断返回
        END
```

主程序执行到此后不再执行任何操作，无限循环，等待中断，将来中断返回也是回到此处

图6.26　任务6.1程序

中断处理程序的调试。如果按键按下没有使仿真暂停，说明不能触发中断，则中断初始化的设置存在问题。用这种方法首先可以排除初始化错误，进入单步执行状态又可以一点点定位其他逻辑错误，因此是一种特别常用的中断程序调试方法，实际上还是之前提到过的断点加单步方法，只不过将断点设置在中断程序部分。图6.27是按键按下后进入的调试画面，可知断点设在了中断入口处理的地方，单步执行可以观察到A的值变为"0xFB"，LED左移一位点亮。读者同时可体会中断处理的整个过程。

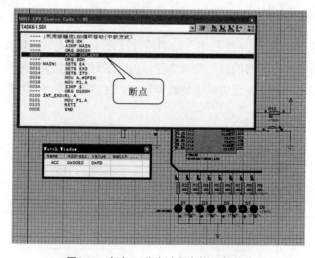

图6.27　任务6.1仿真过程中的一个画面

2. 任务6.2

设计单片机系统，用按键控制8个发光二极管实现跑马灯，要求每按动一次按键，LED循环点亮的方向改变一次。

【任务分析】 任务5.2中，是用拨动开关控制LED的循环方向，通过检测拨动开关的状态来设定方向标志F0，操作由检测子程序完成，因此需要在主程序中不断地调用检测子程序来检查拨动开关的状态。这里，将拨动开关改为按键控制，只要按下按键，就产生外部中断请求，在中断服务程序中改变方向标志F0即可。

【硬件设计】 将任务5.2电路中的拨动开关换成按键即可，同任务6.1的电路，如图6.24所示。本题说明，对于单片机系统来说，即使硬件系统相同，若运行的软件程序不同的话，单片机系统可以实现不同的功能。

【软件设计】 可在任务5.2的基础上修改。主程序中，移位子程序和延时子程序要保留，以实现基本的间隔一定时间循环点亮。需要设计外部中断服务程序，以改变方向标志F0，只要进入中断，F0的值就改变，返回主程序后，通过调用移位子程序使控制字循环移位的方向发生改变。移位子程序的流程图和程序代码见图5.42和图5.43所示，这里只给出主程序和外部中断0的中断服务程序流程图和程序代码，如图6.28所示。

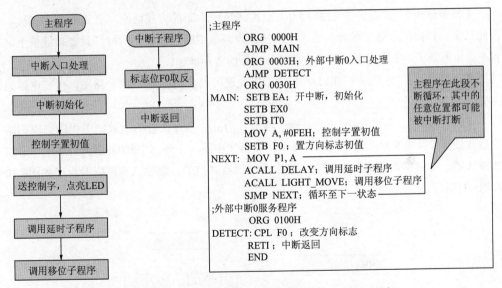

图6.28 任务6.2主程序和外部中断服务程序流程图及程序

【系统仿真及调试】 为便于观察，在查看窗口中增加了PSW，按键按下前后，仿真画面及F0的值如图6.29所示。按键按下前，PSW的值为21H（00100001），按键按下后，PSW的值为01H（00000001），对比不难发现F0（PSW.5）由1变为0，LED移动的方向相应地由右变为左。

3. 任务6.3

设计单片机系统，用中断方式对按键的按动次数进行统计，要求利用8个发光二极管将统计的次数进行实时显示，LED亮表示1，LED灭表示0。

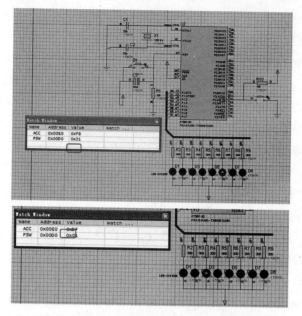

图6.29 任务6.2仿真过程中的画面（F0对比）

【任务分析】 此任务与5.3相同，只是要求采用中断的方式而不是查询的方式实现。因此只需要将扫描按键并统计次数的子程序改为外部中断服务程序即可，只要按键按下，就产生中断请求，在中断服务程序中将统计次数的寄存器加1。

【硬件设计】 依然是8个LED和按键，因此还可以使用任务6.1的电路图，仿真电路如图6.24。

【软件设计】 可在任务5.3的基础上修改。为减少指令执行的次数，主程序完成初始化后就处于等待中断状态，一旦按键按下，就触发中断，在外部中断0的服务程序中，累加按键次数，并根据次数形成控制字，输出到P1口点亮LED。程序流程图以及程序如图6.30和图6.31所示。

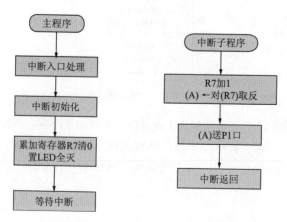

图6.30 任务6.3程序流程图图

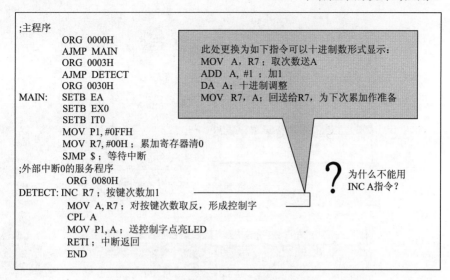

图6.31 任务6.3程序

【系统仿真及调试】 为便于观察，将R7加入查看窗口。添加方法：选择按"名称添加"时，会发现找不到R7寄存器，因此应选择"按地址添加"，输入地址和名称即可，如图6.32。按键12次后，仿真画面如图6.33（a）所示。

图6.32 向查看窗口添加R7界面

问题 如果要求以十进制数的形式进行显示，则程序如何修改？

解释 寄存器加1是按二进制规则进行运算的，只需在计算后用"DA A"指令调整为十进制数，再取反送P1口即可。程序修改方法如图6.31所示。按键12次后，仿真画面如图6.33（b）所示。

※说明：

　　以上三个任务的硬件系统都相同，通过编写不同的程序，实现了不同的任务要求。可见，单片机系统的设计软件和硬件的结合是多么重要。

---

4. 任务6.4

设计步进电机控制系统，要求利用按键产生外部中断，每按下一次按键，使步进电机顺时针转过一个步距角，测量并记录该角度，连续按动按键测量步进电机旋转一周需要的步数。

【任务分析】 步距角是指向步进电机输入一个脉冲时转子的角位移。任务5.4中，已学会了用查表和循环方法实现对步进电机的控制，这个任务中，只要把这部分程序放在外部中断服务程序中即可。这样，每进入一次中断服务程序，就查表获得一个节拍的控制字，输出获得一个脉冲，从而实现步进电机转动一个步距角，测量并记录该角度。然后连续按动按键，直到步进电机旋转一周，记录按下的次数就是所求的步数。

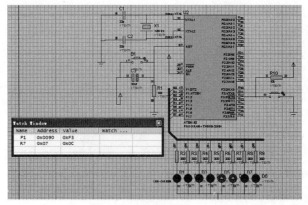

(a) 十六进制显示

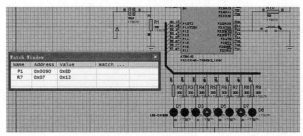

(b) 十进制显示

图6.33　任务6.3按键12次的仿真运行画面对比

【硬件设计】　仍用P1口的低4位连接步进电机的A、B、C、D四相，外部中断请求输入引脚$\overline{\text{INT0}}$与按键相连，仿真电路图如图6.34所示。

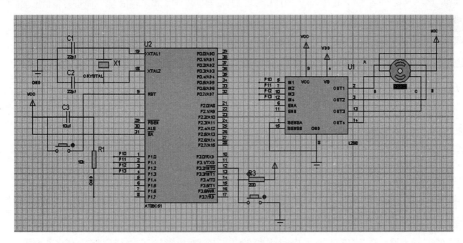

图6.34　任务6.4仿真电路图

【软件设计】　可在任务5.4程序的基础上修改，由于不需要逆时针旋转，故把其中循环查表并输出节拍控制字的部分修改后作为外部中断服务程序即可，程序如图6.35所示。

【系统仿真及调试】　仿真前，可以双击电机或者右键单击，调出"编辑元件"窗口，设定电机的一些参数，图6.36中设定步距角为36°。仿真时，单双8拍方式下，每按下一次

```
; 步进电机控制程序
; 双4拍方式按键控制
        ORG  0000H
        AJMP  MAIN
        ORG  0003H；中断入口处理
        AJMP  ROUND
MAIN:   MOV SP,#50H；堆栈初始化
        SETB  EX0；中断初始化
        SETB  IT0
        SETB  EA
        MOV R5,#4；节拍次数
        MOV R1,#00H；偏移量初值
        SJMP  $；等待中断
;外部中断0服务程序
ROUND:  MOV A,R1；查表取节拍控制字
        MOV DPTR,#TAB2
        MOVC  A,@A+DPTR
        MOV P1,A   ；输出控制字，使步进电机转动一个角度
        INC R1     ；偏移量加1，指向下一个节拍的控制字
        DJNZ R5,EXIT；4拍是否完成一遍，没有则直接退出中断
        MOV R5,#4；4拍循环完，则重新置节拍数，偏移量置0
        MOV R1,#00H
EXIT:   RETI
TAB1:   DB 01H,02H,04H,08H   ；单4拍顺时针节拍控制字表
TAB2:   DB 03H,06H,0CH,09H；  双4拍顺时针节拍控制字表
TAB3:   DB 01H,03H,02H,06H,04H,0CH,08H,09H ；单双8拍顺时针节拍控制字表
        END
```

改变R5的值和DPTR所指向的表头地址就可以测量单4拍和单双8拍方式下步进电机旋转一步所转过的角度以及旋转一周所需的步数

图6.35 任务6.4程序

图6.36 修改电机参数

按键，电机转过18°，旋转一周所需的步数为20；单4拍或者双4拍方式下，每按下一次按键，电机转过36°，旋转一周所需的步数为10。单双8拍方式下仿真过程中的一个运行画面如图6.37。

6.3.3　中断程序的调试方法

中断程序设计的常见错误有：

（1）没有对中断服务程序中使用的资源进行现场保护与恢复，致使这些寄存器或存储单元的值被改变，而干扰或破坏其他程序的执行结果。

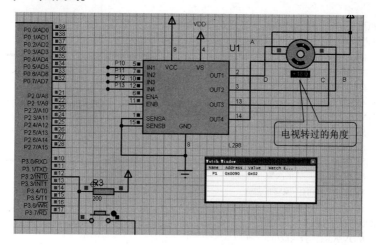

图6.37　任务6.4仿真过程中的一个运行画面

（2）没有使用正确的中断请求撤除方法，致使CPU多次响应同一中断请求。

由于中断的不可控制性，中断服务程序的调试常常通过在中断服务程序中设置断点进行，一般采用如下方法：

● 检查是否正常触发中断。在中断服务程序的第一条指令处设置断点，然后联机全速运行。如果能进入断点，则说明硬件电路以及软件的中断初始化程序基本正常。若不能进入中断，则需检查硬件电路是否提供了有效的中断请求信号，以及主程序中是否进行了相应的中断入口处理和中断初始化，是否开中断。

● 检查中断程序执行结果是否正常。可以采用断点与单步执行相配合的方法，将断点设置在中断服务程序的适当位置，然后单步运行程序，查看每一步执行的结果，直到确定错误位置。

知识与技能归纳

中断的使用非常重要，而且也有助于今后定时/计数器、数/模转换、模/数转换的学习，因此必须熟练掌握。

（1）掌握中断系统的组成，特别是五个中断源、四个中断控制寄存器和两级管理涉及的知识点。

（2）掌握中断程序设计的方法，如中断入口的处理、中断初始化方法和中断服务程序的编写方法。

（3）掌握中断程序的调试方法。熟练使用断点加单步的方法进行仿真调试。

（4）学会通过向"查看窗口"添加适当的寄存器来实时观察程序执行结果。掌握添加各种寄存器的方法。

（5）学会在现有程序的基础上进行修改完成新的程序设计。软件设计是一个经验积累的过程，因此不要求读者一开始就会设计程序，但要能够读懂别人的程序，然后将其为自己所用，遇到类似的问题时，就参考已有的程序经过修改和拼凑完成新的程序设计。这要求读者平时注意收集程序，特别是各个具有独立功能的子程序，一旦需要，可以直接使用。

思考与练习

1. 什么是中断，其主要功能是什么？

2. 什么是中断优先级？中断优先级处理的原则是什么？

3. 8051单片机有哪些中断源？其中断服务程序的入口地址各是多少？

4. 如何对中断系统进行初始化？

5. 叙述中断响应的过程。

6. 为何要保护现场和恢复现场？如何实现？

7. 试编写中断初始化程序段，要求允许外部中断1（下降沿触发）、定时器T0溢出中断和串口中断，且使定时器T0为高优先级。

8. 欲实现下列4个中断源中断优先顺序的安排（级别由高到低），中断初始化时寄存器IE、IP如何设定？ INT0→INT1→串口中断→T0溢出中断

9. 根据图6.24中的电路编写程序，要求将8个二极管分为2组，每组4个，用按键控制2组轮流点亮，每按动一次按键，2组LED的状态改变一次。

第7章
定时器/计数器

　　一个实际的单片机应用系统往往需要进行定时控制或者对外部事件发生的次数进行统计，定时器和计数器就是用于完成这些功能的。本章主要介绍8051单片机内部集成的两个16位的定时/计数器，包括它们的内部结构、工作原理、控制方法等。同中断系统一样，定时/计数器的使用既与硬件有关，也与软件有关，需要软硬配合才能实现定时和计数功能。

7.1　定时/计数器概述

在上一章的任务中，曾经多次遇到在程序中需要延时的问题，解决的方法都是让CPU空执行一些指令（往往是循环程序），而没有实质的操作，因此称其为软件延时。这种方法虽然能够达到延时的目的，但是需要占用CPU的时间，在这期间CPU是不能执行其他操作的，从而降低了CPU的工作效率。这时，如果另有一个能够单独完成此项工作，并在结束后立即通知CPU的电路就可以将CPU解放出来进行其他操作，将具有这样功能的电路称为定时/计数器。

8051单片机内部有2个16位的可编程的定时器/计数器，称为定时器0和定时器1，简称为T0和T1。特点是既可通过对系统时钟脉冲进行计数实现定时功能，定时时间可通过程序设定，也可实现对外部脉冲的计数功能，计数值可通过程序设定。

T0和T1实质上均是二进制加法计数器，当计数器计满回零时能自动产生溢出中断请求（即第6章中的定时器溢出中断，请求标志为TF0和TF1），表示定时时间已到或计数已终止，如图7.1所示。两个定时/计数器的结构和工作原理都相同，可用于定时控制、延时、外部计数、检测等。

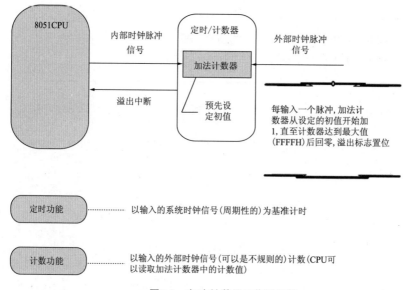

图7.1　定时/计数器工作原理图

7.1.1　定时/计数器的结构

定时/计数器的结构如图7.2所示，主要由16位加法计数器、工作方式寄存器TMOD和控制寄存器TCON组成。

定时/计数器的核心部件是二进制加1计数器T0和T1，用于对内部或外部脉冲进行计数。

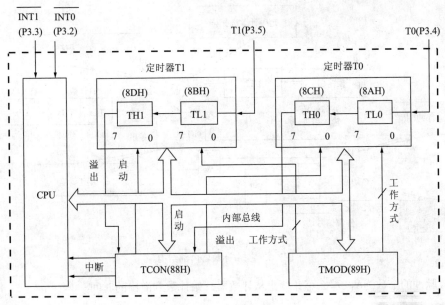

图7.2 定时/计数器原理结构

16位的T0和T1分别由2个8位的计数器（也属于特殊功能寄存器）构成，T0由TL0（低8位）和TH0（高8位）构成，T1由TL1（低8位）和TH1（高8位）构成。每个寄存器都可以单独进行访问，有各自的地址，为8AH~8DH。使用时一般需要给相关的寄存器预先设定初值。

工作方式寄存器TMOD用于选择定时/计数器T0和T1的工作方式，控制寄存器TCON则主要用于控制定时/计数器T0和T1的启动/停止计数，以及保存定时器T0和T1的溢出标志。

外部脉冲信号可通过T0（P3.4）和T1（P3.5）引脚输入，选择这种方式时，定时/计数器用于对外部事件进行计数。

应用时需要对工作方式、计数器初值和启动方式通过程序设定，即对TH0、TL0、TH1、TL1、TCON以及TMOD进行初始化设置。

7.1.2 定时/计数器的工作原理

定时/计数器的内部结构如图7.3所示，其中x可以为0或1，分别表示定时/计数器0或1的对应引脚和寄存器。各个控制位受软件控制，可以通过指令进行设置，使定时/计数器工作于不同的功能和状态。

如图7.3所示，当选择用作定时器时，多路开关接通系统晶振振荡脉冲，经12分频输出到计数器T0或T1，每经过1个机器周期，计数器加1，由于1个机器周期等于12个振荡周期，因此计数周期也是振荡周期的12倍，可推导出计数频率是振荡频率的1/12，即

$$f_{\text{count}} = \frac{1}{12}f_{\text{osc}}, \quad T_{\text{count}} = 12\frac{1}{f_{\text{osc}}} \tag{7.1}$$

根据上面的公式，当给出晶振频率时可计算出计数周期的时间。假设到达溢出时经过

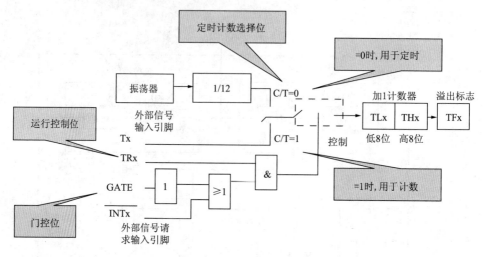

图7.3　定时/计数器内部结构

的计数脉冲的个数为N，那么可计算出从计数器开始计数到溢出的时间

$$T = N\frac{12}{f_{osc}} \tag{7.2}$$

这就是定时的工作原理，如图7.4所示。可见，定时时间与系统的晶振频率和定时器的初值有关，当晶振频率一定时，改变定时器的初值可获得不同的定时时间。

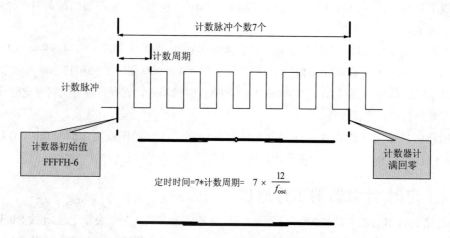

图7.4　定时/计数器用于定时功能示意图

如图7.3所示，当选择用作计数器时，多路开关接通外部信号输入引脚，对外部脉冲进行计数，当外部脉冲由1跳变到0时，计数器加1，即外部脉冲的下降沿触发计数。单片机在每个机器周期对输入引脚T0（P3.4）或T1（P3.5）采样一次，如果前一个机器周期采样到1后一个机器周期采样到0，则计数器加1，那么检测到由1到0的跳变至少需要2个机器周期，也就是说，最快每两个机器周期计数器加1，因此对外部事件的最高计数频率为晶振频率的1/24。

作为计数器使用时，通常有2种功能，如图7.5所示。一是统计外部事件的发生次

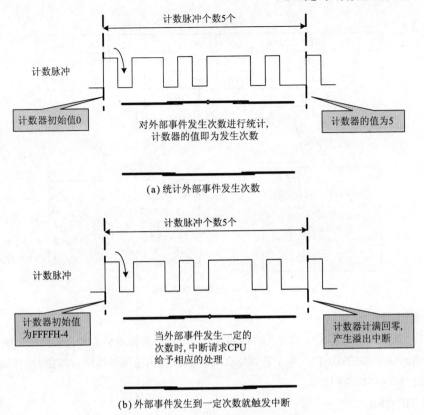

图7.5 定时/计数器用于计数功能示意图

数，此时，计数器T0或T1的初值应设为0，只需实时读取计数器的当前值即为统计结果；另一个是将外部事件的发生次数作为触发溢出中断的条件，从而使CPU执行相应的中断服务程序，完成请求的功能。用于不同的计数功能时，计数器的初值和最终状态也不相同。

定时/计数器被启动开始工作后，会按照设定的方式自动运行，不占用CPU的时间，直到产生溢出，向CPU请求中断。

7.2 定时/计数器的控制

T0和T1均可通过编程设定为定时和计数两种功能，在这两种功能下又均可设定四种工作方式以及2种启动方式，其控制字和状态均在工作方式寄存器TMOD和定时器控制寄存器（TCON）中，通过对控制寄存器的编程，就可方便地选择适当的工作方式。

7.2.1 控制寄存器TCON

TCON用于控制定时器/计数器的启动和停止，以及标志计数溢出。其高4位用于定时器/计数器的中断控制，低4位用于外部中断的控制。其中用于中断的各位含义和用法见6.2.2节，这里对用于定时/计数控制的高4位进行说明，如图7.6所示。

定时器控制寄存器TCON

位	D7	D6	D5	D4	D3	D2	D1	D0
位地址	8FH	8EH	8DH	8CH	8BH	8AH	89H	88H
位含义	TF1	TR1	TF0	TR0	IE1	IT1	IE0	IT0

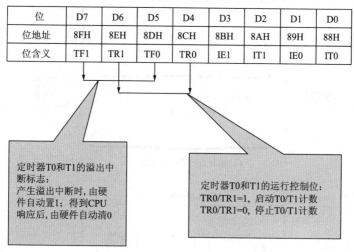

定时器T0和T1的溢出中断标志：
产生溢出中断时，由硬件自动置1；得到CPU响应后，由硬件自动清0

定时器T0和T1的运行控制位：
TR0/TR1=1，启动T0/T1计数
TR0/TR1=0，停止T0/T1计数

图7.6   控制寄存器TCON

1）TF1/TF0

当定时器T0/T1工作于中断方式时，TF0/TF1作为中断请求标志位，得到CPU响应中断后自动清0；当定时器T0/T1工作于查询方式时，执行完相应服务程序后需要由软件清0，即用户通过指令将TF0/TF1置0。

2）TR1/TR0

可以用指令对其进行设置，实现定时器/计数器的启动和停止工作。例如：

SETB TR0 ；启动定时器0的工作，如果出现有效的计数脉冲，则计数器立即开始加1计数。

CLR TR0 ；停止定时器T0的工作，即使出现有效的计数脉冲，计数器也不会加1计数。

> ※说明
>
> 单片机上电复位后，TCON=0，T0和T1均不工作，因此一定要在程序中将TR0/TR1置1，使其开始工作。

7.2.2   工作方式寄存器TMOD

TMOD用于设定定时/计数器T0和T1的工作方式，地址为89H，不可位寻址。其中高四位设定T1的工作方式，低四位设定T0的工作方式，只有4个控制位，如图7.7所示，详细说明如下。

1）GATE：门控位

由软件将该位置1或置0可使定时/计数器具有不同的启动方式。

如图7.3所示，当GATE=0时，经非门取反为1，置或门输出为1。此时，TR0/TR1若为1

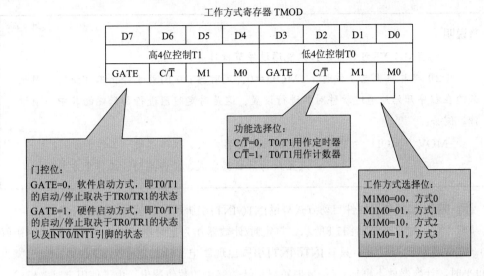

图7.7 工作方式寄存器TMOD

则控制开关接通，T0/T1启动工作；若为0则控制开关断开，T0/T1停止计数。由于T0/T1的启动与$\overline{INT0}/\overline{INT1}$引脚的状态无关，而只需要通过指令将TR0/TR1置1，故称为软件启动方式。

当GATE=1时，经非门后为0，或门的输出就完全取决于$\overline{INT0}/\overline{INT1}$引脚的状态，相应的，控制开关的状态就取决于$\overline{INT0}/\overline{INT1}$和TR0/TR1的状态。当二者同时为1时，控制开关接通，T0/T1启动计数；只要一方为0，控制开关就断开，T0/T1停止计数。处于这种方式时，只将TR0/TR1用软件置1是不够的，还要等待$\overline{INT0}/\overline{INT1}$引脚出现高电平时才能启动T0/T1的工作，而高电平信号是由外部硬件电路提供的，故称为硬件启动方式。

2）C/$\overline{T}$：功能选择位

由软件将该位置1或置0可选择定时/计数器的功能。C/$\overline{T}$为0时，设置T0/T1为定时器方式，内部计数器的输入脉冲由系统内部时钟信号提供，计数周期等于机器周期；C/$\overline{T}$为1时，设置T0/T1为计数器方式，内部计数器的输入脉冲来自T0（P3.4）或T1（P3.5）引脚的外部脉冲信号。

3）M1M0：工作方式选择位

T0/T1共有四种工作方式，通过M1和M0的组合可选择其中一种，如表7.1所示，有关这四种工作方式的详细内容请见下节。

表7.1 工作方式选择

M1	M0	工作方式	功能描述
0	0	方式0	13位计数器
0	1	方式1	16位计数器
1	0	方式2	自动重装初值的8位计数器
1	1	方式3	T1停止计数 T0分成2个8位的计数器

> **※说明**
>
> 　（1）TMOD不可位寻址，只能通过字节操作进行设置。
>
> 　（2）单片机上电复位时，TMOD＝0，定时器T0/T1处于停止工作状态，因此必须在程序开始处通过软件对其进行设置，这是对定时器进行初始化的其中一项操作。例如：
>
> 　　　MOV TMOD，#25H ；设置T1为定时器方式、软件启动、工作于方式2
> 　　　　　　　　　　　 ；设置T0为计数器方式、软件启动、工作于方式1

问题 如何利用硬件启动方式测量$\overline{INT0}/\overline{INT1}$引脚所接外信号的正脉冲宽度？

解释 测量方法如图7.8所示。将定时/计数器作为定时器使用，并置计数器的初值为0。在硬件启动方式下，只有$\overline{INT0}/\overline{INT1}$引脚出现高电平计数器才会加1计数，当引脚为低电平时，计数器就不再加1了。此时可以把计数器中的数值读出。由于使用定时器模式，计数脉冲由系统时钟信号经12分频提供，故为周期性信号，计数脉冲的周期可据此计算，而从计数器中读出的数值即为计数脉冲的个数，因此正脉冲的宽度可按下式计算。

　　　正脉冲宽度＝计数脉冲的周期×脉冲的个数

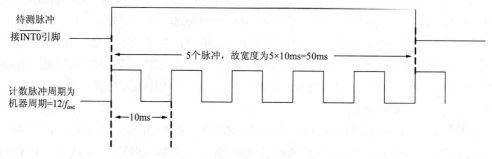

图7.8 测量正脉冲宽度示意图

7.3　定时/计数器的工作方式

　　如前所述，8051单片机的定时/计数器共有四种工作方式，前3种方式下，定时/计数器T0与T1的工作原理完全相同，只是在方式3下二者有所不同。

7.3.1　方式0

　　以定时/计数器T0为例，如图7.9所示，当M1M0＝00时，T0工作于方式0。此时，TH0为8位计数器，TL0为5位计数器（高3位未用），组成13位加1计数器。计数脉冲到来时，TL0首先加1计数，每当TL0的低5位满溢出时，都会向TH0进位，使TH0加1计数，当全部13位计数器溢出时，则计数器溢出标志位TF0置1，因此计数的最大值可达2^{13}。方式0是为了与早期的产品兼容而保留的功能，很少在实际中使用，而多用方式1代替，且其与方式1的区别也仅在于计数器的位数不同，故在此不再赘述。

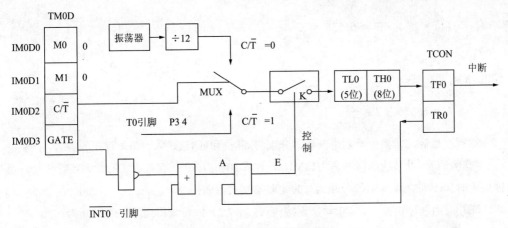

图7.9 T0在方式0下的逻辑结构

7.3.2 方式1

仍以定时/计数器T0为例,如图7.10所示,当M1M0=01时,T0工作于方式1。此时,TH0与TL0均为8位计数器,组成16位加1计数器。计数脉冲到来时,TL0首先加1计数,每当TL0的8位计数器溢出时,都会向TH0进位,使TH0加1计数,当全部16位计数器溢出时,则计数器溢出标志位TF0置1,因此计数的最大值可达2^{16}。控制位GATE、C/T和TR0的功能与设置与前面介绍的相同。

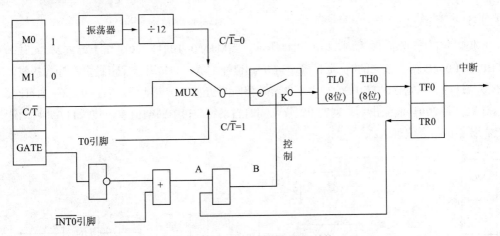

图7.10 T0在方式1下的逻辑结构

T0启动工作后,从预先设定的计数初值开始加1计数,直至溢出。溢出时,计数器归0,TF0由硬件置1,并请求中断,同时T0会继续从0开始计数。因此在方式1下若希望T0溢出后,按原来设定的计数初值重新开始计数,需要给计数器重新装入初值。通常将重装初值的操作放在中断服务子程序的开始。

将最大计数值代入式(7.2)可得方式1的最大定时时间:

$$T_{max} = 2^{16} \times \frac{12}{f_{osc}} = 65536 \times \frac{12}{f_{osc}} \qquad (7.3)$$

若定时时间已知为T，将T与N代入式（7.3），可得$T = (65536 - N) \times \frac{12}{f_{osc}}$，从中可推导出$N$的计算公式：

$$N = 65536 - T \times \frac{f_{osc}}{12} \qquad (7.4)$$

求得初值后，转换为十六进制数，分别将高8位和低8位送入TH0和TL0。

实例7.1 设系统晶振频率为12MHz，计算T0在方式1下能够达到的最大定时时间。当需要定时50ms时，计算初值，并编写为定时器赋初值的指令。

解 由题可知$f_{osc} = 12$MHz，直接代入式（7.3）即可求得最大定时时间为

$$T_{max} = 65536 \times \frac{12}{f_{osc}} = 65536 \times \frac{12}{12 \times 10^6} = 65.536\text{ms}$$

将$T=50$ms直接代入式（7.4）即可求得时间为50ms的定时器初值为

$$N = 65536 - T \times \frac{f_{osc}}{12} = 65536 - 50 \times 10^{-3} \times \frac{12 \times 10^6}{12} = 15536 = 3\text{CB0H}$$

赋初值的指令如下：

MOV TH0, #3CH
MOV TL0, #0B0H

7.3.3 方式2

仍以定时/计数器T0为例，如图7.11所示，当M1M0=10时，T0工作于方式2。此时，TH0与TL0分成两个独立的8位寄存器，TL0为8位计数器，TH0用于保留设定的计数初值，不参与计数。初始化时TL0与TH0由软件装入相同的初值，T0启动后，由TL0按8位加1计数器计数，待TL0计满溢出后，对TF0置位，同时自动将TH0中的初值重新装入TL0并启动计数，计数的最大值可达2^8。

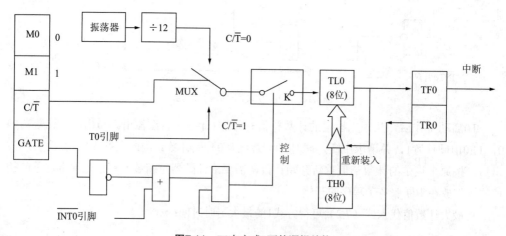

图7.11 T0在方式2下的逻辑结构

这种工作方式下，当TL0计数溢出时又从TH0中重新获得计数初值，省去了需要由软件不断给计数器赋初值的麻烦，使用起来比方式0和方式1简便，而且计数准确度也高。但是其可达到的最大计数值只有256，因此定时时间比方式0和方式1短得多。所以这种工作方式适合于那些重复计数以及要求精确定时时间的应用场合。比如，用于产生固定频率的脉冲源，作为串行数据通信的波特率发生器使用。

将最大计数值代入式（7.2）可得方式2的最大定时时间：

$$T_{max} = 2^8 \times \frac{12}{f_{osc}} = 256 \times \frac{12}{f_{osc}} \tag{7.5}$$

若定时时间已知为T，将T与N代入式（7.5），可得$T = (256 - N) \times \frac{12}{f_{osc}}$，从中可推导出$N$的计算公式：

$$N = 256 - T \times \frac{f_{osc}}{12} \tag{7.6}$$

实例7.2 设系统晶振频率为12MHz，计算T0在方式2下能够达到的最大定时时间。当需要定时50μs时，计算初值，并编写为定时器赋初值的指令。

解 由题可知f_{osc} = 12MHz，直接代入式（7.5）即可求得最大定时时间为

$$T_{max} = 256 \times \frac{12}{f_{osc}} = 256 \times \frac{12}{12 \times 10^6} = 256\mu s$$

将T=50μs直接代入式（7.6）即可求得初值为

$$N = 256 - T \times \frac{f_{osc}}{12} = 256 - 50 \times 10^{-6} \times \frac{12 \times 10^6}{12} = 206 = CEH$$

赋初值的指令如下：

MOV TH0, #0CEH；也可直接以十进制赋值：MOV TH0, #206
MOV TL0, #0CEH

7.3.4 方式3

在方式3下，T0和T1的工作方式不同。实际上，只有T0有方式3，T1没有方式3，因而强制设定为方式3时T1会停止工作。

T0工作于方式3时，被拆成两个独立的8位计数器TL0和TH0。TL0的功能和操作与T0在方式0和方式1下时完全相同，既可用作计数器，也可用作定时器，只不过计数器的位数不同，是8位的，最大计数值小。原来属于T0的各控制位、引脚和中断源全部用于TL0的控制。TH0此时只能作为简单的定时器使用，由于T0的控制位全部被TL0占用，TH0只能占用原来T1的控制位TR1和TF1，以及T1的中断源，即当TH0计数溢出时将TF1置位，而TH0的启动和停止受TR1的控制。由于TL0既能作定时器也能作计数器使用，而TH0只能作定时器使用而不能作计数器使用，因此在方式3下，T0可以构成两个8位的定时器或者一个8位定时器（TH0）和一个8位计数器（TL0）。

当T0工作于方式3时，T1原则上可工作于方式0、方式1或方式2，但是由于T1的控制位TR1和TF1以及中断源已被T0占用，只能把T1计数溢出直接送给串行口，因此一般情况下，

T1都以工作方式2运行，作为串行口的波特率发生器使用。T1用作波特率发生器时，只需设置好工作方式，便会自动开始运行，若要停止工作，只需送入一个将其设置为方式3的控制字即可。

7.4　定时/计数程序的设计与应用

7.4.1　定时/计数程序设计

定时/计数器在应用时，其功能、工作方式均可通过程序设定和控制，因此，在工作前必须先对其进行初始化、计算和设置初值。在工作过程中也可以随时通过程序重新设置工作方式和初值等，使用灵活。

1. 定时器/计数器的初始化与启动

初始化的步骤如下：

（1）根据任务要求，确定定时/计数器的工作方式，据此设置TMOD控制字，即设定GATE、C/T、M1、M0的值。编程将控制字送TMOD，注意只能进行字节操作。

（2）根据任务要求计算定时或计数的初值，并编程将初值送相应计数器（TH0、TL0、TH1、TL1）。

（3）根据需要如果使用中断，则对中断允许寄存器IE（EA、ET0、ET1）和中断优先级寄存器IP（PT0、PT1）进行设置，以开放相应的中断源和设定中断优先级。

对T0和T1的初始化程序段一般放在主程序的开始部分，完成后若为软件启动方式且需要启动T0或T1工作，则在适当位置安排使TR0或TR1置1的指令，使计数器开始计数。若为硬件启动方式，不但要用指令使TR0或TR1置1，还要给$\overline{INT0}$或$\overline{INT1}$引脚施加有效的电平信号，才能使T0或T1按照规定的方式工作。

2. 定时/计数的范围

T0或T1工作于不同的方式时，其所能实现的计数次数和定时时间不同，在设置工作方式时必须要考虑其最大计数次数和最大定时时间能否满足任务要求。

如前所述，计数范围仅与计数器的位数有关，而定时范围不仅与计数器的位数有关，还与系统晶振频率f_{osc}有关，各种方式下的定时和计数范围如表7.2所示。

表7.2　不同工作方式下的定时和计数范围

工作方式	最大计数次数	最长定时时间		
		$f_{osc}=6MHz$	$f_{osc}=12MHz$	$f_{osc}=24MHz$
方式0	$2^{13}=8192$	17.384ms	8.192ms	4.096ms
方式1	$2^{16}=65536$	131.072ms	65.536ms	32.768ms
方式2和方式3	$2^8=256$	512μs	256μs	128μs

※**说明**

　　由表7.2可见，当系统主频确定时，各种方式所能达到的计数次数和定时时间范围也是确定的，因此可以根据任务要求来选择工作方式。例如当主频为12MHz时，若定时时间要求4ms，可以选择方式0和方式1，若要求30ms，就只能选择方式1了。

问题　若任务要求的定时时间比各种方式下的最大值还长，那么如何实现任务要求？

解释　若各种方式都达不到所要求的定时时间，可以采用增加定时中断次数的方法，也就是说，一次定时中断的时间不够，就多次定时中断，直至满足要求。通常做法是，将定时时间分成N等份，使每一份的基本定时时间不超出定时范围，设置一个寄存器专门存放定时中断的次数，只有次数达到了，才说明要求的定时时间到，否则继续定时。这种方法由于利用硬件实现定时中断的时间，用软件控制定时中断的次数，故称为硬件定时软件计数法。为使定时时间尽量精确，基本定时时间应尽量选的长一些，以减少定时次数，减少因执行控制次数的指令而浪费的时间。

　　例如，任务要求主频为12MHz定时时间为500ms，可以将500ms分成10份，即基本定时时间为50ms由硬件实现，定时次数为10次由软件控制。

　　通常将软件控制次数的程序放在中断服务程序的开始部分，这样，一进入中断程序就首先判断次数是否到，如果不到则直接退出中断程序继续定时，如果次数到，说明定时时间到，程序向下执行中断处理程序，完成所要求的功能，流程如图7.12所示。

3. 定时器/计数器初值的计算

　　如图7.5所示，T0或T1用作计数器时，若仅用于统计外部事件的次数，则初值设为0即可；若将统计次数作为触发定时器溢出中断的条件，那么初值的计算方法是用最大计数值减去需要的计数次数，各种方式所能达到的最大计数值如表7.2所示，则计数器初值的计算方法如表7.3所示，设需要的计数次数为C。

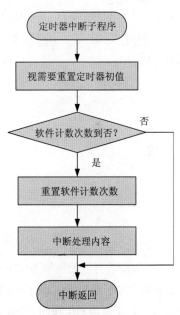

图7.12　硬件定时软件计数程序流程图

表7.3　各种方式下计数器初值的计算方法

工作方式	计数器初值
方式0	$N=2^{13}-C=8192-C$
方式1	$N=2^{17}-C=65536-C$
方式2和方式3	$N=2^{8}-C=256-C$

T0或T1用作定时器时，计数器的计数脉冲是由单片机系统主频经12分频后提供的，故定时器的定时时间与系统的晶振频率和定时器的初值有关，如图7.4所示。由此可推导出初值的计算公式，方式1和方式2的推导见7.3节，方式0与方式1类似，只是能够达到的最大时间不同，方式3与方式2相同，四种方式的初值计算方法如表7.4所示，设需要的定时时间为T。

表7.4 各种方式下的定时器初值的计算方法

工作方式	定时器初值
方式0	$N = 2^{13} - T \times \dfrac{f_{osc}}{12} = 8192 - T \times \dfrac{f_{osc}}{12}$
方式1	$N = 2^{16} - T \times \dfrac{f_{osc}}{12} = 65536 - T \times \dfrac{f_{osc}}{12}$
方式2和方式3	$N = 2^{8} - T \times \dfrac{f_{osc}}{12} = 256 - T \times \dfrac{f_{osc}}{12}$

7.4.2 定时/计数程序设计实例

实例7.3 设计程序利用定时器T0定时，在P1.0引脚上输出频率为50Hz的方波信号，设晶体振荡器的频率为$f_{osc} = 12MHz$。

解 利用P1.0引脚产生方波信号的方法是每隔相同的时间对P1.0输出的电平取反，如图7.13所示。

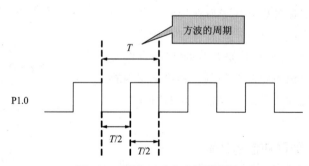

图7.13 利用P1.0产生方波原理图

根据要求方波的周期为1/50=20ms，因此定时器T0的定时时间应为10ms，定时器中断服务程序的处理内容为将P1.0引脚上输出的信号电平取反。据此，设定T0为软件启动、工作方式1，定时器初值按照表7.4给出的公式计算，程序如图7.14所示。

实例7.4 设计程序利用定时器T1对外部信号进行计数，要求每计满5次对P1.0端取反。

解 题目要求统计次数并触发中断，因此计数器的初值不为零，可以按照表7.3计算。计数次数只有5次，四种工作方式均可满足要求，但是方式2不需要重置初值，因此选择方式2，程序如图7.15所示。

实例7.5 利用定时/计数器对外部中断进行扩展。

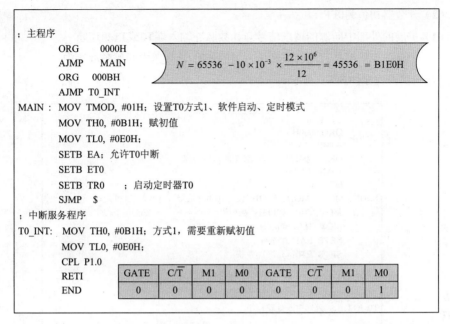

图7.14 实例7.3程序

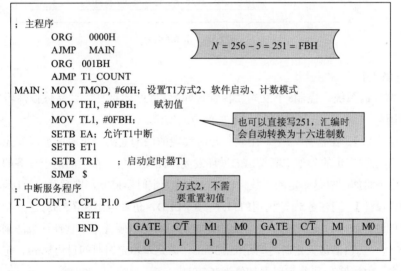

图7.15 实例7.4程序

解 利用定时/计数器实现外部中断扩展的思想是：在计数方式下，把计数器预置为全1，则只要在计数脉冲输入端T0（P3.4）或T1（P3.5）出现一个有效计数脉冲就可以使计数器溢出，产生溢出中断，在定时器中断服务程序中完成外部中断请求的处理。这种扩展外部中断的方法占用了1个内部定时中断，使其不能再用作定时器或计数器。通常的做法是：

（1）置定时/计数器为工作方式2，即自动重装初值8位计数器，以便在一次中断响应后，自动为下一次中断做好准备。

（2）计数器初值为0FFH。

（3）扩展的外部中断源的请求信号与计数脉冲输入端T0或T1相连。

（4）把外部中断服务程序存放在所占用的定时/计数器中断服务程序中。

以T0为例，程序如图7.16所示。

```
        ORG 0000H
        AJMP  MAIN
        ORG  000BH；定时器0中断入口处理
        AJMP  T0_INT
        ORG  0030H
MAIN: MOV TMOD, #06H；设置T0为计数器、方式2、软件启动
        MOV TH0, #0FFH；赋初值
        MOV TL0, #0FFH
        SETB EA；开中断
        SETB ET0；允许T0中断
        SETB TR0；启动T0开始计数
        …
        SJMP  $
T0_INT:…；外部中断处理程序
        …
        RETI
        END
```

GATE	C/$\overline{T}$	M1	M0	GATE	C/$\overline{T}$	M1	M0
0	0	0	0	0	1	1	0

图7.16　实例7.5程序

1. 任务7.1

设计单片机系统，控制8个发光二极管每间隔1秒循环点亮，设晶体振荡器的频率为 f_{osc} = 12MHz。要求分别采用查询方式和中断方式实现。

【任务分析】 在任务5.1中，用软件延时实现的LED间隔一定时间循环发光，在任务6.1中，利用按键产生的外部中断使LED循环发光，因此本题可在上面两个任务的基础上修改完成。由于时间间隔是确定的，故将软件延时改为定时器控制，定时时间为1s即可。

【硬件设计】 同任务5.1，仍用P1口连接8个LED，仿真电路如图5.38。

【软件设计】 如7.4.1节的分析，1s的定时时间只能用硬件定时软件计数法来实现。主频为12MHz，方式1的最大定时时间是65.536ms，因此基本定时时间设为50ms，定时中断的次数为20次。由实例7.1可得定时器初值为3CB0H。

采用查询方式时，可用定时器T0实现1s的定时，只需不断查询TF0的状态就可知道1s是否到，程序可在任务5.1的基础上修改，流程如图7.17（a）所示，程序见图7.18。

采用中断方式时，同样用定时器T0实现1s的定时，仿照任务6.1，将LED循环移位并点亮的程序放在定时器中断子程序中完成即可，程序流程如图7.17（b）所示，程序见图7.19。

【系统仿真及调试】 调试程序时，可以通过设置条件来使仿真暂停，例如在调试循环程序时，不希望多次执行循环体，而只希望在循环一定次数时或者满足某个条件时暂停仿真，以便查看某些寄存器及存储单元的值。具体操作如下：右键单击"查看窗口"，选中

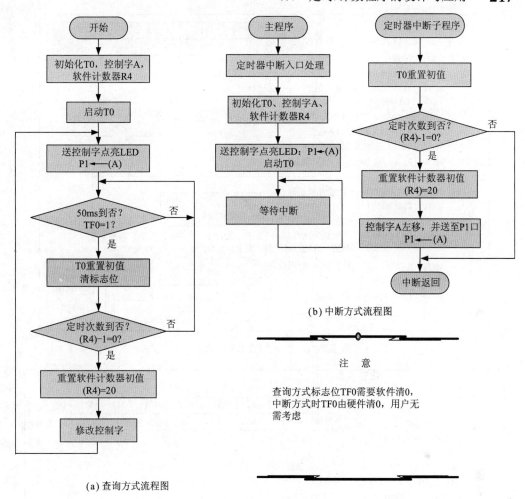

(a) 查询方式流程图

(b) 中断方式流程图

注 意

查询方式标志位TF0需要软件清0,
中断方式时TF0由硬件清0,用户无
需考虑

图7.17 任务7.1程序流程图

"Watchpoint condition",则弹出"观察点条件"设置界面,输入希望暂停仿真的条件即可。如图7.20所示,仿真暂停条件为"R4=1"。全速运行图7.19中的程序,当R4=1时,仿真暂停,画面如图7.21所示。此时,可再结合断点加单步的方式对程序进行调试。

2. 任务7.2

设计单片机系统,利用定时器和外部中断控制8个发光二极管实现跑马灯,要求每间隔2s LED循环移动1位,每按动一次按键,循环的方向改变一次,设晶体振荡器的频率为 $f_{osc} = 12\text{MHz}$。

【任务分析】 在任务7.1的基础上,增加按键控制LED循环的方向就可以实现要求的跑马灯。按键控制的实现方法有两种,一种是采用查询方法,可参照任务5.2完成,另一种是采用外部中断方法,可参照任务6.2完成。但不管采用哪种方法,思路都是一致的,就是只要按动按键,就改变循环方向的标志F0。这里,采用外部中断控制的方法实现,读者可以试做查询的方法。

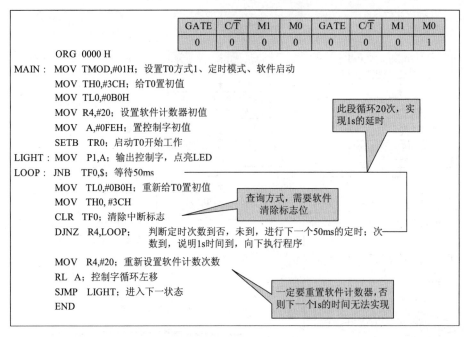

图7.18 任务7.1查询方式程序

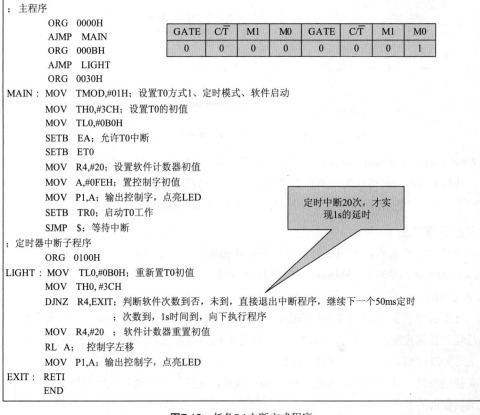

图7.19 任务7.1中断方式程序

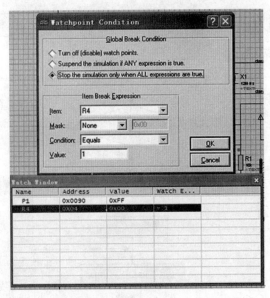

图7.20　暂停条件设置窗口

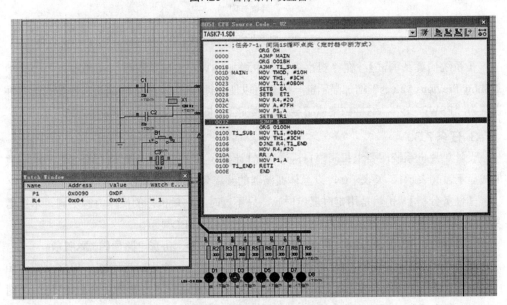

图7.21　任务7.1中断方式程序仿真运行暂停时的画面

【硬件设计】　仍用P1口控制8个LED,采用外部中断0,所以增加的按键与$\overline{INT0}$引脚相连,电路图同图6.24。

【软件设计】　在任务7.1的基础上,增加外部中断服务程序,用于改变循环方向标志F0,只要按键按下,就提出中断请求,将F0取反,外部中断子程序及流程图都同任务6.2相同。没有键按下时,就由定时器T0控制LED循环点亮,程序及流程图可参照图7.17和图7.19完成。2s的定时时间同样需要用硬件定时软件计数法来实现,只需将定时中断的次数改为40次即可。系统的流程图及程序如图7.22和图7.23所示。

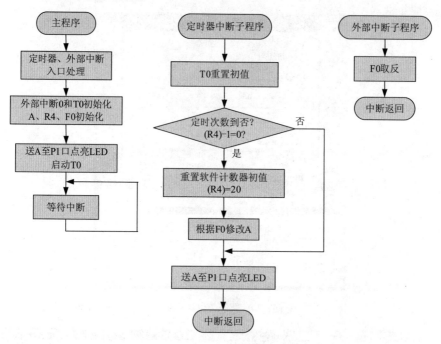

图7.22 任务7.2程序流程图

【系统仿真及调试】 在"观察窗口"中增加PSW，右键单击窗口在弹出菜单中选中"Show Previous Values"增加显示前一时刻值以便进行对比，再按图7.24将暂停仿真的条件设置为"PSW改变"，这样按键按下导致F0改变会立即暂停仿真，画面如图7.25所示。

3. 任务7.3

设计单片机系统，要求每间隔1s，进行加1计数，并将计数值实时送二极管以十进制数形式显示，亮表示1，灭表示0，设晶体振荡器的频率为 $f_{osc} = 12MHz$。

【任务分析】 仍然是用定时器定时1s，只不过时间到后执行的操作内容不同，本题需要完成的是对累加寄存器加1并转化为十进制数，然后送LED显示。

【硬件设计】 同任务5.1，依然是用P1口连接8个LED，仿真电路如图5.38所示。

【软件设计】 同任务7.1，仍然用定时器产生1s定时，在定时器中断子程序中完成加1计数和送显。累加寄存器加1、转化为十进制数并送显的程序可参考任务6.3的程序（图6.31），整个系统的程序及流程图可在前两个任务的基础上进行修改得到，如图7.26和图7.27所示。

【系统仿真及调试】 将R7加入观察窗口，29s时的仿真画面如图7.28所示。

【任务拓展】 适当修改程序就可实现数字时钟，数字秒表的功能。

数字时钟的实现方法：分别设置时、分、秒的累加器，如R5、R6、R7，每当定时1s，就给R7加1，当R7的值达到59时，又到1s的定时，就让其归0，然后给R6加1，直到R6、R7均为59时，又到1s的定时就让它们都归0，而给R5加1，直至R5、R6、R7为23、59、59时，再到1s时间，让这三个寄存器都归0，这样周而复始就实现了24小时制的数字时钟。

```
; 主程序
        ORG 0000H
        AJMP MAIN
        ORG 0003H ；外部中断和定时器中断入口处理
        AJMP DETECT
        ORG 000BH
        AJMP LIGHT
        ORG 0030H
MAIN:   MOV TMOD, #01H ；设置T0方式1、定时模式、软件启动
        MOV TH0, #3CH ；设置T0 的初值
        MOV TL0, #0B0H
        SETB EA ；允许T0中断
        SETB ET0
        SETB EX0 ；允许外部中断0
        SETB IT0 ；下降沿触发
        MOV R4, #40 ；设置软件计数器初值
        SETB F0 ；设置循环方向标志初值
        MOV A, #7FH ；置控制字初值
        MOV P1, A ；输出控制字，点亮LED
        SETB TR0 ；启动T0工作
        SJMP $ ；等待中断
; 定时器中断子程序
        ORG 0100H
LIGHT:   MOV TL0, #0B0H ；重新置T0初值
        MOV TH0, #3CH
        DJNZ R4, EXIT ；判断1s到否，未到，直接退出中断程序，继续下一个50ms定时
                      ；1s时间到，向下执行程序
        MOV R4, #40 ；软件计数器重置初值
        JB F0, L_TO_R ；根据F0修改控制字
R_TO_L: RL A
        SJMP EXIT
L_TO_R: RR A
EXIT:   MOV P1, A ；输出控制字，点亮LED
        RETI
; 外部中断子程序
        ORG 0200H
DETECT: CPL F0 ；循环方向标志取反
        RETI
        END
```

注 意

使用两个以上中断时需要考虑优先级的问题，按照任务要求，外部中断0的优先级应高于定时器中断0，以便及时修改方向标志F0，而外部中断0的自然优先级高于定时器0，符合本题要求，所以不需要对IP进行设置。如果使用的是外部中断1，则需要将PX1置1，使其为高优先级，而保持定时器中断的低优先级不变

图7.23 任务7.2程序

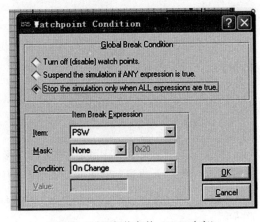

图7.24 设置暂停条件（PSW改变）

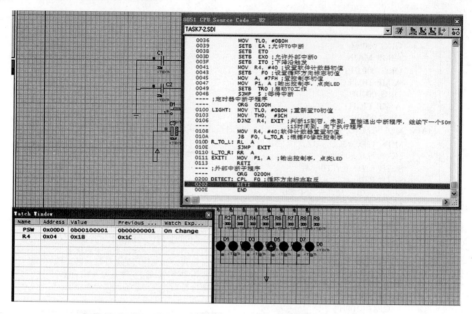

图7.25 任务7.2仿真运行过程中的一个画面（按键按下导致暂停）

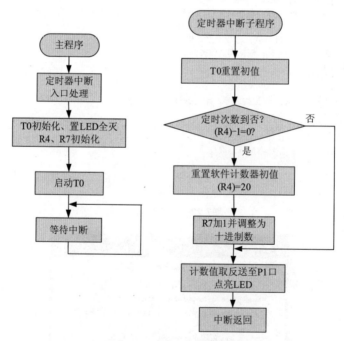

图7.26 任务7.3程序流程图

数字秒表的实现方法：将定时的时间缩小到10ms，设置两个寄存器，一个存放秒的数值，一个存放毫秒的数值，如R6和R7。每当定时时间到就给R7加1，直到R7为99，再到10ms的定时就将R7清0，给R6加1，如此循环，可实现精度为0.01的数字秒表。继续缩小定时时间，还可提高秒表的精度。

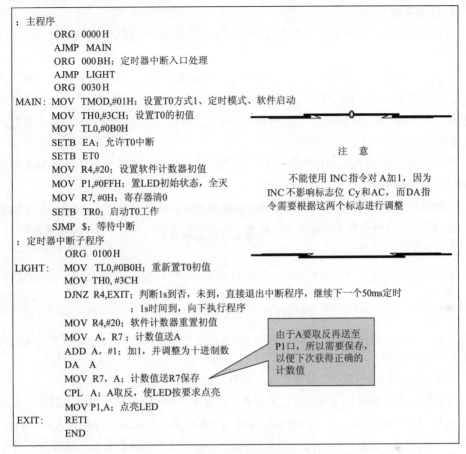

```
; 主程序
        ORG  0000H
        AJMP  MAIN
        ORG  000BH；定时器中断入口处理
        AJMP  LIGHT
        ORG  0030H
MAIN：  MOV  TMOD,#01H；设置T0方式1、定时模式、软件启动
        MOV  TH0,#3CH；设置T0的初值
        MOV  TL0,#0B0H
        SETB  EA；允许T0中断
        SETB  ET0
        MOV  R4,#20；设置软件计数器初值
        MOV  P1,#0FFH；置LED初始状态，全灭
        MOV  R7,#0H；寄存器清0
        SETB  TR0；启动T0工作
        SJMP  $；等待中断
; 定时器中断子程序
        ORG  0100H
LIGHT：  MOV  TL0,#0B0H；重新置T0初值
        MOV  TH0,#3CH
        DJNZ  R4,EXIT；判断1s到否，未到，直接退出中断程序，继续下一个50ms定时
                    ；1s时间到，向下执行程序
        MOV  R4,#20；软件计数器重置初值
        MOV  A，R7；计数值送A
        ADD  A，#1；加1，并调整为十进制数
        DA  A
        MOV  R7，A；计数值送R7保存
        CPL  A；A取反，使LED按要求点亮
        MOV  P1,A；点亮LED
EXIT：   RETI
        END
```

注 意

不能使用 INC 指令对 A加1，因为 INC 不影响标志位 Cy 和AC，而DA指令需要根据这两个标志进行调整

由于A要取反再送至P1口，所以需要保存，以便下次获得正确的计数值

图7.27 任务7.3程序

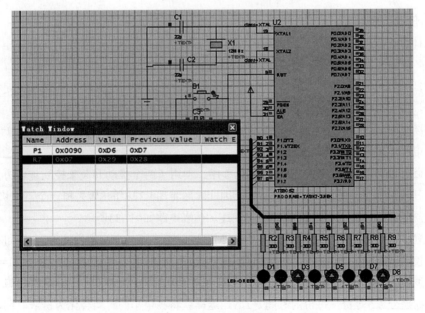

图7.28 任务7.3仿真运行过程中的一个画面

4. 任务7.4

设计步进电机控制系统，要求转速为30r/min，用拨动开关控制步进电机旋转的方向，并用LED灯进行指示。

【任务分析】 与任务5.4相比，只是增加了对转速的控制。前面分析过，转速与输出节拍的频率有关，任务5.4的程序是用软件延时来控制时间，实现所要求的转速计算复杂且不准确，因此可利用定时器来控制。任务6.4中，已测得步进电机旋转一周所需的步数，可据此计算出定时器的定时时间。

【硬件设计】 增加的转速控制任务，不需添加其他硬件设备，因此仿真电路图与任务5.4的相同，见图5.49。

【软件设计】 利用定时器中断实现对转速的控制，因此可将任务5.4中控制电机旋转方向和LED指示灯以及查表并输出节拍控制字的程序修改后作为定时器中断服务程序。

定时器初值的计算如下：

根据要求的转速，步进电机旋转一转的时间为 $t = \dfrac{60}{30} = 2s$，若采用4拍方式，旋转一周所需的步数为20，则定时时间为 $T_1 = \dfrac{2}{20} = 0.1s = 100ms$；若采用8拍方式，旋转一周所需的步数为40，则定时时间为 $T_2 = \dfrac{2}{40} = 0.5s = 50ms$。这里，由于使用单双8拍方式，因此定时器的初值为3CB0H。

程序可在任务5.4的基础上修改完成，如图7.29所示。

【系统仿真及调试】 SW上拨时的仿真画面如图7.30，绿灯亮，从示波器的波形可以计算出每间隔50ms换相一次，步进电机转过一个步距角，从而反推出转速为30rad/min。波形放大图见7.31，图中横向的一个小格代表50ms。读者要学会利用示波器观察波形和计算时间。

5. 任务7.5

设计直流电机控制系统，要求用PWM信号控制电机的转速，用拨动开关控制电机旋转的方向。

【任务分析】 在任务3.2中，已学会直流电机的基本控制方法，由于施加的是持续的高电平，因此直流电机全速旋转。如果给直流电机施加PWM信号，如图7.32所示，由于高电平持续时间减少，故转速降低。改变PWM信号中高电平的持续时间即占空比，就可以实现直流电机转速的调节。

【硬件设计】 在任务3.2中，为简化程序，使用了两个拨动开关来控制旋转方向，通过前面任务的学习可知使用一个已足够，因此本题将图3.27中的SW去掉一个。电机的MA和MB分别与P1.0和P1.1相连，SW与P3.3相连，仿真电路如图7.33所示。

【软件设计】 要产生图7.32所示的PWM脉冲，可设置一个标志位FLAG，通过标志位的状态使电平翻转。当标志FLAG＝1时，脉宽时间到后对电平取反；当标志FLAG＝0时，脉冲时间到后对电平取反；如此反复进行即可产生要求的PWM信号。占空比要想可调，可以将周期分成N等份，每份的时间是T/N，这样就将高电平的时间转化为份数。例如周期

```
; 步进电机控制程序
; 单双8拍方式按键控制
        ORG  0000H
        AJMP MAIN
        ORG  000BH
        AJMP T0_P
MAIN：  MOV  SP,#50H
        MOV  TMOD,#01H；定时器初始化
        MOV  TL0,#0B0H
        MOV  TH0,#3CH
        SETB EA；允许定时器中断0
        SETB ET0
        SETB TR0；启动T0
        MOV  R7,#8；设置节拍数
        MOV  R1,#00H；偏移量置初值
        SJMP $；等待中断
;定时器0中断程序
T0_P：  MOV  TL0,#0B0H；重赋初值
        MOV  TH0,#3CH
        ACALL DETECT；调用检测子程序
        JNB  F0, ROUND_F；根据SW状态设置DPTR所指向的表头地址以及LED的亮与灭
ROUND_ZH:MOV DPTR,#TAB_ZH
        CLR  P0.0
        SETB P0.1
        SJMP L1
ROUND_F:MOV  DPTR,#TAB_F
        CLR  P0.1
        SETB P0.0
L1：    MOV  A,R1；查表取得节拍控制字
        MOVC A,@A+DPTR
        MOV  P1,A；输出控制字，步进电机转动一个角度
        INC  R1 偏移量加1
LOOP：  DJNZ R7,EXIT_T0；8拍是否结束，没有则直接退出中断
        MOV  R7, #8；重新设置节拍数和偏移量的初值
        MOV  R1, #00H
EXIT_T0:RETI；中断返回
TAB_ZH: DB 01H, 03H, 02H, 06H, 04H, 0CH, 08H, 09H  ；单双8拍的顺时针节拍控制字表
TAB_F:  DB 09H, 08H, 0CH, 04H 06H, 02H, 03H, 01H  ；单双8拍的逆时针节拍控制字表
        END
```

检测子程序与任务5.2中的相同，见图5.46

每当定时时间到，步进电机就旋转一个角度，周而复始可实现要求的速度。修改定时器的初值，即可改变转速

图7.29 任务7.4程序

为9ms，分成18份，则一份的时间是0.5ms，若t_1的时间是3份，则占空比为3/18。设计程序时，可将每份的时间作为定时器的定时时间，这样就将脉冲时间和脉宽时间都转化为计数值，易于实现，而且在程序中只需改变脉宽的计数值，就可以实现脉宽的调节。例如t_2对应的计数值为4，t_3对应的计数值为2。周期为9ms，占空比为6/18的PWM信号直流电机控制程序如图7.34所示。

【系统仿真及调试】　仿真时在电路中增加示波器以仔细观察PWM信号，仿真运行过程中的开关状态与波形画面对比如图7.35所示。将图7.34程序中的N2分别改为6和12，观察电机发现转速有明显提高，图7.36给出了两个占空比时的波形对比图，其中横向的一个小

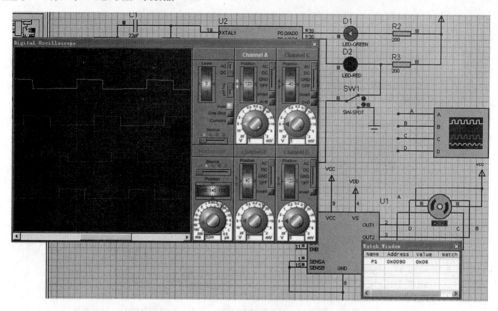

图7.30 任务7.4仿真运行过程中的一个画面

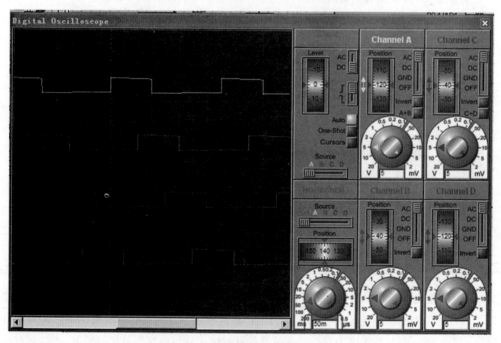

图7.31 步进电机四相绕组波形放大图

格代表1ms，读者可自行计算。

【任务拓展】

（1）在此基础上，增加几个按键，使不同的按键对应不同的占空比，体会占空比对直流电机转速的影响。

（2）改变PWM信号的周期，体会PWM的频率对直流电机转速的影响。

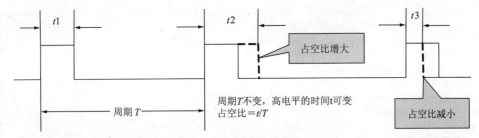

图7.32 PWM信号示意图

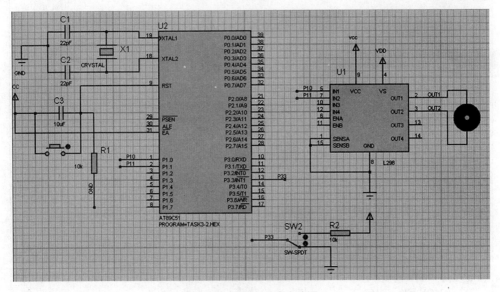

图7.33 任务7.5仿真电路图

6. 任务7.6

图7.37是用AT89S52单片机控制的智能小车[1]，小车的左右轮各由一个伺服电机进行控制，控制伺服电机转动速度的脉冲信号如图7.38、图7.39和图7.40所示。将图7.38所示的脉冲序列发给经过零点标定（即调整左右轮使其不动）后的伺服电机，伺服电机不会旋转，小车处于静止状态。控制电机运动转速的是高电平持续的时间，当高电平持续时间为1.3ms时，电机顺时针全速旋转，当高电平持续时间1.7ms时，电机逆时针全速旋转。

利用P1.0和P1.1分别控制小车的左轮和右轮，使其能够前进和后退。按照图7.36所给出的方向，小车向前走时左轮应逆时针旋转，右轮应顺时针旋转；后退时两轮的旋转方向反向即可。

编写程序实现小车先静止不动3s，然后分别全速后退、低速后退各5s，再低速向前、全速向前各5s钟，最后停止不动。

【任务分析】实际上，对小车的控制是通过对P1.0和P1.1引脚输出脉冲信号的控制来实现的。小车全速前进时，P1.0和P1.1应输出图7.39所示的脉冲信号；小车后退时，P1.0和

1）此智能小车是由深圳市德普施科技有限公司研制的，有关详细驱动原理，如零点标定方法等，请参见参考文献[2]。

```
;直流电机控制(PWM脉冲控制速度，SW控制方向)
FLAG 1   BIT37H;旋转方向标志，FLAG1＝1，顺时针；FLAG1＝0，逆时针
FLAG 2   BIT38H;电平标志，FLAG2＝1，高电平；FLAG2＝0，低电平
TIME _H  EQU  0FEH;定时时间0.5ms的初值
TIME _L  EQU  0CH
N1       EQU 18;脉冲时间，故PWM周期＝18×0.5ms=9ms
N2       EQU 6;脉宽时间，故占空比=6/18
IN 1  BIT P 1.0
IN 2  BIT P 1.1
SW  BIT P 3.3
             ORG 0000H
             AJMP MAIN
             ORG 000BH
             AJMP T 0_R
MAIN：  MOV SP, #50H
             MOV TMOD, #01H;定时器初始化
             MOV TL0, #TIME_L;赋高电平初值
             MOV TH0, #TIME_H
             SETB EA;允许定时器中断0
             SETB ET0
             SETB TR0;启动T0
             SETB FLAG1;初始为顺时针旋转，PWM为高电平
             SETB FLAG2
             MOV R2, #N1;脉冲时间寄存器赋初值
             MOV R3, #N2;脉宽时间寄存器赋初值
             SETB IN1
             CLR IN2
             SJMP $
;定时器 0中断服务程序
T0_R：   MOV TL0, #TIME_L
             MOV TH0, #TIME_H
             DEC R2
             JNB FLAG2,L5;FLAG2=0，则判断脉冲时间是否到
             DEC R3;FLAG2=1,则判断脉宽时间是否到
             CJNE R3, #00H,EXIT_T0;脉宽时间不到，直接退出
             CLR IN 1
             CLR IN 2
             SJMP L 4
L5：      CJNE R2, #00H,EXIT_T0;脉冲时间不到，直接退出
             MOV R2, #N1;脉冲时间寄存器重赋初值
             MOV R3, #N2;脉宽时间寄存器重赋初值
L3：      ACALL DETECT;调用开关检测子程序
             JNB FLAG1,ROUND_F;根据FLAG1决定哪个输出电平翻转
ROUND _ZH:SETB IN1;顺时针旋转，P1.0翻转
                CLR IN 2
                SJMP L 4
ROUND _F: SETB IN 2;逆时针旋转，P1.1翻转
                CLR IN 1
L4：      CPL FLAG 2;电平标志取反
EXIT _T0: RETI
             END
```

说 明

改变TIME、N1和N2的值，就可以改变PWM信号的频率和占空比，从而改变直流电机的转速

开关检测子程序与任务5.2中的相同

图7.34 任务7.5程序

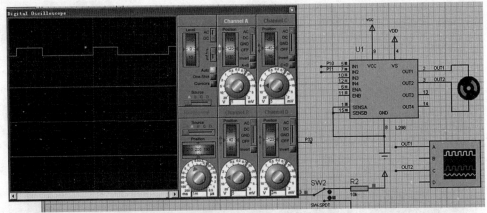

(a) 开关上拨，电机顺时针转动

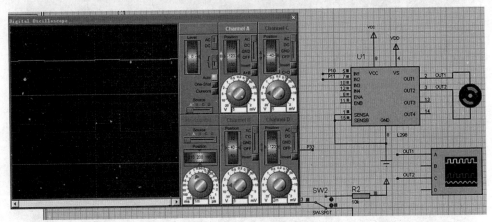

(b) 开关下拨，电机逆时针转动

图7.35   任务7.5仿真运行过程中的画面

P1.1输出的信号应交换，如图7.41所示；小车停止时，P1.0和P1.1输出的脉冲信号如图7.38所示。利用I/O口线输出波形的方法前面已经介绍过，任务的难点在于如何实现前进/后退状态的改变、速度的变换以及控制运动时间。

【软件设计】 一个要解决的问题是如何用定时器实现三个不同时间的控制。可以设定一个基本定时时间，如100μs，那么1.3ms、1.7ms和2.0ms就可以分别看作13个、17个和20个100μs，因此只需控制计数值就可实现不同的时间。

另一个问题是速度和运动方向的控制问题。实际上，这个问题可以归结为P1.0和P1.1引脚维持高电平的时间问题，当P1.0和P1.1的高电平时间为1.3ms和1.7ms时，小车全速后退，适当增加P1.0高电平的时间而减小P1.1高电平的时间就可以实现减速，但须注意增加的时间和减少的时间应相同，否则不能保证小车的直线运动。同理可以分析出小车在几个状态下的时间表，如表7.5所示。那么就可以按照任务要求建立一个速度及方向表，运行程序时，只要按照表中的顺序给P1.0和P1.1送高电平，即可实现任务要求中小车几个状态的变换。

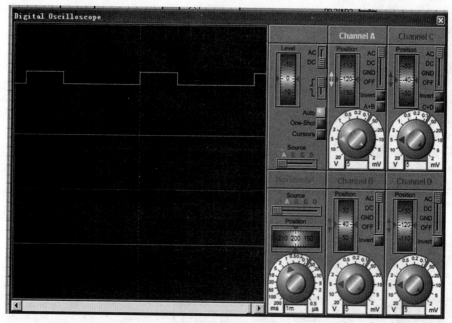

(a) N2=6，脉宽时间=3ms

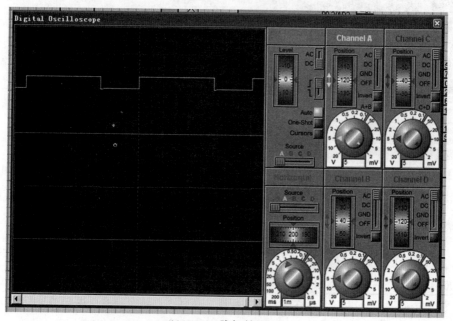

(b) N2=12，脉宽时间=6ms

图7.36   不同占空比波形对比图

8051内部有两个定时器，本题中T0用于定时100μs，并完成P1.0和P1.1引脚输出高低电平的转换，实现图7.31的波形。T1定时50ms，一方面控制运动时间，另一方面，通过查表设定P1.0和P1.1输出高电平的时间，实现小车的前进、后退和运动速度的改变。

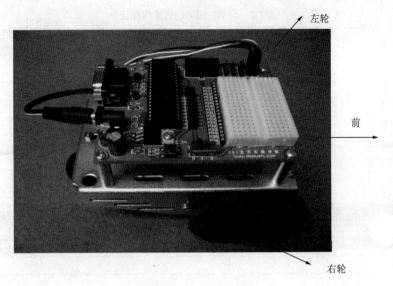

图7.37 智能小车实物

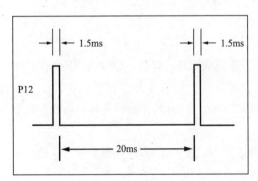

图7.38 电机转速为零的控制信号时序图

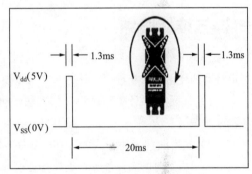

图7.39 1.3 ms的控制脉冲序列使电机顺时针全速旋转

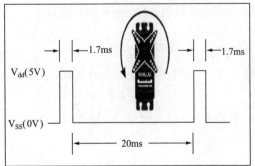

图7.40 1.7ms的连续脉冲序列使电机逆时针全速旋转

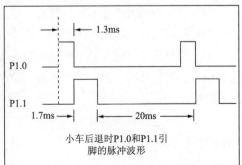

图7.41 小车后退时的脉冲序列

由图7.31可知，P1.0和P1.1共有三个状态，因此需要设置两个软件标志进行控制，如表7.6所示，FLAG1用于高低电平的转换，FLAG2用于区分当前是P1.0为高电平还是P1.1为高

表7.5 运动方向和运行速度配合

小车状态	保持高电平的时间		基本时间为100μs时对应的计数值	
	P1.0	P1.1	Time1	Time2
全速前进	1.7ms	1.3ms	17	13
低速前进	1.6ms	1.4ms	16	14
全速后退	1.3ms	1.7ms	13	17
低速后退	1.6ms	1.4ms	16	14
停止	1.5ms	1.5ms	15	15

注：如果将基本时间选的小一些，那么可以实现的速度挡会相应增多。

表7.6 软件标志与引脚状态

FLAG1	FLAG2	P1.0	P1.1
1	0	1	0
1	1	0	1
0	/	0	0

电平。程序如图7.42所示。

知识与技能归纳

几乎每个单片机应用系统都要使用定时/计数器完成定时、延时、计数等任务，因此掌握定时器的使用方法和程序设计方法非常重要。

（1）掌握定时/计数程序设计的方法，包括初始化、初值的计算和设置，以及中断服务程序的编写方法。

（2）熟悉四种工作方式的区别，熟知各种工作方式下，定时/计数器所能达到的最大计数值和最大定时时间，能够根据任务要求选择相应的工作方式。

（3）当需要的定时时间过长或者计数次数过多，可以采用硬件定时软件计数的方法，会设置适当的基本定时时间，会编写相应的实现程序。

（4）采用查询方式定时或计数时，注意在程序中及时用软件清除中断标志TF0/TF1，否则定时或计数的功能无法实现。

（5）掌握具有一定占空比和频率的PWM信号的产生方法。

（6）定时器作为一种内部中断源，第6章介绍的中断程序调试方法同样适用于定时器处理程序。

（7）掌握通过在"观察窗口"设置暂停条件的方法使仿真暂停，再结合断点与单步方法对程序进行调试。

思考与练习

1. 8051单片机定时/计数器作定时和计数使用时，其计数脉冲分别由谁提供？定时时间与哪些因素有关？

2. 定时/计数器共有几种工作方式，各有何特点？使用中如何选择？

```
TIME1  EQU 30H；P1.0=1的时间变量
TIME2  EQU 31H；P1.1=1的时间变量
TIME3  EQU 32H；P1.0=0，P1.1=0的时间变量
FLAG1  BIT 20H；标志：0-LOW，1-HIGH
FLAG2  BIT 21H；标志：0-T1，1-T2
 ORG 0000H
 AJMP MAIN
 ORG 000BH
 AJMP T0_PWM
 ORG 001BH
 AJMP T1_INT
MAIN:
 MOV SP,#50H
 MOV TMOD,#11H；定时器初始化
 MOV TH1,#4CH；定时时间50ms的初值
 MOV TL1,#00H
 MOV TL0,#0A3H；定时时间100μs的初值
 MOV TH0,#0FFH
 MOV IE,#8AH；中断初始化
 MOV R0,#60；3s的软件计数器
 MOV R1,#00H；方向速度表的偏移指针
 MOV TIME1,#15；停止脉冲时间初值
 MOV TIME2,#15
 MOV TIME3,#200
 MOV R7,#00H；100μs的软件计数器
 SETB FLAG1；设置"P1.0=1，P1.1=0"
     状态标志
 CLR  FLAG2
 SETB P1.0；小车后退时的状态
 CLR  P1.1
 SETB TR0；启动定时器
 SETB TR1
 SJMP $
```

主频需要按11.0592MHz计算

```
; 定时器0中断程序
; 功能：实现100μs的基本定时时间，使P1.0和P1.1按照速度表
输出指定波形
T0_PWM: MOV TL0,#0A3H；重置初值
  MOV TH0,#0FFH
  INC R7；100μs个数加1
  MOV A,R7；100μs个数给A
  JNB FLAG1,L3；FLAG1=0，转至L3判断低电平时间到否
  JB FLAG2,L2；FLAG2=1，转至L2判断P1.1=1的时间到否
L1:CJNE A,TIME1,EXIT；P1.0=1，P1.1=0的时间未到就继续
  CLR P1.0；时间到，输出下一状态P1.0=0，P1.1=1
  SETB P1.1
  MOV R7,#00H；100μs个数清0
  SETB FLAG2；设置"P1.0=0，P1.1=1"状态标志
  SJMP EXIT
L2:CJNE A,TIME2,EXIT；P1.0=0，P1.1=1的时间未到继续
  CLR P1.0；时间到，输出下一状态P1.0=0，P1.1=0
  CLR P1.1
  MOV R7,#00H；100μs个数清0
  CLR FLAG1；设置"P1.0=0，P1.1=0"状态标志
  SJMP EXIT
L3:CJNE A,TIME3,EXIT；P1.0=P1.1=0的时间未到继续
  SETB P1.0；时间到，输出下一状态P1.0=1，P1.1=0
  CLR P1.1
  MOV R7,#00H；100μs个数清0
  SETB FLAG1；设置"P1.0=1，P1.1=0"状态标志
  CLR  FLAG2
EXIT:RETI
```

```
; 定时器1中断程序
; 功能：控制小车的前进、后退、运动速度以及运行时间
T1_INT: MOV TH1,#4CH；定时器重置初值
    MOV TL1,#00H
    DJNZ R0,EXIT1；某一运动状态的时间是否到，未到就继续该状态，到了就查表送下一状态的时间
    MOV A,R1；查表获得下一状态TIME1和TIME2的计数值
    MOV DPTR,#T1_TAB
    MOVC A,@A+DPTR
    MOV TIME1,A
    MOV A,R1
    MOV DPTR,#T2_TAB
    MOVC A,@A+DPTR
    MOV TIME2,A
    MOV R0,#100；下一状态的运行时间计数初值
    INC R1；方向速度表的偏移量加1，指向下一状态
EXIT1: RETI
T1_TAB: DB 13,14,16,17,15；方向及速度表
T2_TAB: DB 17,16,14,13,15
```

图7.42 任务7.6智能小车控制程序

3. 当定时时间较长时，如何使用一个定时器实现？如何编程？

4. 若要求当外部事件发生10次就触发定时器1的溢出中断，则方式0、1和2中计数初值和工作方式寄存器TMOD应如何设定，分别写出相应的初始化程序段。

5. 编写程序用定时器输出频率为2kHz的方波，设单片机晶振频率为6MHz。

6. 编写程序利用定时器T0和P1.2实现如图7.43所示的脉冲，已知8051单片机系统时钟频率为6MHz。

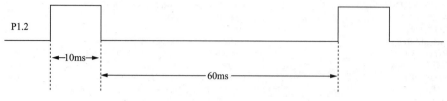

P1.2

←10ms→

←————————60ms————————→

图7.43 习题6的波形图

7. 编写利用单片机测量正脉冲宽度的程序，已知脉冲宽度小于20ms，系统频率为12MHz，将测量的结果以十进制数的形式存入片内30H单元。

8. 编写程序实现数字时钟，利用8个发光二极管显示，高4位显示分钟，低4位显示秒，要求都以十进制形式显示，亮表示1，灭表示0。

9. P1口控制8个发光二极管，共分为4组，每组2个，编写程序实现4组发光二极管每间隔500ms循环点亮，系统晶振频率为24MHz，要求分别采用查询方式和中断方式实现。

第*8*章
常用接口技术

　　8051单片机内部的并行I/O接口、定时器及中断的资源是有限的，实际应用中，经常会出现内部资源不够用的情况，而且当单片机内部没有集成A/D和D/A等芯片时，对模拟量的处理非常不方便。在单片机应用系统硬件设计中往往需要考虑人机接口、参数检测、系统监控、超限报警等应用需求，因此本章主要介绍常用的输入/输出设备接口以及一些常用的接口集成电路芯片的工作原理和使用方法，包括可编程I/O接口芯片8255、A/D转换芯片ADC0809、D/A转换芯片DAC0832。

8.1 单片机系统扩展概述

单片机虽然各功能部件齐全，但容量较小，当单片机内部各功能部件不能满足系统要求时，需要在片外连接相应的外部功能部件，进行系统扩展。

8.1.1 单片机扩展系统结构

8051单片机的系统扩展采用三总线结构，即地址总线、数据总线和控制总线，单片机所有的外部扩展均是通过这三种总线实现的。8051单片机具有很强的外部扩展能力，其外部引脚提供了全部所需的三种总线，如图8.1所示。

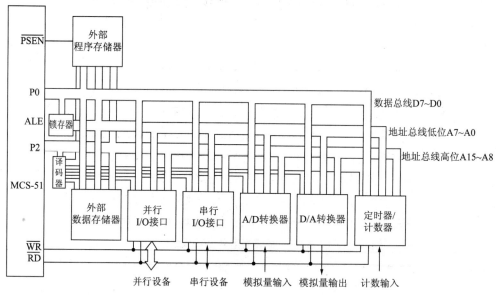

图8.1 单片机扩展系统总线结构图

1）地址总线（AB）

地址总线用于传送单片机送出的地址信息，以便进行片外存储单元和I/O接口的选择，故为单向总线。

地址总线的宽度为16位（A0~A15），分别由P0口和P2 口提供。其中P0口提供低8位地址A0~A7，P2口提供高8位地址A8~A15。

地址总线的位数决定了单片机可扩展存储容量的大小，因此8051单片机最大可扩展的片外存储器的容量为2^{16}=64KB。

2）数据总线（DB）

数据总线用于单片机与扩展的外部芯片之间交换数据，故为双向总线。

数据总线的宽度为8位（D0~D7），与单片机处理数据的字长一致，由P0口提供。这样，P0口既做地址总线又做数据总线，需要分时复用，以便区分地址信息和数据信息。为保证在数据传输过程中地址信息不丢失，因此用锁存器将低8位地址进行锁存，锁存使能信号由ALE引脚提供。因此图8.1中，由P0口直接引出的是数据总线，而通过锁存器引出的就是低8位地址总线。

数据总线是单片机与所有外围部件唯一的数据交换通道，同一时刻只能有一个外设使用，具体当前是哪一个就要看地址总线发出的地址了。因此当CPU与某个外部芯片交换数据时，会先通过地址总线发出地址信息，使该芯片的片选信号有效，使芯片处于工作状态，然后再进行数据传送。也因此，每个芯片的片选信号与地址总线的连接方法就决定了该芯片的地址。详细内容见下一小节编址技术。

3）控制总线（CB）

控制总线传输的是各种控制信号。每条控制信号都是单向的，既可以是输出的控制信号（读、写等），又可以是输入的控制信号（中断请求、准备就绪等），因此由多条不同的控制信号组合而成的控制总线是双向的。

涉及系统扩展的控制信号有片外数据存储器读选通信号$\overline{RD}$和写选通信号$\overline{WR}$、外部程序存储器读选通信号$\overline{PSEN}$、地址锁存允许信号ALE和外部程序存储器选择信号$\overline{EA}$。有关这些信号的详细功能参见3.1.3节8051单片机的引脚定义及功能。

※单片机系统进行扩展时，占用了P0、P2口和部分P3口，此时，只有P1口和部分P3口线可以作为通用I/O口线使用，连接外部设备。

8.1.2 扩展系统编址技术

所谓编址，就是利用系统提供的地址总线，通过适当的连接，使系统中的每一个外接芯片（包括芯片中的每一个端口）都有一个唯一的对应地址，以便保证同一时刻只能有一个外设使用数据总线与CPU交换数据，保证系统有条不紊地工作。

编址技术就是研究外围芯片的片选/使能信号的产生问题，即系统地址空间的分配问题。若某芯片内部还有多个可寻址单元，则编址涉及两方面问题：一个是片内单元的编址，称为片内寻址，由芯片内部的地址译码电路完成，用户只需将芯片自身的地址线与系统的低端地址线（与芯片自身地址线相对应的地址线）按位号对应相连；另一个是芯片的片选/使能信号产生问题，称为芯片寻址，由系统的高端地址线（除去低端地址线后剩余的系统地址线）通过片外译码电路完成，需要用户进行设计，比较复杂。因此实际上，编址技术主要是研究如何利用系统的高端地址线产生芯片片选/使能信号的问题。

通常，产生外围芯片片选信号的方法有两种：线选法和译码法。

1）线选法

线选法是指直接将系统空闲的高端地址线作为芯片的片选信号，把选定的地址线与芯片的片选端直接连接即可。

芯片的片选/使能信号通常用$\overline{CE}$或$\overline{CS}$表示，低电平有效。如果芯片自身有n条地址线，那么低端地址线就是A(n-1)~A0，高端地址线就是A15~An。只要将A15~An中的一条线与

$\overline{CE}$或$\overline{CS}$直接相连就完成了芯片的地址分配。芯片的地址计算方法是：首先将系统的16位地址划分为片内地址和片外地址，片内地址由低端地址线遍历形成（一般是一个地址范围），片外地址由高端地址构成，其中与$\overline{CE}$或$\overline{CS}$连接的高端地址线为0，没有用到的高端地址线为1（也可以为0，最好为1）。

实例8.1 8051单片机采用线选法扩展了2个存储器芯片U3、U4，如图8.2所示，计算U3和U4的地址范围。

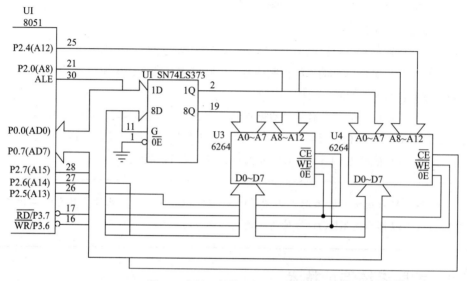

图8.2 实例8.1的单片机扩展电路图

解 U3和U4的地址线各有13条（A12~A0），因此低端地址线为A12~A0，高端地址线为A15~A13。片内地址范围均为0000H~1FFFH。U3的片选线接P2.5，U4 的片选线接P2.6，当高端地址线的A15、A14为11时，芯片的地址计算过程及地址范围如图8.3所示。类似地可推算出：

	片外地址			片内地址														地址范围
	P2.7	P2.6	P2.5	P2.4	P2.3	P2.2	P2.1	P2.0	P0.7	P0.6	P0.5	P0.4	P0.3	P0.2	P0.1	P0.0	
	A15	A14	A13	A12	A11	A10	A9	A8	A7	A6	A5	A4	A3	A2	A1	A0	
U3	1	1	0	0	0	0	0	0	0	0	0	0	0	0	0	0	C000H
				1	1	1	1	1	1	1	1	1	1	1	1	1	DFFFH
U4	1	0	1	0	0	0	0	0	0	0	0	0	0	0	0	0	A000H
				1	1	1	1	1	1	1	1	1	1	1	1	1	BFFFH

高端线用为0 不用为1

低端线各位由0遍历到1，这里只给出最小地址和最大地址两种情况

图8.3 实例8.1中扩展芯片地址计算示意图

- 当高端地址线的A15、A14为00时，U3 的地址范围为0000H~1FFFH。
- 当高端地址线的A15、A14为01时，U3 的地址范围为4000H~5FFFH。
- 当高端地址线的A15、A14为10时，U3 的地址范围为8000H~9FFFH。

可见，芯片上的一个单元可以有4个地址，即地址不唯一，通常称为地址重叠。这是因为有的高端线没有参与片选信号的产生，所以可以是1也可以是0。

由本题可知，线选法的特点是电路简单，不需外加逻辑电路，但芯片占用的存储空间不紧凑，寻址范围不唯一，且地址空间利用率低，可扩展的芯片个数少，适用于小规模单片机应用系统的简单扩展。

2）译码法

译码法是利用片外译码电路对系统高端地址线进行译码，产生外围芯片的片选信号，低端地址线仍用于片内寻址。其中，当所有高端地址线都参与译码时称为全译码法，只有部分高端地址线参与译码时称为部分译码法。

译码电路可用专用译码器芯片实现，单片机应用系统常用的译码器有：

- 2-4译码器（如双2-4译码器74LS139），可对2位高端地址进行译码产生4个片选信号，最多可外接4个芯片。
- 3-8译码器（如74LS138），可对3位高端地址进行译码产生8个片选信号，最多可外接8个芯片。
- 4-16译码器（如74LS154），可对4位高端地址进行译码产生16个片选信号，最多可外接16个芯片。

译码法的地址计算方法同线选法类似，不同之处在于片外地址的形成与译码电路有关，需要进行简单计算。

实例8.2 某单片机系统利用3-8译码器扩展了4个芯片U1~U4，如图8.4所示。分别计算U1~U4 的地址范围。

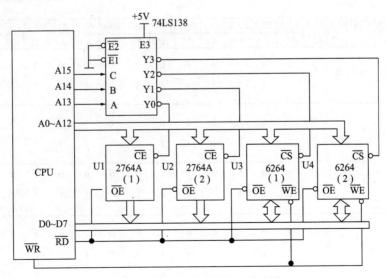

图8.4 实例8.2的单片机扩展电路图

解 U1~U4的地址线均有13条，因此低端地址线为A12~A0，高端地址线为A15~A13。4个芯片的片选线分别由3-8译码器的输出端Y0~Y3提供。3-8译码器的引脚图和功能真值表见图8.5。查真值表可得，当C、B、A的输入为000时选中U1，对照图8.4，可查得当A15、A14、A13为000时，选中U1，由此可确定U1的片外地址只能是000。按照这个过程，可分别确定U2的片外地址是001，U3的片外地址是010，U4的片外地址是011。片内的地址范围仍按照实例8.1计算，则4个芯片的地址范围如图8.6所示。

74HC138 引脚图

A	1		16	V_{CC}
B	2		15	Y0
C	3		14	Y1
$\overline{E_1}$	4		13	Y2
$\overline{E_2}$	5		12	Y3
E_3	6		11	Y4
Y_7	7		10	Y5
GND	8		9	Y6

输 入						输 出							
使能			选择			Y0	Y1	Y2	Y3	Y4	Y5	Y6	Y7
E_3	$\overline{E_2}$	$\overline{E_1}$	C	B	A								
1	0	0	0	0	0	0	1	1	1	1	1	1	1
1	0	0	0	0	1	1	0	1	1	1	1	1	1
1	0	0	0	1	0	1	1	0	1	1	1	1	1
1	0	0	0	1	1	1	1	1	0	1	1	1	1
1	0	0	1	0	0	1	1	1	1	0	1	1	1
1	0	0	1	0	1	1	1	1	1	1	0	1	1
1	0	0	1	1	0	1	1	1	1	1	1	0	1
1	0	0	1	1	1	1	1	1	1	1	1	1	0
0	X	X	X	X	X	1	1	1	1	1	1	1	1
X	1	X	X	X	X	1	1	1	1	1	1	1	1
X	X	1	X	X	X	1	1	1	1	1	1	1	1

(a) 引脚图　　　　　　(b) 真值表

图8.5 74HC138译码器引脚图和功能真值表

	片外地址			片内地址														地址范围
	P2.7	P2.6	P2.5	P2.4	P2.3	P2.2	P2.1	P2.0	P0.7	P0.6	P0.5	P0.4	P0.3	P0.2	P0.1	P0.0	
	A15	A14	A13	A12	A11	A10	A9	A8	A7	A6	A5	A4	A3	A2	A1	A0	
U1	0	0	0	0	0	0	0	0	0	0	0	0	0	0	0	0	0000H
				1	1	1	1	1	1	1	1	1	1	1	1	1	1	1FFFH
U2	0	0	1	0	0	0	0	0	0	0	0	0	0	0	0	0	2000H
				1	1	1	1	1	1	1	1	1	1	1	1	1	1	3FFFH
U3	0	1	0	0	0	0	0	0	0	0	0	0	0	0	0	0	4000H
				1	1	1	1	1	1	1	1	1	1	1	1	1	1	5FFFH
U4	0	1	1	0	0	0	0	0	0	0	0	0	0	0	0	0	6000H
				1	1	1	1	1	1	1	1	1	1	1	1	1	1	7FFFH

图8.6 实例8.2中扩展芯片地址范围

由于高端地址线全部参与产生片选信号，因此芯片上的单元与地址一一对应，地址不重叠，且4个芯片的地址连续。

本题也可以利用2-4译码器，这样只有两条高端地址线参与译码，为部分译码法。由于剩余的一条地址线可0可1，因此也会出现地址重叠现象。

由实例8.2可知，译码法的特点是对系统地址空间的利用率高，各芯片的地址连续，特别是全译码法，每个芯片上单元只有一个唯一的系统地址，不存在地址重叠现象，利用相同位数的高端地址线，全译码法产生的片选信号线比线选法多，可扩展更多的外围芯片。但是需要设计译码电路，有时较复杂。部分译码法虽然存在地址重叠现象，但是可以减少所用地址译码器的数量，从而简化译码电路。译码法适用于较复杂的单片机系统的扩展。

8.2　并行I/O接口扩展技术

单片机系统内部具有4个并行8位I/O接口，均可用作双向并行I/O接口，与外部设备相连。但在实际应用中，只有在单片机的最小应用系统下，这4个I/O接口才作为通用I/O接口使用。在系统进行外部扩展时，P0口作为数据总线和低8位地址总线、P2口作为高8位地址总线、P3口用于第二功能提供部分控制总线，因此用户常常只能使用P1口，这在外设较多的情况往往不够用，必须进行并行I/O接口的扩展。

8.2.1　并行I/O接口扩展概述

1）并行I/O接口的扩展方法

并行I/O接口的扩展方法主要有并行总线扩展和串行口扩展。

（1）并行总线扩展。方法是将待扩展的I/O接口芯片的数据线与单片机的数据总线（P0口）并接，需要一根片选信号线，并分时占用P0口。由于不影响其他芯片的连接与操作，也不给单片机硬件带来额外开支，因此在实际应用系统的并行I/O接口扩展中被广泛采用。

（2）串行口扩展方法。单片机串行口的工作方式0为移位寄存器方式，对于不使用串行口的单片机应用系统，可在串行口外接一串入并出移位寄存器以实现并行I/O接口的扩展。通过移位寄存器的级联，还可扩展大量的并行I/O接口线。但是，这种扩展方法数据传输速度较慢。

本节只介绍被广泛使用的并行总线扩展法。

2）I/O接口的编址方式

CPU要想对I/O接口进行读写操作，必须知道它的地址，因此需要对I/O接口中的每个端口（即存放地址、数据、控制信息的寄存器）进行编址。计算机中I/O接口的编址方式有独立编址和统一编址。

（1）独立编址方式。独立编址是指I/O接口的地址空间与存储器地址空间相互独立，完全分开。其优点是有专门的输入输出指令，程序清晰，存储器和I/O接口的控制结构相互独立。缺点是要求CPU设置专门的引脚信号，I/O指令的功能不丰富，程序设计的灵活性差。80X86系列的CPU采用此种编址方式。

（2）统一编址方式。统一编址是指 I/O接口与数据存储器共用一个地址空间。其优点是不需要专门的输入输出指令，编程灵活，I/O接口的数目不受限制。缺点是占去数据存储器地址空间，使存储器可寻址空间减小。51单片机采用此种编址方式。

由于采用统一编址，故51单片机的I/O接口与外部数据存储单元使用共同的地址空间，范围是0000H～FFFFH，也不需要专门的输入输出指令，单片机对扩展I/O接口的访问方法同访问外部RAM一样，且使用的指令也相同，即用片外的读或写操作指令（MOVX）实现。例如：

MOV   DPTR, #ADDR ；将I/O接口地址ADDR送DPTR

MOVX @DPTR, A ；把A中的内容输出到I/O接口

MOVX A, @DPTR ；从I/O接口输入数据并保存至A

8.2.2   简单并行I/O接口扩展

简单并行I/O接口扩展方法的特点是电路结构简单，成本低，传送控制方式简单，配置灵活，使用方便，但电路连接后，功能难以改变，因此适用于扩展单个8位的输入/输出接口。

一般要求作为输入接口的芯片应具有三态特性，作为输出接口的芯片应具有锁存功能。因此可以选用TTL或CMOS电路的三态缓冲器、寄存器或数据锁存器等芯片作为I/O接口扩展芯片。这些电路具有数据缓冲或锁存功能，但自身只有数据的输入或输出、选通端或时钟信号端，没有地址线和读写控制线，故在进行扩展时往往需要将地址线和读写等控制线经逻辑组合后再输出至选通端或时钟信号端。因此编址通常采用的是线选法，芯片地址由使用的地址线决定，往往有重叠。

常使用缓冲器作为输入接口芯片，如：

- 74HC244/74LS244——正相三态缓冲器（单向驱动）。
- 74HC240/74LS240——反相三态缓冲器。
- 74HC245/74LS245——8总线接收器（双向驱动）。

常使用寄存器、锁存器作为输出接口芯片，如：

- 74HC273/74LS273——8D触发器（共时钟，带清除）。
- 74HC373/74LS373——8D锁存器/触发器（三态输出）。
- 74HC374/74LS374——8D触发器（三态输出）。
- 74HC377/74LS377——8D锁存器。

输入输出接口芯片的工作原理都类似，这里只详细给出74LS244和74LS373的引脚及功能表，如图8.7和图8.8所示。

实例8.3   80C51单片机利用74LS273和74LS244进行扩展的开关指示灯接口电路如图8.9所示，编写程序实现当按键按下时对应的LED亮，即用LED指示开关的状态。

解   74LS273和74LS244分别作为输出接口和输入接口。P2.0与$\overline{RD}$相或后作为244的片选信号，与$\overline{WR}$相或后作为273的片选信号。虽然二个芯片的地址相同，但是244只有读操作而273只有写操作，因此依然可以使用P0口与CPU交换数据而不会产生冲突。

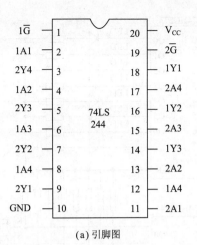

输　入		输　出
使能G	A	Y
0	0	0
0	1	1
1	X	高阻

(a) 引脚图　　　　　　　(b) 功能表

图8.7　74LS244引脚图和功能表

输　入			输　出
使能G	输出允许 $\overline{OE}$	D	Q
1	0	0	0
1	0	1	1
0	0	X	原状态
X	1	X	高阻

图8.8　74LS373引脚图和功能表

当开关按下时，从244读入的对应位为0，通过273输出时，刚好使对应的LED点亮。程序段如图8.10所示。

8.2.3　可编程并行I/O接口扩展

可编程并行I/O接口扩展指利用可编程I/O接口芯片扩展并行I/O接口。可编程I/O接口的工作方式和功能均可通过软件编程设定，使用灵活，既可作为输入口使用又可作为输出口使用，适应多种功能需求，应用非常广泛。下面以最常用的8255A芯片为例，介绍通过可编程I/O接口芯片扩展并行I/O接口的方法。

1）8255A的内部结构及引脚功能

8255A 的内部结构如图8.11所示。共有3个8位的可编程并行I/O接口A口、B口、C口，三个接口均可用软件分别设置成输入口或输出口。其中C口又分成2个4位的端口，称为C口上半部和C口下半部。

8255A有2组控制电路，A组控制A口和C口上半部，B组控制B口和C口下半部。控制电

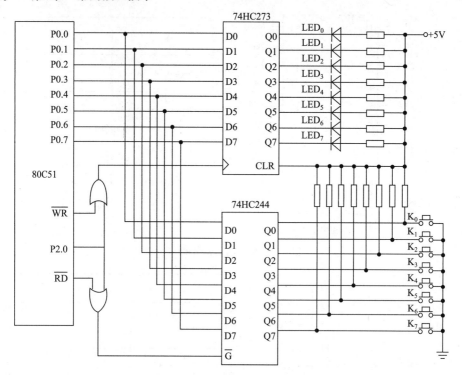

图8.9 简单I/O接口扩展开关指示灯电路

```
LOOP: MOV DPTR,#0FEFFH; I/O接口地址送DPTR
      MOVX A,@DPTR；从244读入数据，即按键状态
      MOVX @DPTR,A；向273写入数据，使LED亮
      SJMP LOOP
```

输入输出接口的地址相同，靠读写控制线区分操作对象

P2.7	P2.6	P2.5	P2.4	P2.3	P2.2	P2.1	P2.0	P0.7	P0.6	P0.5	P0.4	P0.3	P0.2	P0.1	P0.0	I/O口地址
A15	A14	A13	A12	A11	A10	A9	A8	A7	A6	A5	A4	A3	A2	A1	A0	
1	1	1	1	1	1	1	0	1	1	1	1	1	1	1	1	FEFFH

图8.10 实例8.3程序和芯片地址计算

路根据设定的命令字来控制8255A的工作方式，还可接收读写等控制命令，给相应的接口发送命令执行相应的操作。

读/写控制逻辑部分用于实现硬件管理，包括片选信号、接口寻址以及各种读写操作。

数据总线缓冲器是双向三态缓冲口，用于与单片机的数据总线相连。

8255A的引脚如图8.11所示，共40个引脚，功能如下：

• D0~D7：双向三态数据总线，通常与CPU数据总线相连，用于传送CPU与8255之间的命令、状态、数据。

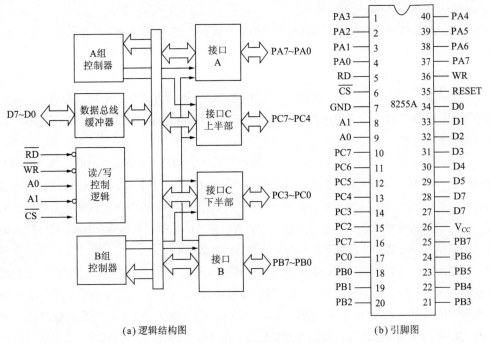

(a) 逻辑结构图　　　　　　　　　　(b) 引脚图

图8.11　8255A的内部结构及引脚

- PA7~PA0，PB7~PB0，PC7~PC0：3个8位I/O接口数据线，用于8255A与外设之间的数据传送。

- $\overline{CS}$：片选信号输入端，低电平有效。

- $\overline{RD}$：读信号输入端，低电平有效，有效时CPU从8255A中读取数据或状态。

- $\overline{WR}$：写信号输入端，低电平有效，有效时将CPU输出的命令或数据写入8255A。

- RESET：复位信号输入端，高电平有效，有效时8255A内部寄存器复位，3个接口均设置为输入状态。

- A0，A1：接口地址输入线，通过A1、A0地址组合可选择8255A的三个接口和控制口（即控制寄存器），具体如表8.1所示。

表8.1　8255A的操作功能

接口地址选择				操作选择		
$\overline{CS}$	A1	A0	所选接口	$\overline{RD}$	$\overline{WR}$	CPU操作功能
0 （选中）	0	0	A口	0	1	读A口内容
	0	1	B口	0	1	读B口内容
	1	0	C口	0	1	读C口内容
	0	0	A口	1	0	写入A口
	0	1	B口	1	0	写入B口
	1	0	C口	1	0	写入C口
	1	1	控制寄存器	1	0	写入控制字
1	×	×	未选中	×	×	

• Vcc，GND：电源+5 V、接地。

8255A的各种逻辑操作是由上面的信号组合实现的，$\overline{CS}$使芯片处于工作状态，A1、A0选择操作对象，$\overline{RD}$、$\overline{WR}$信号决定操作内容，各种操作功能如表8.1所示。

2）8255A的工作方式

8255A共有3种工作方式：方式0、方式1和方式2。不同方式下三个接口的输入、输出功能不同、各接口线的含义也不同，分别用于实现3种数据传送方式：无条件传送方式、查询传送方式和中断方式。

• 方式0，又称为基本输入/输出方式。这种方式下，8255A可分成单向的、独立的两个8位接口（A、B）和两个4位接口（C口的高4位和低4位），共4个接口，任何接口都可以作为输入或输出使用，因此各接口的输入输出可以有16种不同的组合。作为输出接口使用时，输出的数据可被锁存；作为输入接口时，A口输入的数据可被锁存；B口、C口输入的数据不锁存（因此要求外设输入的数据必须维持到有效读取为止）。

• 方式1，又称为选通输入/输出方式。这种工作方式下，A组包括A口和C口的上半部（PC7~PC4），A口可由程序设定为输入接口或输出接口，C口的高四位则用于提供输入/输出操作的控制和同步信号；B组包括B口和C口的下半部（PC3~PC0），功能和A组相同，C口的低4位用于提供B口的操作控制和同步信号。A口和B口做输入接口或输出接口使用时，数据均被锁存。

• 方式2，又称为双向选通输入/输出方式。仅A口有这种工作方式，B口无此工作方式。工作时，A口为8位双向数据口，C口中的5位PC7~PC3用于提供输入输出的控制和同步信号。当A口为方式2时，B口可以工作在方式0或方式1。

方式0下由于数据的传送不需要任何选通信号，因此这种方式适合于无条件数据传送方式。方式1和方式2都需要C口提供选通信号完成数据传送，可实现查询和中断方式。如果把C口的两个部分用作控制和状态口，与外设的控制和状态信号相连，那么8255A也可以通过对C口的读写实现A口和B口的查询方式，故8255A 主要应用于方式0，因此这里不对后两种方式详细介绍。

3）8255A的控制字和初始化编程

8255A芯片的初始化编程是通过对控制口写入控制字的方式实现的，控制字有两个，一是方式控制字，另一个是C口按位置位/复位控制字。

方式控制字用于设置8255A芯片三个接口的工作方式以及输入输出状态，用最高位为1来标识，如图8.12所示。

例如，设定A口为方式1输入，B口为方式0输出，PC7～PC4为输入，PC3～PC0为输出的方式控制字为10111000B。

C口的按位置位/复位控制字用于对C口的某一位进行置位或复位，用最高位为0来标识，如图8.13所示。

C口具有位操作能力，每一位都可以通过向控制口写入置位/复位控制字设置为1或0而不影响其他位的状态。例如PC5置1的置位/复位控制字为00001011B。

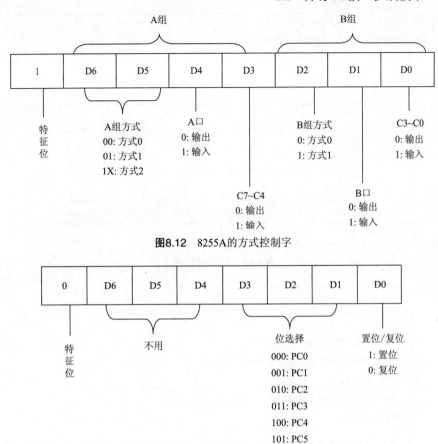

图8.12 8255A的方式控制字

图8.13 8255A的C口的按位置位/复位控制字

8255A的初始化编程就是通过指令设置其工作方式，依然是先将控制口的地址送入DPTR，再使用片外RAM写指令将控制字送出。需要强调的是，程序中将C口的某位置位或复位时，置位/复位控制字一定写入控制口，即DPTR的地址应为控制口的地址而不是C口的地址，这一点常常被疏忽。

实例8.4 8255A芯片的A口工作在方式0输入，B口为方式1输出，C口高4位PC7~PC4为输入，C口低4位PC3~PC0为输出。已知 $\overline{CS}$ 接8051单片机的P2.7，A1和A0分别接P2.2和P2.1，编写实现上述功能的初始化程序段。

解 首先根据 $\overline{CS}$、A1和A0的接线计算8255A控制口的地址，当 $\overline{CS}=0$，A1=1，A0=1时选择控制口，即P2.7=0，P2.2=1，P2.1=1，P2口的其他各位和P0口的各位都为1，则控制口的地址为0111111111111111B=7FFFH。程序如图8.14所示。

实例8.5 已知8255A的 $\overline{CS}$ 接8051单片机的P2.5，A1和A0分别接P2.1和P2.0，编写程序将C口的PC3置0，PC5置1。

解 按照给出的接线，P2.5=0，P2.1=1，P2.0=1，P2口的其他各位和P0口的各位都为

MOV DPTR, #7FFFH; DPTR指向控制口

MOV A, #9CH; 方式控制字写入控制口

MOVX @DPTR,A

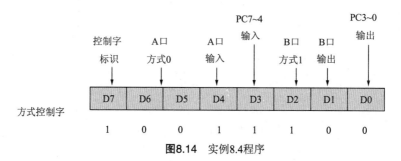

图8.14 实例8.4程序

1，可计算出控制口的地址为1101111111111111B=DFFFH。程序如图8.15所示。

MOV DPTR, #0DFFFH; DPTR指向控制口

MOV A, #06H; PC3置0控制字写入控制口

MOVX @DPTR,A

MOV A, #0BH; PC5置1控制字写入控制口

MOVX @DPTR,A

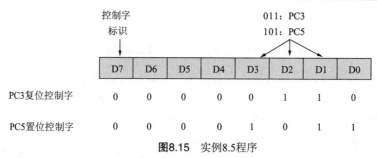

图8.15 实例8.5程序

问 题 如何利用C口的位操作功能产生具有一定占空比和频率的方波？

解 释 同第7章利用定时器产生方波的方法一样，在中断服务程序中将C口的某一位反复置1、清0即可。不同之处在于波形不通过I/O接口线输出，而是通过C口的位输出。

4）8255A扩展并行I/O接口应用举例

实例8.6 单片机通过8255A扩展并行I/O接口的电路如图8.16所示。若用A口接8个按键开关，C口接8个LED指示灯，编程实现用LED指示开关的状态。

解 题目的要求同实例8.3相同，不同的是这里用可编程接口进行扩展，体现在编程中就是首先要对8255A进行初始化，才能使其工作。

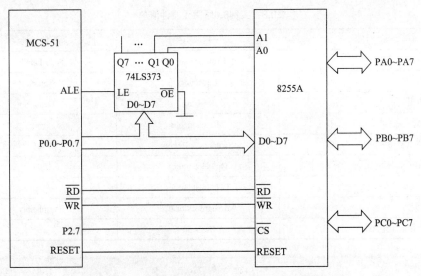

图8.16 51单片机外接8255A扩展并行I/O接口电路图

根据图中的接线，$\overline{CS}$接P2.7，A1、A0接P0.1和P0.0，8255A各端口的地址计算如表8.2。A口接按键，因此作输入口使用，C口接LED，因此作输出接口使用，工作方式都为0。程序如图8.17所示。表8.3为仿真所需元器件清单，仿真电路及运行画面如图8.18所示。

表8.2 实例8.6中8255A各接口地址计算

接　口	P2.7/$\overline{CS}$	P0.1/A1	P0.0/A0	接口地址
A口	0	0	0	0111111111111100B/7FFCH
B口	0	0	1	0111111111111101B/7FFDH
C口	0	1	0	0111111111111110B/7FFEH
控制口	0	1	1	0111111111111111B/7FFFH

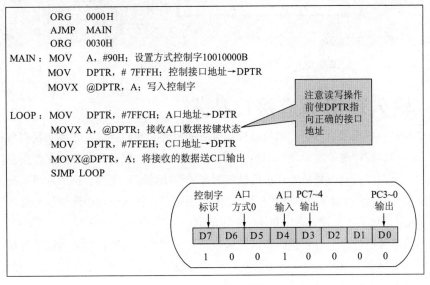

图8.17 实例8.6程序

表8.3 实例8.6所需元器件清单

元件名称	所属类	所属子类
AT89C51（单片机）	Microprocessor ICs	8051 Family
CAP（电容）	Capacitors	Generic
RES（电阻）	Resistors	Generic
CRYSTAL（晶振）	Miscellaneous	——
BUTTON（按钮）	Switches & Relays	Swi
LED-GREEN（绿色发光二极管）	Optoelectronics	LEDs
74HC373	TTL 74HC series	——
8255A	Microprocessor ICs	Peripherals
RX8（排阻，阻值200）	Resistors	——

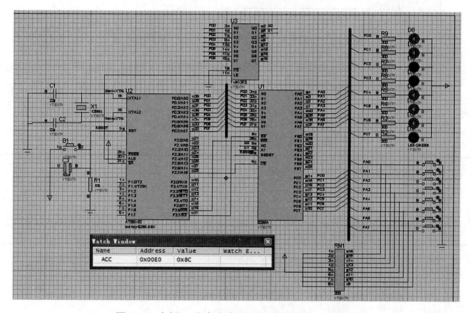

图8.18 实例8.6仿真电路及运行过程中的一个画面

8.3 输入输出通道接口技术

在单片机应用系统中，单片机与被控对象之间需要交换两种信息才能实现对被控对象的控制。一种是被控对象给单片机的输入信息，主要包括被控对象的各种参数信息，如温度、速度、压力等；另一种是单片机给被控对象的输出信息，主要包括单片机发出的各种控制信息。通常将用于单片机与被控对象之间传递信息、转换信息的通道称为过程通道，如图8.19所示，包括状态输入通道和控制输出通道。

输入信息可以是开关量和模拟量，开关量是数字信号，可以直接输入给单片机；模拟量需要经过传感器、信号调节、A/D转换后转换为数字量才能输入给单片机。因此模拟量输入通道中主要涉及A/D转换器。

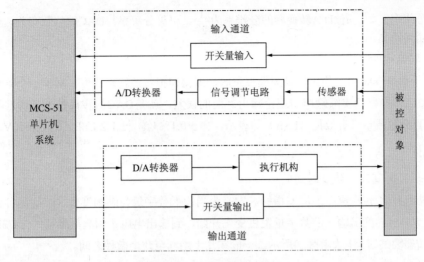

图8.19　过程I/O通道示意图

　　输出信息也可以是开关量和模拟量，同样开关量可以直接输出到被控对象；而单片机发出的数字控制信息则需要经过D/A转换后转换为模拟量才能作用于执行机构。因此模拟量输出通道中主要涉及D/A转换器。

8.3.1　D/A转换接口技术

　　数字量到模拟量的转换称为数/模转换，完成数/模转换的器件称为D/A转换器（Digit to Analog Converter），通常用DAC表示。DAC能够将数字量转换成与之成正比的电压或电流信号。

　　D/A转换器按输出信号的形式可分为电压输出型和电流输出型。电压输出型D/A转换器可以直接从电阻阵列输出电压，常作为高速D/A转换器使用。电流输出型D/A转换器通常需要在其输出端接入一个反相输入的运算放大器，将其转换为电压输出。

　　由于D/A转换需要一定的时间，在转换时间内，数字量应保持稳定，故应当在D/A转换器输入端的前面设置锁存器，以提供锁存功能。按是否带有锁存器，D/A转换器可分为内部无锁存器和内部有锁存器两类。对于内部没有锁存器的D/A转换器，则要求连接的接口具有锁存功能或外接锁存器。

　　D/A转换器按信号输入方式可分为并行总线D/A转换器和串行总线D/A转换器。并行D/A转换器通过并行总线接收数据。串行D/A转换器通过I^2C总线、SPI总线等串行总线接收数据。串行方式占用接口资源少，用于转换速度要求不高的系统。并行方式占用接口资源多，用于转换数据量大，转换速度高的系统。

　　D/A转换接口设计中主要考虑的问题是D/A转换芯片的选择、精度、输出模拟量的类型与范围、转换时间、与CPU的接口方式等。

1．D/A转换器的技术指标

1）分辨率

　　单位数字量所对应模拟量增量，即相邻两个二进制码对应的输出电压之差称为D/A转换器的分辨率。如，n位D/A转换器的分辨率为$\dfrac{1}{2^n}$。可见分辨率与DAC的位数有关，位数越多，分辨率越高。

2）转换精度

用于衡量DAC将数字量转换为模拟量时，所得模拟量的精确程度。对于一个给定的数字量，D/A转换器的实际输出与理论输出之间的误差，就是DAC的转换精度。通常以满量程V_{FS}的百分数或最低有效位（LSB）的表示，如$\pm 0.1\% V_{FS}$，$\pm 1/2$ LSB。若$V_{FS}=10V$，则误差为$\pm 10mV$，$\pm 0.5 \times \dfrac{1}{2^n} V_{FS} = \dfrac{1}{2^{n+1}} V_{FS}$。

3）转换时间T_S（建立时间）

是描述DAC转换速率的动态指标。定义为当输入数字量为满刻度值（二进制各位全为1）时，从D/A转换器输入的数字量发生变化开始，到输出电压达到满刻度值的$\pm 1/2$LSB的范围内所需要的时间，如图8.20所示。一般在几十纳秒至几个微秒之间。

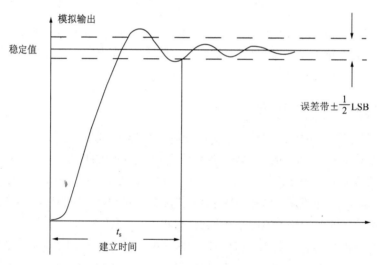

图8.20　D/A转换中的模拟电压建立时间

2. D/A转换器的接口

由于应用需求不同，DAC的位数、精度及价格也不相同。D/A转换器的位数有8位、10位、12位、16位等。本书以典型的8位D/A转换器DAC0832为例，介绍D/A转换器的接口。

DAC0832是NS公司生产的DAC0830系列（DAC0830/32）产品中的一种，该系列芯片具有以下特点：

- 8位并行D/A转换。
- 片内二级数据锁存，提供数据输入双缓冲、单缓冲和直通三种工作方式。
- 电流输出型芯片，通过外接一个运算放大器，可以很方便地提供电压输出。
- 转换时间：1μs。
- 满量程误差：±1LSB。
- DIP20封装、单电源（+5 V~+1 5 V，典型值+5 V）。

● 逻辑电平输入与TTL兼容，与51单片机连接方便。

1）DAC0832的结构和引脚

DAC0832的结构如图8.21所示。主要由8位输入锁存器、8位DAC寄存器和8位D/A转换器构成，其中输入锁存器和DAC寄存器构成了二级输入锁存缓冲，且有各自的控制信号。由图8.21可推导出两级锁存控制信号的逻辑关系，第一级：$\overline{LE1} = \overline{CS} + \overline{WR1} \cdot I_{LE}$，第二级：$\overline{LE2} = \overline{WR2} \cdot \overline{XFER} = \overline{WR2} + XFER$。当锁存控制信号为1时，相应的锁存器处于跟随状态，为0时处于锁存状态。

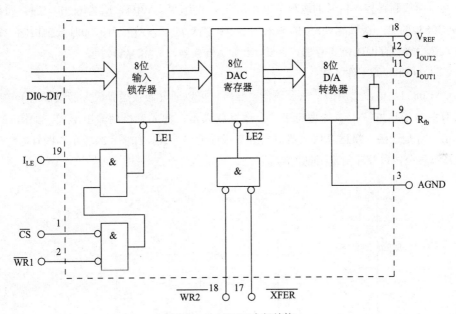

图8.21 DAC0832内部结构

DAC0832的引脚如图8.22所示，功能如下：

● DI0～DI7：并行数字量输入端。

● $\overline{CS}$：片选信号输入端，低电平有效。

● I_{LE}：允许数据锁存输入信号，高电平有效。

● $\overline{WR1}$：输入锁存器写选通信号，低电平有效。

● $\overline{WR2}$：8位DAC寄存器写选通信号，低电平有效。

● $\overline{XFER}$：传送控制信号，低电平有效。

● I_{OUT1}：DAC电流输出1端。DAC锁存的数据位为"1"的位电流均流出此端；当8位数字量全为1时，此电流最大；全为0时，此电流为0。

● I_{OUT2}：DAC电流输出2端。与I_{OUT1}互补，

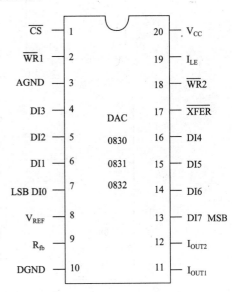

图8.22 DAC0832引脚图

$I_{OUT1}+I_{OUT2}=$常数。

- R_{fb}：反馈电阻端，芯片内部此端与I_{OUT1}之间接有电阻；当需要电压输出时，I_{OUT1}接外接运算放大器的负端，I_{OUT2}接运算放大器正端，R_{fb}接运算放大器输出端。

- V_{REF}：参考电压输入端，可在$-10V\sim+10V$范围内选择，决定了输出电压的范围。

- V_{cc}：数字电源输入（$+5\ V\sim+1\ 5\ V$）。

- AGND：模拟地。

- DGND：数字地。

结合两级锁存控制信号的逻辑关系，可分析出当$\overline{CS}$、$\overline{WR1}$、I_{LE}为0、0、1时，数据写入DAC0832的第一级锁存即8位的输入锁存器；当$\overline{WR2}$、$\overline{XFER}$为0、0时数据由输入锁存器进入第二级锁存即DAC寄存器，并输出给D/A转换器，开始D/A转换。

2）DAC0832的工作方式

DAC0832是电流输出型，需要输出电压时，可以通过连接运算放大器获得电压输出。一般有两种连接方法，一种是连接一个运算放大器，构成单极性输出形式，如图8.23所示；另一种是连接二级运算放大器，构成双极性输出形式，如图8.24所示。两种方法的输出电压计算公式以及输出范围见表8.4。

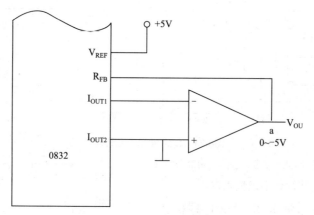

图8.23　DAC0832单极性输出电路

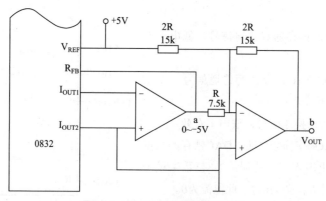

图8.24　DAC0832双极性输出电路

表8.4　DAC0832单极性和双极性电压输出计算公式和输出范围

电压输出方式	计算公式	输出范围D_{in}=0~FFH
单极性	$V_{OUT} = - V_{REF} \times \dfrac{D_{in}}{2^8}$	当V_{REF}=−5V时，输出范围为0~+5V 当V_{REF}=+5V时，输出范围为−5V~0
双极性	$V_{OUT} = V_{REF} \times \left(\dfrac{D_{in}}{2^{8-1}} - 1 \right)$	输出范围为−5V~+5V

3）DAC0832的接口方式与程序设计

8051单片机与DAC0832的接口有三种连接方式：直通方式、单级缓冲方式和双级缓冲方式，可根据需要选择使用。

（1）直通方式。直通方式下，两个锁存器都处于跟随状态，不对数据进行锁存，即控制信号$\overline{CS}$、$\overline{WR1}$、I_{LE}、$\overline{WR2}$和$\overline{XFER}$都预先设置为有效状态，使$\overline{LE1}$和$\overline{LE2}$都为1。这样，D/A转换不受控制，一旦有数字量输入就立即进行D/A转换。因此DAC0832的输出随时跟随输入的数字量的变化而变化。

（2）单级缓冲方式。单缓冲方式有两种实现方法，其一是令两个数据缓冲器一个处于直通方式，另一个处于受控方式，如图8.25所示；其二是将两级数据缓冲器的控制信号并联相接，使其同时受控，如图8.26所示。

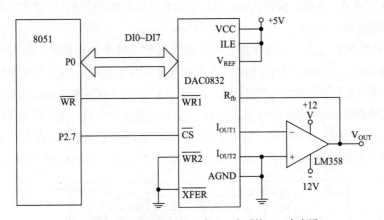

图8.25　DAC0832单级缓冲方式（一个受控、一个直通）

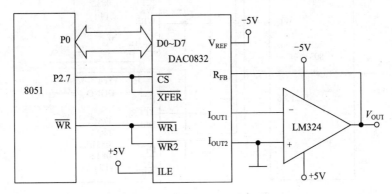

图8.26　DAC0832单级缓冲方式（两个同时受控）

图8.25中，第二级数据缓冲（DAC寄存器）处于直通方式，第一级数据缓冲（输入锁存器）处于受控方式，其中I_{LE}接高电平，片选信号$\overline{CS}$与单片机地址线P2.7相连，$\overline{WR1}$与单片机的写控制信号$\overline{WR}$相连，这样当P2.7=0，选择好DAC0832后，只要CPU执行写操作，就会使$\overline{WR1}$=0，DAC0832就能一次完成数字量的输入锁存和D/A转换输出。

图8.26中，I_{LE}接+5V，片选信号$\overline{CS}$与$\overline{XFER}$都与地址线P2.7相连，两级寄存器的写信号都与单片机的写控制信号$\overline{WR}$相连，这样，当P2.7=0，选择好DAC0832后，只要CPU执行写操作，就会使$\overline{WR1}$=0，$\overline{WR2}$=0，DAC0832就能一次完成数字量的输入锁存和D/A转换输出。

以上两种方式，由于DAC0832具有数字量的输入锁存功能，因此数字量可以直接从单片机的P0口送入DAC0832。另外，由于都只需要一条地址线用于片选，因此单缓冲方式下，DAC0832的端口地址只有一个。图8.25和图8.26中，都使用的是P2.7，按照8.1.2节介绍的编址技术，端口地址都为7FFFH。完成D/A转换的指令如下：

MOV DPTR, #7FFFH   ；DAC0832的端口地址送DPTR

MOV A, #DATA   ；待转换的数字量DATA送A

MOV X @DPTR, A   ；输出数据，启动D/A转换

单缓冲方式易于实现、编程简单，适用于只有一路模拟量输出，或者多路模拟量不要求同步输出的应用系统。

（3）双级缓冲方式。双级缓冲方式是指二级数据缓冲分别受控，如图8.27所示。1#DAC和2#DAC的片选信号$\overline{CS}$分别接单片机的地址线P2.5 和P2.6，2片DAC的传送控制信号$\overline{XFER}$并接与单片机的地址线P2.7相连，故2片DAC的第一级数据锁存是分别受控的，而第二级数据锁存是同时受控的，才能实现2片DAC同步输出模拟量。因此数字量输入锁存和D/A转换输出分两步完成。首先，将数字量分别送入各路DAC的输入寄存器；然后，控制各路DAC将各自输入寄存器中的数据，同时送入DAC寄存器，进行D/A转换输出。

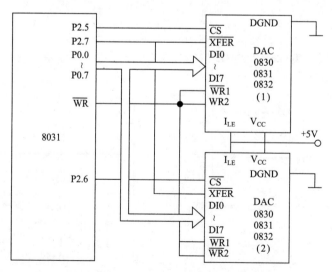

图8.27 DAC0832双缓冲方式

对于1片DAC来说，由于$\overline{CS}$与$\overline{XFER}$分别接单片机的地址线，因此占用两个I/O接口地址，输入寄存器和DAC寄存器各占一个，分别对应于两步完成D/A转换所需的地址。根据图8.27的接线，1# DAC和2#DAC的输入锁存器的地址分别为DFFFH和BFFFH，2片DAC的DAC寄存器的地址同为7FFFH。

2片DAC同步输出模拟量的程序如图8.28所示。

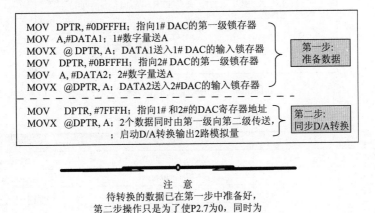

图8.28　2片DAC同步输出程序

双级缓冲方式适用于多路D/A转换器接口，控制多路DAC同步输出不同模拟电压的单片机系统。

实例8.7　利用图8.26所示电路，编写使用DAC0832作波形发生器产生三角波和锯齿波的程序，波形如图8.29所示。

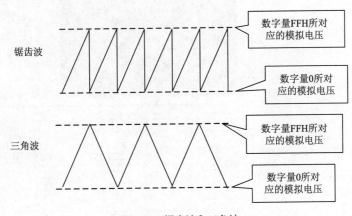

图8.29　锯齿波和三角波

解　要求DAC0832输出的模拟量形成波形的话，只能通过给DAC送具有一定规律的数字量来实现。

对于锯齿波来说，数字量可以从0开始逐次加1，一直到最大值FFH，然后再回到0，如此反复循环。由于经D/A转换后，模拟量与数字量成正比，因此在DAC的输出端就可以得到锯齿波。程序如图8.30所示，表8.5为仿真所用元器件，仿真电路及结果如图8.31所示。

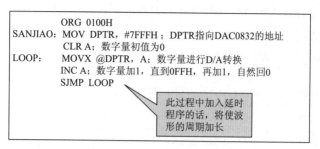

```
              ORG 0100H
SANJIAO:  MOV DPTR, #7FFFH ；DPTR指向DAC0832的地址
          CLR A ；数字量初值为0
LOOP:     MOVX @DPTR, A ；数字量进行D/A转换
          INC A ；数字量加1，直到0FFH，再加1，自然回0
          SJMP LOOP
```

此过程中加入延时程序的话，将使波形的周期加长

图8.30　实例8.7产生锯齿波程序

表8.5　实例8.7所需元器件清单

元件名称	所属类	所属子类
AT89C51（单片机）	Microprocessor ICs	8051 Family
CAP（电容）	Capacitors	Generic
RES（电阻）	Resistors	Generic
CRYSTAL（晶振）	Miscellaneous	——
BUTTON（按钮）	Switches & Relays	Switches
DAC0832	Data Converters	
LM358（运算放大器）	Operational Amplifiers	——

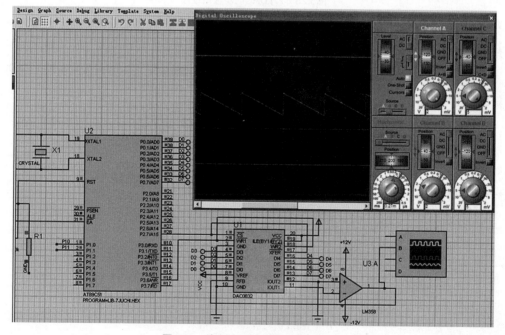

图8.31　实例8.7仿真结果（锯齿波）

对于三角波来说，只需要在达到最大值FFH后令数字量逐次减1，一直减到0，再开始逐次加1，如此反复循环即可实现三角波，如图8.32所示，仿真结果如图8.33所示。

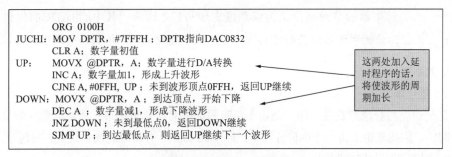

```
        ORG 0100H
JUCHI:  MOV DPTR, #7FFFH ；DPTR指向DAC0832
        CLR A ；数字量初值
UP:     MOVX @DPTR，A ；数字量进行D/A转换
        INC A ；数字量加1，形成上升波形
        CJNE A, #0FFH, UP ；未到波形顶点0FFH, 返回UP继续
DOWN：  MOVX @DPTR，A ；到达顶点，开始下降
        DEC A ；数字量减1，形成下降波形
        JNZ DOWN ；未到最低点0，返回DOWN继续
        SJMP UP ；到达最低点，则返回UP继续下一个波形
```

这两处加入延时程序的话，将使波形的周期加长

图8.32 实例8.7产生三角波程序

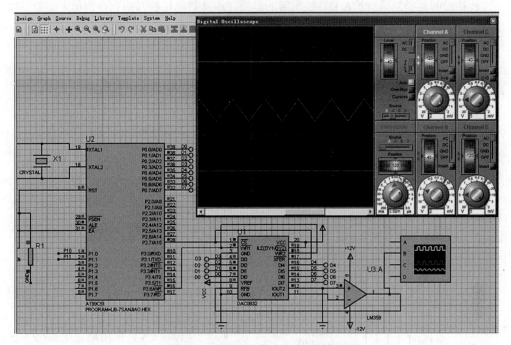

图8.33 实例8.7仿真结果（三角波）

8.3.2 A/D转换接口技术

模拟量到数字量的转换称为数/模转换，完成模/数转换的器件称为A/D转换器（Analog to Digit Converter），通常用ADC表示。ADC能够将电压信号转换为与之成比例的数字量。

按照转换原理A/D转换器可分为逐次逼近式A/D转换器、双积分式A/D转换器、计数式A/D转换器和并行式A/D转换器。其中常用的是逐次逼近式A/D转换器和双积分式A/D转换器。逐次逼近式A/D转换器的精度、速度和价格比较适中，是最常用的A/D转换器件。双积分式A/D转换器转换精度高、抗干扰性好、价格便宜，但转换速度较慢，在转换速度要求不高的场合应用较为广泛。

1. A/D转换器的技术指标

1）分辨率

分辨率是指输出数字量变化一个最低有效位LSB时，所对应的输入模拟量的最小变化量。A/D转换器的分辨率定义为满刻度电压与2^n之比值,其中n为ADC的位数,即 $\Delta = V_{NFS} \times \dfrac{1}{2^n}$。分辨率衡量的是ADC对输入电压微小变化的响应能力,分辨率越高,对输入量的微小变化反应越灵敏。

2)量化误差

量化误差与分辨率是统一的,是由于用有限数字对模拟数值进行离散取值(即量化)而引起的,因此理论上为一个单位分辨率,即±1/2 LSB。分辨率越高量化误差就越小。

3)转换速率与转换时间

转换时间是指完成一次A/D转换所需的时间,即从启动转换开始到得到稳定的数字输出量所需要的时间。转换速率是转换时间的倒数,即每秒钟转换的次数。

4)转换精度

转换精度反映A/D转换器实际输出数字量与理论输出值的接近程度,可以表示成绝对精度或相对精度,但是转换精度所对应的误差不包括量化误差。

5)量程

量程是指A/D能够转换的电压范围,如0~+5V, −10~+10V等。

2. A/D转换器的接口

本节以最常用的逐次逼近式A/D转换器芯片ADC0809为例,介绍A/D转换器的接口。

ADC0809是典型的8位A/D转换器,有8个模拟量输入通道,可对8路模拟信号轮流进行A/D转换,特点如下:

- 分辨率为8位。
- 转换时间为100μs(当外部时钟输入频率f_C=640kHz时)。
- 单一电源+5 V,采用单一电源+5 V供电时量程为0~+5 V。
- 模拟输入电压范围:单极性为0~+5 V;双极性为±5V或±10V。
- 带有锁存控制逻辑的8通道多路转换开关。
- 带锁存器的三态数据输出。
- 启动转换控制为正脉冲。

1)逐次逼近式A/D转换器的原理

逐次逼近式的转换原理即"逐位比较",其过程类似于用砝码在天平上称物体质量,如图8.34所示。当被测物体放入左面的盘中后,按从大到小的顺序先将最大砝码

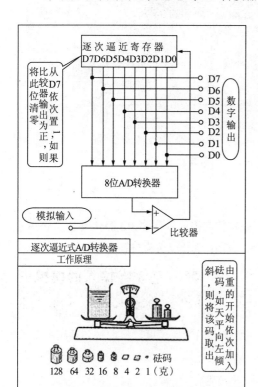

图8.34 逐次逼近式A/D转换器原理

放入右面的盘中进行称量，如果此时天平向右倾斜，则从盘子中取出这个砝码，换成比它小一点的砝码重新称量，如此反复地称量下去，最后盘中所装砝码的总重量就是物体重量的近似值。

逐次逼近式A/D转换器主要是由A/D转换器和逐次逼近寄存器及比较器构成的，如图8.35所示。

当模拟量V_X送入比较器后，启动A/D转换器开始进行转换。首先，由控制逻辑将寄存器最高位Dn-1置为1，其他位清0（相当于先放一个最重的砝码）。经A/D转换后得到满量程一半的数字电压V_N，V_X与V_N经比较器进行比较，若$V_X \geq V_N$，则保留Dn-1为1；若$V_X < V_N$，则Dn-1位清0。最高位确定后，控制逻辑使寄存器次高位Dn-2置1，与最高位的结果一起经A/D转换后再与V_X比较，根据比较结果确定次高位。接下来是Dn-3、Dn-4等，不断重复上述过程，直至确定最低位D0为止。这时，控制逻辑电路就可以发出转换结束信号了。转换后的数字量经输出锁存器读出。

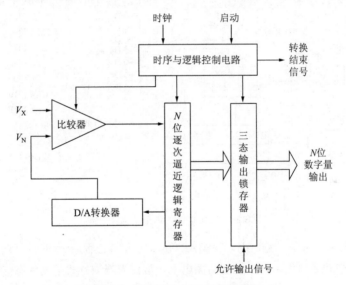

图8.35 逐次逼近式A/D转换器结构

2）ADC0809的结构和引脚

ADC0809的结构如图8.36（a）所示。主要由8位的A/D转换器、8路模拟量选择开关、通道地址锁存与译码电路和三态输出锁存器构成。8路模拟量受选择开关的控制，同一时刻只有一路可以进入A/D转换器，通道号由地址译码电路根据A、B、C的值给出，转换成的8位数字量后经输出锁存器并行输出。改变A、B、C三位的值，就可以选择不同的模拟量输入通道。

ADC0809的引脚如图8.36（b）所示，功能如下：

• C、B、A：多路开关选择输入端，选通IN7~IN0中的一路模拟量。

• IN7~IN0：8路模拟量输入端，8路模拟量分时共用一个A/D转换器，由C、B、A决定当前的其中一路模拟量,三位地址与所选通道的对应关系如表8.6所示。

• ALE:地址锁存允许信号输入端,上升沿锁存C、B、A三位地址信息,并据此选通
IN7~IN0中的一路模拟量进行A/D转换。

• OE:输出允许信号输入端,高电平有效。有效时,打开输出锁存器的三态门,允许
转换结果输出。

• START:启动转换信号输入端,正脉冲有效。脉冲上升沿清除逐次逼近寄存器;下
降沿启动A/D转换。

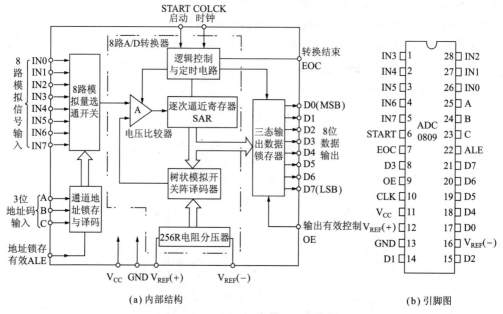

(a) 内部结构　　　　　　　　　　　　　　　　(b) 引脚图

图8.36　ADC0809的内部结构及引脚

• EOC:转换结束信号输出端,在START信号上升沿之后1~8个时钟周期内,EOC信号
变为低电平,当转换结束后,EOC变为高电平。常作为查询方式下的状态信号或中断方式
下的请求信号,此时,该引脚可经反相后与单片机的$\overline{INT0}$或$\overline{INT1}$引脚相连。

• D7~D0:8位数字量输出端,D7为最高有效位,D0为最低有效位。可直接与单片机的
数据总线相连。

• CLOCK:时钟输入端,时钟频率允许范围为10kHz~1280kHz,典型值是640kHz。

• Vcc:工作电源输入端,典型值为+5 V。

• $V_{REF}(+)$:参考电压(+)输入,一般与Vcc相连。

• $V_{REF}(-)$:参考电压(-)输入,一般与GND相连。

• GND:模拟和数字地。

3)ADC0809的接口方式与程序设计

通常用单片机的地址线作为ADC0809的模拟量通道选择输入端C、B、A的输入信号,
可以用低8位地址(P0.7~P0.0)也可以用高8位地址(P2.7~P2.0)。

表8.6 地址与通道对应关系

C	B	A	所选通道
0	0	0	IN0
0	0	1	IN1
0	1	0	IN2
0	1	1	IN3
1	0	0	IN4
1	0	1	IN5
1	1	0	IN6
1	1	1	IN7

转换结束后，根据EOC的连接可以有三种方式读取转换结果：与I/O线相连时，可以采用查询方式；反相后与$\overline{INT0}$或$\overline{INT1}$引脚相连时，可以采用中断方式；悬空不接时，可以采用定时方式（只要保证定时的时间大于转换时间即可）。

CLK时钟输入信号频率的典型值为640kHz。由于640kHz频率的获取比较复杂，因此在实际应用中多是由单片机的ALE提供，当$f_{osc}=6MHz$时，ALE可直接用作CLK时钟信号；当$f_{osc}=12MHz$时，ALE经二分频后用作CLK时钟信号。

ADC0809典型应用如图8.37所示。由于ADC0809输出具有三态锁存，所以其数据输出端可以直接与单片机的数据总线P0口相连。

START与ALE信号连在一起，这样在START端加上高电平启动信号的同时，将通道号进行锁存。START与ALE信号一起作为$\overline{WR}$与P2.7经或非后的输出，这样当对P2.7进行写操作时，会在或非门的输出端形成脉冲，脉冲的上升沿使ALE信号有效，将通道地址进行锁存，由此选通IN0～IN7中的一路模拟量进行转换，紧接着在脉冲的下降沿启动A/D转换。

$\overline{RD}$与P2.7经或非后与OE相连，因此对P2.7进行读操作时，OE信号有效，将输出三态锁存器打开，输出转换后的结果。注意，只有在EOC信号有效后，读P2.7才有意义。

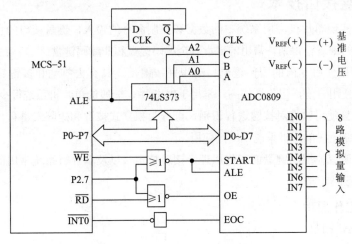

图8.37 ADC0809与单片机的接线图

实例8.8   假设ADC0809与单片机的硬件连接如图8.37所示，编程实现应用定时器T0使ADC0809每间隔500ms对8路模拟信号轮流采样一次，以中断方式读入数据，将8个通道的转换结果送入片内RAM30H～37H单元，设单片机主频为12MHz。

解   利用定时器中断，定时时间为500ms，在定时服务程序中完成第一路模拟量的启动转换。500ms的定式需要采用软件计数法，基本定时时间为50ms，计数次数为10。外部中断子程序中完成剩余7路模拟信号的轮流启动，以及读入转换结果并存入指定单元。根据图8.37的接线，ADC0809的8路模拟量输入通道地址计算如表8.7所示，程序如图8.38所示。

表8.7   实例8.8中ADC0809的路模拟量输入通道地址计算

模拟通道	P2.7	P0.2/A2	P0.1/A1	P0.0/A0	端口地址
IN0	0	0	0	0	0111111111111000B/7FF8H
IN1	0	0	0	1	0111111111111001B/7FF9H
IN2	0	0	1	0	0111111111111010B/7FFAH
IN3	0	0	1	1	0111111111111011B/7FFBH
IN4	0	1	0	0	0111111111111100B/7FFCH
IN5	0	1	0	1	0111111111111101B/7FFDH
IN6	0	1	1	0	0111111111111110B/7FFEH
IN7	0	1	1	1	0111111111111111B/7FFFH

8.4   键盘及显示器接口技术

人机对话是单片机应用系统不可缺少的组成部分，因为人要对应用系统发出控制命令、输入数据，而单片机要向人报告处理结果等。具有人机对话功能的设备可分为输入设备和输出设备，其中输入设备用于将控制信息和原始数据输入到单片机中，如键盘；输出设备用于将处理结果和运行状态进行显示或打印，如发光二极管、数码管显示器、液晶显示器、打印机等。本节主要介绍键盘和显示器与单片机的接口技术。

8.4.1   键盘接口技术

键盘用于实现单片机应用系统中的数据和控制命令的输入，键盘接口的主要功能是对键盘上所按下的键进行识别，常用的键盘有全编码键盘和非编码键盘。

全编码键盘使用专用的硬件逻辑自动识别按键，还具有去抖动和多键、窜键保护电路。这种键盘使用方便，但价格较高，常用于PC机中，一般的单片机系统很少使用。

非编码键盘使用软件对按键进行识别，可分为独立式按键和矩阵式键盘。这种键盘结构简单、成本低，在单片机系统中广泛使用。

本节主要研究非编码键盘的工作原理、接口技术，以及单片机系统常用的软件按键识别方法和程序设计方法。

1. 键盘工作原理

1）按键消抖问题

无论是按键还是键盘都是利用机械触点的合、断来实现键的闭合与释放。由于弹性作

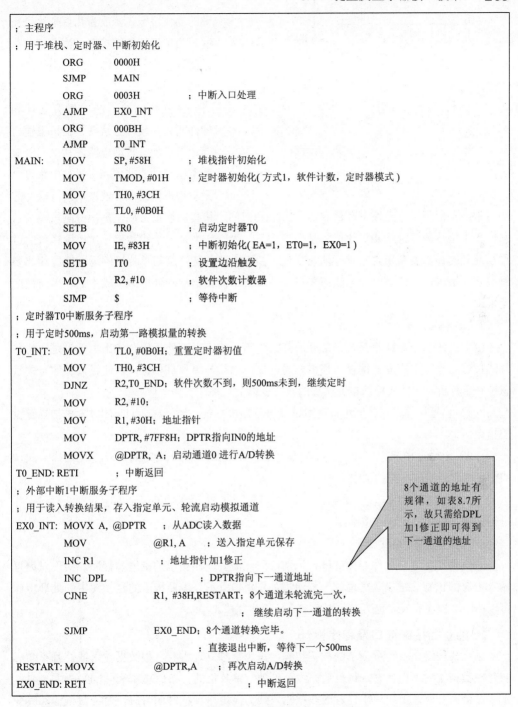

```
; 主程序
; 用于堆栈、定时器、中断初始化
        ORG     0000H
        SJMP    MAIN
        ORG     0003H           ; 中断入口处理
        AJMP    EX0_INT
        ORG     000BH
        AJMP    T0_INT
MAIN:   MOV     SP, #58H        ; 堆栈指针初始化
        MOV     TMOD, #01H      ; 定时器初始化（方式1，软件计数，定时器模式）
        MOV     TH0, #3CH
        MOV     TL0, #0B0H
        SETB    TR0             ; 启动定时器T0
        MOV     IE, #83H        ; 中断初始化（EA=1，ET0=1，EX0=1）
        SETB    IT0             ; 设置边沿触发
        MOV     R2, #10         ; 软件次数计数器
        SJMP    $               ; 等待中断
; 定时器T0中断服务子程序
; 用于定时500ms，启动第一路模拟量的转换
T0_INT: MOV     TL0, #0B0H；重置定时器初值
        MOV     TH0, #3CH
        DJNZ    R2,T0_END；软件次数不到，则500ms未到，继续定时
        MOV     R2, #10；
        MOV     R1, #30H；地址指针
        MOV     DPTR, #7FF8H；DPTR指向IN0的地址
        MOVX    @DPTR, A；启动通道0 进行A/D转换
T0_END: RETI    ; 中断返回
; 外部中断1中断服务子程序
; 用于读入转换结果，存入指定单元、轮流启动模拟通道
EX0_INT: MOVX A, @DPTR  ; 从ADC读入数据
        MOV     @R1, A      ; 送入指定单元保存
        INC R1          ; 地址指针加1修正
        INC  DPL            ; DPTR指向下一通道地址
        CJNE    R1, #38H,RESTART；8个通道未轮流完一次，
                            ; 继续启动下一通道的转换
        SJMP    EX0_END；8个通道转换完毕。
                            ; 直接退出中断，等待下一个500ms
RESTART: MOVX       @DPTR,A   ; 再次启动A/D转换
EX0_END: RETI               ; 中断返回
```

> 8个通道的地址有规律，如表8.7所示，故只需给DPL加1修正即可得到下一通道的地址

图8.38 实例8.8程序

用，机械触点在闭合及断开瞬间会有抖动的过程，从而使键输入电压的信号也存在抖动现象，如图8.39所示，分别将键的闭合和断开过程中的抖动期称为前沿抖动和后沿抖动。

抖动时间的长短与开关的机械特性有关，一般为5~10ms，稳定闭合期时间的长短由按

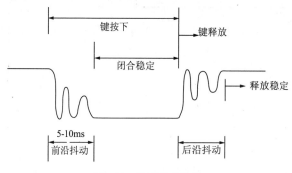

图8.39   按键抖动波形

键的动作决定，一般为几百毫秒至几秒。为了保证按键按动一次，CPU对键闭合仅作一次按键处理，必须去除抖动的影响。

去除抖动的方法一般有硬件和软件两种。硬件方法就是在按键输出通道上添加去抖动电路，从根本上避免电压抖动的产生，去抖动电路可以是双稳态电路或者滤波电路。软件方法通常是在检测到有键按下时延迟10～20ms的时间，待抖动期过去后，再次检测按键的状态，如果仍然为闭合状态，才认为是有键按下，否则认为是一个扰动信号。按键释放的过程与此相同，都要利用延时进行消抖处理。由于人的按键速度与单片机的运行速度相比要慢很多，所以，软件延时的方法简单可行，而且不需要增加硬件电路，成本低，因而被广泛采用。

2）键输入原理

键盘中的每个按键都是一个常开的开关电路，按下时则处于闭合状态。无论是一组独立式按键还是一个矩阵式键盘，都需要通过接口电路与单片机相连，以便将按键的开关状态通知单片机。单片机检测按键状态的方式有以下几种：

（1）编程扫描方式：利用程序对键盘进行随机扫描，通常在CPU空闲时安排扫描键盘的指令。

（2）定时器中断方式，利用定时器进行定时，每间隔一段时间，对键盘扫描一次，CPU可以定时响应按键的请求。

（3）外部中断方式，当键盘上有键闭合时，向CPU请求中断，CPU响应中断后对键盘进行扫描，以识别按下的按键。

3）键输入程序的设计

非编码键盘需要软件对按键进行识别，因此需要编制相应的键输入程序，实现对键盘输入内容的识别。键输入处理的一般流程如图8.40所示。需要指出的是，图中的处理步骤可以由一个程序完成，也可以分别由多个子程序完成。

2. 独立式按键接口及程序设计

独立式按键是一种最简单的按键结构，每个键独立地占有一根数据输入线，且不会影响其他数据线的工作状态。每根数据线可单独与单片机的一条I/O接口线相连，如图8.41所示。按键断开时，上拉电阻使对应数据输入线为高电平；按键闭合时，对应数据输入线变为低电平。只需在程序中检测对应I/O接口线的状态就可以判断是否有键按下。独立式按键的优点是电路配置灵活，软件结构简单，使用方便，但随着按键个数的增加，被占用的I/O接口线也将增加，因此，适用于对按键个数要求不多的单片机应用系统。

实例8.9   图8.41所示的独立式按键电路中，I/O接口为单片机的P1口，共接有8个按

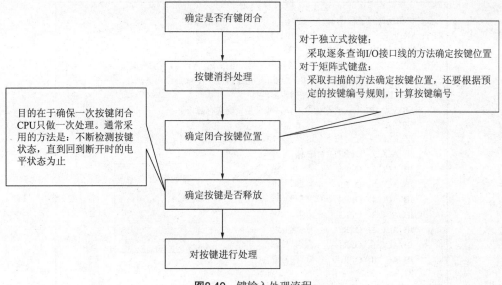

图8.40 键输入处理流程

键,每个按键按下时,要求程序执行相应的处理程序OPR0~OPR7,编写实现上述功能的按键检测和处理程序段。

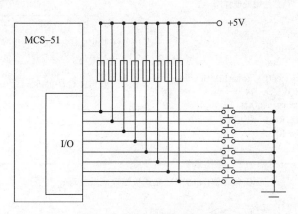

图8.41 独立式按键电路结构

解 先将P1口的内容整体读入,检测其中是否有0,没有说明无键按下,任何位置出现0都说明有键按下,经过延时消抖后再次检测,还有0存在再逐个检测P1.0~P1.7的状态以便判断是哪一个键被按下,从而使程序转移至相应的处理程序执行。按键检测和处理子程序如图8.42所示。

3. 矩阵式键盘接口及程序设计

当单片机系统需要的按键较多时,为节约I/O接口资源,通常把按键排列成矩阵形式,故称为矩阵式键盘。采用这种结构可以更合理地利用系统的硬件资源。矩阵式键盘由按键、行线和列线组成,按键位于行列的交叉点上,图8.43为一个4×4矩阵式键盘的结构。16个按键却只用了8条I/O接口线,因此这种键盘的优点是节省系统的I/O接口资源,适用于

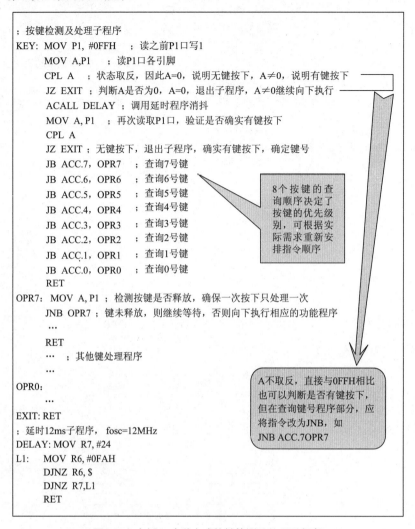

```
; 按键检测及处理子程序
KEY: MOV P1, #0FFH    ; 读之前P1口写1
     MOV A,P1         ; 读P1口各引脚
     CPL A    ; 状态取反，因此A=0，说明无键按下，A≠0，说明有键按下
     JZ EXIT ; 判断A是否为0，A=0，退出子程序，A≠0继续向下执行
     ACALL DELAY  ; 调用延时程序消抖
     MOV A,P1     ; 再次读取P1口，验证是否确实有键按下
     CPL A
     JZ EXIT ; 无键按下，退出子程序，确实有键按下，确定键号
     JB ACC.7, OPR7   ; 查询7号键
     JB ACC.6, OPR6   ; 查询6号键
     JB ACC.5, OPR5   ; 查询5号键
     JB ACC.4, OPR4   ; 查询4号键
     JB ACC.3, OPR3   ; 查询3号键
     JB ACC.2, OPR2   ; 查询2号键
     JB ACC.1, OPR1   ; 查询1号键
     JB ACC.0, OPR0   ; 查询0号键
     RET
OPR7: MOV A, P1 ; 检测按键是否释放，确保一次按下只处理一次
     JNB OPR7 ; 键未释放，则继续等待，否则向下执行相应的功能程序
     …
     RET
     …    ; 其他键处理程序
     …
OPR0:
     …
EXIT: RET
; 延时12ms程序，fosc=12MHz
DELAY: MOV R7, #24
L1:    MOV R6, #0FAH
     DJNZ R6, $
     DJNZ R7,L1
     RET
```

8个按键的查询顺序决定了按键的优先级别，可根据实际需求重新安排指令顺序

A不取反，直接与0FFH相比也可以判断是否有键按下，但在查询键号程序部分，应将指令改为JNB，如 JNB ACC.7OPR7

图8.42　实例8.9中独立式按键检测及处理子程序

按键较多的单片机应用系统。

矩阵式键盘采用动态扫描法识别闭合的按键。识别过程分2步：首先，识别有无按键闭合；然后，确定是哪个键闭合。

识别有无按键闭合：以图8.43所示电路为例，行线为输入，列线为输出。没有键按下时，行线列线之间断开，行线端口输入全为高电平。有键按下时，键所在行线与列线短路，故行线输入的电平为列线输出的状态，若列线输出低电平，则按键所在行线的输入也为低电平。因此，通过检测行线的状态是否全为"1"，就可以判断是否有键按下。

确定闭合的按键：以图8.43所示电路为例，可以采用逐列扫描法，原理同上，此时逐个给每列输出0，读取行线的状态，若行值全为1，则说明此列无键闭合，继续扫描下一列，即使下一列输出为0；若行值中某位为0，则说明此行、列交叉点处的按键被闭合。

图8.43中的电路也可使行线作为输出，列线作为输入，则电路改为列线通过电阻接+5V

电源，扫描时应改为逐行扫描。

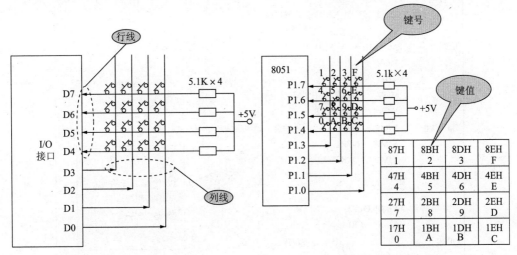

图8.43 矩阵式键盘电路结构   图8.4 键号与键值分配

实例8.10 图8.44所示的电路中，使用P1口作行线和列线，键值和键号分配如图8.44所示。16个按键都有对应的按键处理程序：OPR0~OPRF，要求当按键按下时程序可以根据键号执行相应的程序实现一定的功能。编写实现上述功能的程序。

解 利用子程序获得键号，主程序中建立散转表，表中为转移指令，根据子程序返回的键号利用散转指令使程序跳转，执行相应的应用程序段。功能的实现过程及软件结构如图8.45所示，程序如图8.46和图8.47所示。

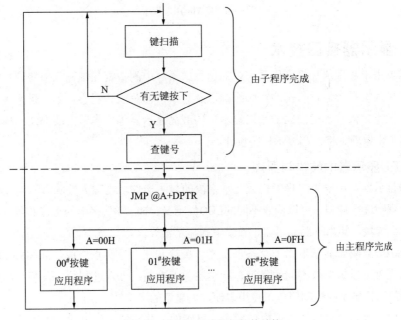

图8.45 实例8.10功能与软件结构

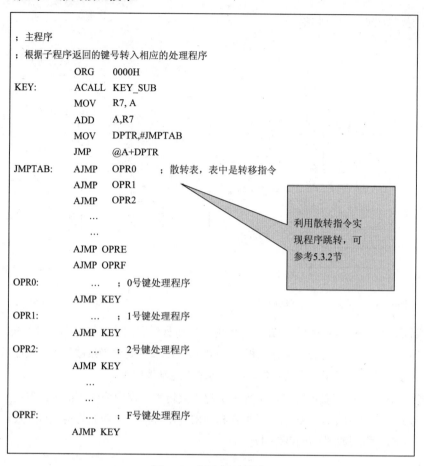

图8.46　实例8.10主程序

8.4.2　显示器接口技术

　　显示器用于实现单片机应用系统中的运行结果、中间数据和键输入值等信息的输出，满足人对单片机系统运行状态的实时跟踪以及对结果的获取和观察。单片机系统中常用的显示器有发光二极管、七段LED数码显示器、液晶显示器等。本节主要介绍七段LED数码显示器的工作原理、接口和显示程序设计。

1. LED显示器的结构与原理

　　LED显示器是由发光二极管构成显示字段的显示器件，也称为数码管。将发光二极管按不同的规则进行排列，可以构成不同的LED显示器，如"8"字形的七段数码管、米字形数码管、点阵块、矩形平面显示器、数字笔画显示器等。

　　七段LED数码管显示器由七个条形发光二极管和一个小圆点组成，如图8.48所示。根据各管的亮灭可以组合成不同的字符，能够显示十进制或十六进制数字及某些简单字符。七段LED数码管显示器控制简单，使用方便，但显示的字符较少。

　　七段LED数码管显示器根据内部发光二极管的公共端的接线方式，可以分为共阴极和

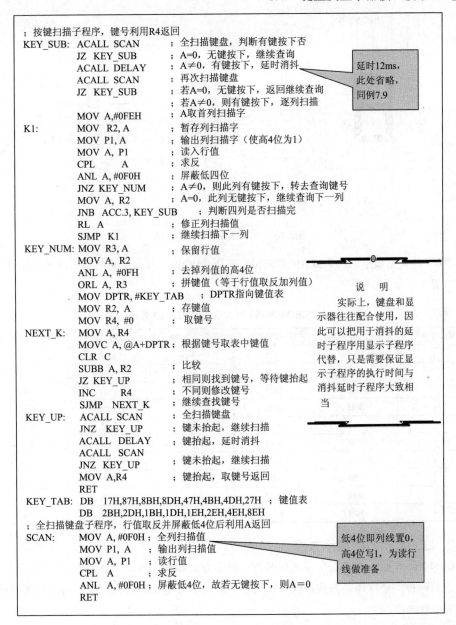

图8.47 实例8.10子程序

共阳极两种，如图8.48所示，共阳极指所有发光二极管的阳极连在一起；共阴极指所有发光二极管的阴极连在一起。使用时，共阳极数码管公共端接电源，发光二极管接低电平的笔段对应发光；共阴极数码管公共端接地，发光二极管接高电平的笔段对应发光。

字符的显示实际上就是向数码管输出使该字符相应字段被点亮的电平组合，通常将这种组合称为段选码或字形码。字形码可以根据显示字符的形状和各段的顺序算出，共阴极和共阳极的字形码不同。例如：显示字符"0"时，a、b、c、d、e、f点亮，g、dp熄灭，如果在一个字节的字形码中，从高位到低位的顺序为dp、g、f、e、d、c、b、a，则可以得到

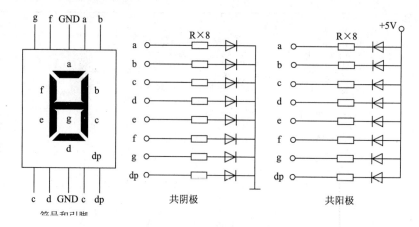

图8.48　七段LED数码管显示器

字符"0"的共阴极字形码为3FH，共阳极字形码为0C0H。其他字符的字形码可以通过相同的方法算出，如表8.8所示。

表8.8　七段LED字形码表（dp为最高位，a为最低位时）

显示字符	共阳极字形码	共阴极字形码	显示字符	共阳极字形码	共阴极字形码
0	C0H	3FH	A	88H	77H
1	F9H	06H	b	83H	7CH
2	A4H	5BH	C	C6H	39H
3	B0H	4FH	d	A1H	5EH
4	99H	66H	E	86H	79H
5	92H	6DH	F	8EH	71H
6	82H	7DH	P	8CH	73H
7	F8H	07H	H	89H	76H
8	80H	7FH	L	C7H	38H
9	90H	6FH	全灭	FFH	00H

2. LED显示器的显示方式

LED数码管显示器的工作方式有两种：静态方式和动态方式；获得显示字符字形码的方式也有两种：硬件译码方式和软件译码方式。均各有自己的特点，用户可以根据系统应用需求进行选择。

1）静态显示方式

静态显示方式是指显示某一字符时，相应的字段即发光二极管始终被选中，直到变换为其他字符。如图8.49所示，多位字符共同显示时，各位LED显示器的公共端连接在一起接地（或＋5V），每一位LED显示器的段选线与一个8位并行口相连，故任意时刻，所有显示器可按照各自接收的字形码同时显示对应的字符。

静态显示方式下，各LED显示器相互独立，在同一时刻可显示不同的字符，显示稳定，在发光二极管导通电流一定的情况下，显示器的亮度大。缺点是当显示位数多时，占用I/O口多，功耗大，因此适用于显示位数少的场合，如2～3位。

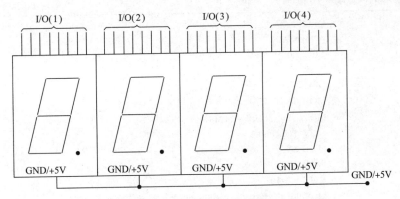

图8.49   4位LED静态显示电路

实际使用中，可以直接用并行I/O接口连接LED显示器，也可以通过扩展I/O接口连接以解决输出口数量不足的问题。例如，通过8255的并行I/O接口、扩展的串行输入/并行输出移位寄存器等。

直接用并行I/O接口连接LED显示器时，为减少接口的占用，一般采用硬件译码方式，即由译码器完成显示字符到字形码的转换，则I/O接口输出的是4位的显示字符。例如BCD译码芯片4511、74HC4511，可以将一位BCD码转换为该十进制数的字形码，这样控制1位LED显示器只需要4条I/O接口线。而软件译码方式是由程序完成显示字符到字形码的转换，则I/O接口输出的是8位的字形码。

实例8.11   图8.50是利用4511、7SEG-COM-CAT-GRN（共阴极绿色）构成的2位LED显示器电路，编写程序实现间隔0.5s循环显示01、12、23、34、45、56、67、78、89、90。

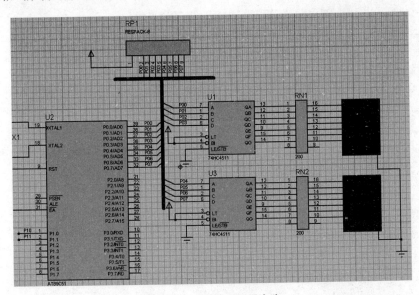

图8.50   2位静态显示器电路

解   利用定时器实现0.5s的定时，在定时器中断处理程序中查表获得需显示的数字，送P0口，由4511进行译码。程序如图8.51所示，仿真过程中的一个画面如图8.52所示。

```
                    ORG 0000H
                    AJMP MAIN
                    ORG 000BH
                    AJMP INT_T0
                    ORG 30H
    MAIN:           MOV  TMOD,#01H;定时器T0工作方式1
                    MOV  TH0,#3CH;定时50MS初值
                    MOV  TL0,#0B0H
                    SETB EA
                    SETB ET0
                    MOV  R7,#10      ;定时器软件计数次数,50ms*10=500ms
                    MOV  R0,#0;  数值表指针,初值为0,指向第一组需显示的数字
                    MOV  DPTR,#TAB;指向需显示的数值表首地址
                    SETB TR0
                    SJMP $
    ;定时器中断处理程序
    INT_T0:         MOV  TH0,#3CH
                    MOV  TL0,#0B0H
                    DJNZ R7, EXIT_T0;0.5s不到直接退出
                    MOV  R7,#10
                    MOV  A,R0;查表取数字
                    MOVC A,@A+DPTR
                    MOV  P0,A;数字输出至P0,即4511,进行译码
                    INC  R0;数值表指针加1修正
                    CJNE R0,#10,EXIT_T0
                    MOV  R0,#0;10组数字显示完一遍,指针重置初值
    EXIT_T0:RETI
    TAB:            DB 01H,12H,23H,34H,45H,56H,67H,78H,89H,90H
                    END
```

图8.51　实例8.11静态显示程序

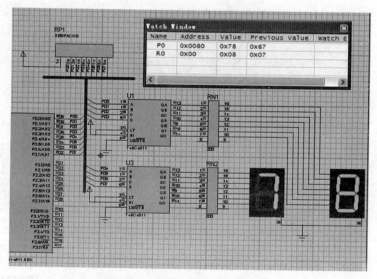

图8.52　实例8.11静态显示仿真结果

2）动态显示方式

动态显示方式是指一位一位地轮流点亮每位显示器（称为扫描），即每个LED显示器的位选被轮流选中，多个LED显示器共用一组段选，段选数据仅对位选选中的LED显示器有效。动态显示电路如图8.53所示，各位显示器的段选端并联在一起，与一个8位并行口（称为字形口）相连，从该口输出字形码，决定显示器所显示的字形。每个显示器的公共端与另一个8位并行口（称为字位口）相连，该口输出字位码，控制被点亮的显示器的位置，即字位。

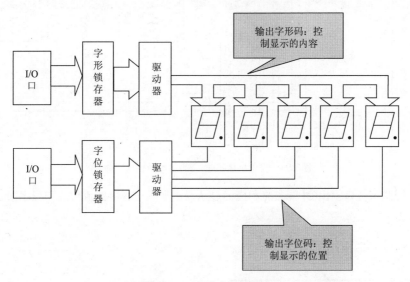

图8.53　LED动态显示电路

对于每一位显示器来说，每隔一段时间点亮一次，各位依次轮流被点亮，一般每位的点亮时间为1~2ms，反复循环时，由于发光二极管的余晖和人眼的驻留效应，可以看到各位显示块同时稳定地显示不同的字符。显示器的亮度既与导通电流有关，也与点亮时间和间隔时间的比例有关。通过调整电流和时间参数，可实现亮度适中且显示稳定的效果。

动态显示方式需要的I/O接口少，不大于8位时只需2个I/O接口，节省单片机系统的硬件资源，且功耗小，但是由于各位需要反复循环显示故占用了CPU的时间，降低了CPU的工作效率。

动态显示方式由于需要的I/O接口少，一般采用软件译码方式，虽然省去了译码芯片，但增加软件代码的量，程序较硬件译码要长，而且需要不断刷新LED显示器才能得到稳定的显示。

实例8.12　简单I/O接口扩展的显示器接口电路如图8.54所示，显示器共有6块（还有3块未画出），均为共阴极，显示缓冲区为60H~65H，已存放6位待显示数据（范围在00H~0FH之间），编写显示子程序。

解　两块273，U1用作字形口，U2用作字位口，根据接线方式，可以计算出字形口端口地址为BFFFH，字位口端口地址为7FFFH。动态显示方式需要一位位轮流显示，每一位都要分别送出字位码和字形码才能显示，然后维持一段时间，再显示下一位。显示块为

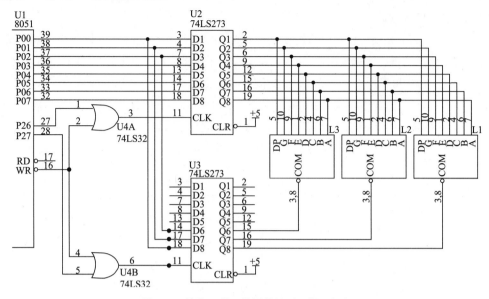

图8.54 简单I/O接口扩展的显示器接口电路

共阴极，因此字位口输出0才能点亮相应的显示器，显示子程序的流程图和程序如图8.55和图8.56所示。

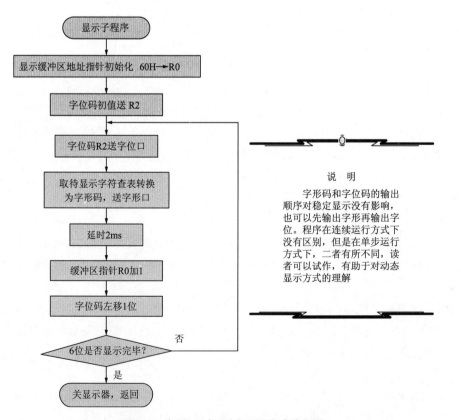

说　明

字形码和字位码的输出顺序对稳定显示没有影响，也可以先输出字形再输出字位。程序在连续运行方式下没有区别，但是在单步运行方式下，二者有所不同，读者可以试作，有助于对动态显示方式的理解

图8.55 实例8.12中动态显示子程序流程图

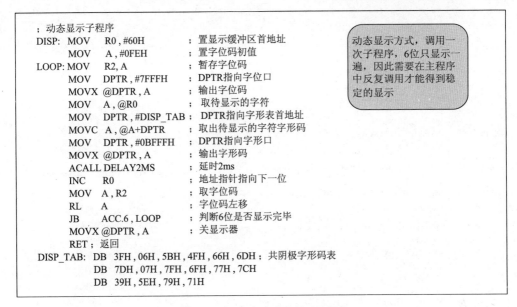

```
; 动态显示子程序
DISP:  MOV   R0, #60H          ; 置显示缓冲区首地址
       MOV   A, #0FEH          ; 置字位码初值
LOOP:  MOV   R2, A             ; 暂存字位码
       MOV   DPTR, #7FFFH      ; DPTR指向字位口
       MOVX  @DPTR, A          ; 输出字位码
       MOV   A, @R0            ; 取待显示的字符
       MOV   DPTR, #DISP_TAB   ; DPTR指向字形表首地址
       MOVC  A, @A+DPTR        ; 取出待显示的字符字形码
       MOV   DPTR, #0BFFFH     ; DPTR指向字形口
       MOVX  @DPTR, A          ; 输出字形码
       ACALL DELAY2MS          ; 延时2ms
       INC   R0                ; 地址指针指向下一位
       MOV   A, R2             ; 取字位码
       RL    A                 ; 字位码左移
       JB    ACC.6, LOOP       ; 判断6位是否显示完毕
       MOVX  @DPTR, A          ; 关显示器
       RET ; 返回
DISP_TAB: DB  3FH, 06H, 5BH, 4FH, 66H, 6DH ; 共阴极字形码表
          DB  7DH, 07H, 7FH, 6FH, 77H, 7CH
          DB  39H, 5EH, 79H, 71H
```

动态显示方式，调用一次子程序，6位只显示一遍，因此需要在主程序中反复调用才能得到稳定的显示

图8.56 实例8.12中动态显示子程序

实例8.13 8255扩展的显示器接口如图8.57所示，设显示缓冲区为60H~65H，已存放6位待显示数据（范围在00H~0FH之间），编写显示子程序。

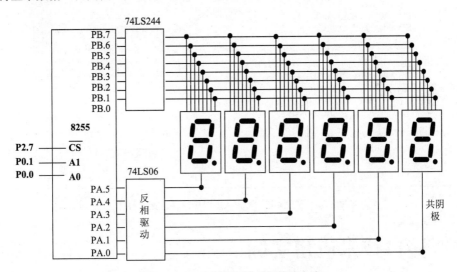

图8.57 8255A扩展动态显示接口电路

解 图中只简单给出了8255A与单片机地址线的接法，可由此计算出8255A的A、B、C和控制口的地址7FFCH、7FFDH、7FFEH和7FFFH。A口和B口分别作字位口和字形口，因此都作输出口，可选择方式0。显示子程序的流程图同实例8.12相同，只是本例中，先送字形码再送字位码，除了字形口和字位口的地址不同外，与简单I/O接口扩展程序的不同还在于8255A需要初始化，而且由于字位口加了反相驱动，因此输出1时点亮对应的显示块。为便于说明，图8.58给出了比较完整的程序。

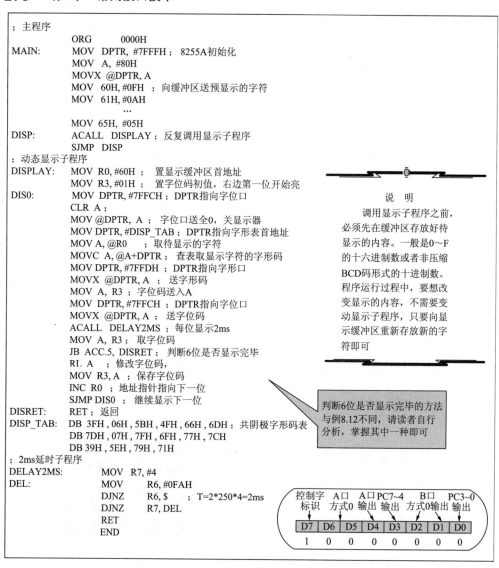

```
；主程序
                 ORG      0000H
MAIN:            MOV  DPTR, #7FFFH ；8255A初始化
                 MOV  A, #80H
                 MOVX @DPTR, A
                 MOV  60H, #0FH   ；向缓冲区送预显示的字符
                 MOV  61H, #0AH
                 ...
                 MOV  65H, #05H
DISP:            ACALL  DISPLAY ；反复调用显示子程序
                 SJMP  DISP
；动态显示子程序
DISPLAY:         MOV  R0, #60H    ；置显示缓冲区首地址
                 MOV  R3, #01H    ；置字位码初值，右边第一位开始亮
DIS0:            MOV  DPTR, #7FFCH ；DPTR指向字位口
                 CLR  A ；
                 MOV  @DPTR, A    ；字位口送全0，关显示器
                 MOV  DPTR, #DISP_TAB ；DPTR指向字形表首地址
                 MOV  A, @R0      ；取待显示的字符
                 MOVC A, @A+DPTR  ；查表取显示字符的字形码
                 MOV  DPTR, #7FFDH ；DPTR指向字形口
                 MOVX @DPTR, A    ；送字形码
                 MOV  A, R3       ；字位码送入A
                 MOV  DPTR, #7FFCH ；DPTR指向字位口
                 MOVX @DPTR, A    ；送字位码
                 ACALL  DELAY2MS  ；每位显示2ms
                 MOV  A, R3       ；取字位码
                 JB ACC.5, DISRET ；判断6位是否显示完毕
                 RL  A   ；修改字位码,
                 MOV  R3, A       ；保存字位码
                 INC  R0  ；地址指针指向下一位
                 SJMP DIS0        ；继续显示下一位
DISRET:          RET ；返回
DISP_TAB:        DB 3FH , 06H , 5BH , 4FH , 66H , 6DH   ；共阴极字形码表
                 DB 7DH , 07H , 7FH , 6FH , 77H , 7CH
                 DB 39H , 5EH , 79H , 71H
；2ms延时子程序
DELAY2MS:        MOV  R7, #4
DEL:             MOV      R6, #0FAH
                 DJNZ     R6, $    ；T=2*250*4=2ms
                 DJNZ     R7, DEL
                 RET
                 END
```

说 明

调用显示子程序之前，必须先在缓冲区存放好待显示的内容。一般是0～F的十六进制数或者非压缩BCD码形式的十进制数。程序运行过程中，要想改变显示的内容，不需要变动显示子程序，只要向显示缓冲区重新存放新的字符即可

判断6位是否显示完毕的方法与例8.12不同，请读者自行分析，掌握其中一种即可

控制字	A口	A口	PC7~4	B口	PC3~0
标识	方式0	输出	输出	方式0	输出
D7	D6	D5	D4	D3	D2	D1	D0
1	0	0	0	0	0	0	0

图8.58 实例8.13中8255A扩展接口动态显示程序

8.5 接口技术应用实例

1. 任务8.1

设计一个2位LED显示系统，使得每间隔1s显示的内容加1，从00到99以十进制形式循环显示。

【任务分析】 间隔1s加1并转化为十进制数在任务7.3中做过，由定时器中断实现。2位LED显示器的实现可参考实例8.11（静态显示方式）或实例8.13（动态显示方式）。如果采用静态显示方式，需将加1后的数值直接输出到与BCD译码芯片相连的I/O接口；如果采用动态显示方式，需将加1后的数值送入相应的显示缓冲区。

【硬件设计】　静态显示、硬件译码的2位LED显示电路同图8.50，动态显示、软件译码的2位LED显示采用简单I/O接口扩展显示器接口电路，仿真所需的元器件清单见表8.9，电路如图8.59所示。

表8.9　任务8.1（动态显示方式）仿真所需元器件

元件名称	所属类	所属子类
AT89C51（单片机）	Microprocessor ICs	8051 Family
CAP（电容）	Capacitors	Generic
RES（电阻）	Resistors	Generic
CRYSTAL（晶振）	Miscellaneous	——
BUTTON（按钮）	Switches & Relays	Switches
RESPACK-8（有公共端的排阻）	Resistors	——
74LS241（缓冲驱动芯片）	TTL 74LS Seriers	——
74LS04（反相器）	TTL 74LS Seriers	——
7SEG-MPX2-CC（2位红色共阴极显示器）	Optoelectronics	——

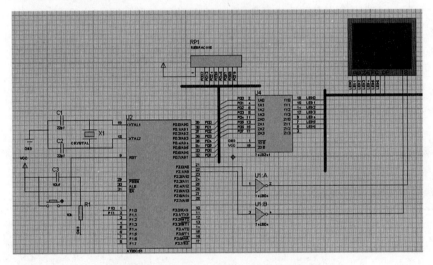

图8.59　任务8.1仿真电路图（动态显示方式）

【软件设计】　静态显示方式下，主程序只进行初始化设置，在定时器中断处理程序中完成加1计数以及送显，程序如图8.60所示。动态显示方式下，主程序中除进行初始化设置外，需不断调用显示子程序，利用定时器中断处理程序对显示的内容进行修改，即1s到，将新的计数值送入显示缓冲区，这样主程序再调用显示子程序时，显示的就是新的数值，程序如图8.62所示。

【系统仿真及调试】　静态方式下，将R0、ACC加入观察窗口，并设置仿真暂停条件为"R0=99H"，仿真暂停后，在指令"ADD A，#1"处设置断点，全速运行程序至断点处，改为单步执行程序，执行完指令"ADD A，#1"后的状态如图8.61所示，ACC的值为"9AH"，继续执行下一条指令，调整后的ACC变为"00H"，刚好实现了00～99的循环。

动态方式下，将ACC_ADDR、DISP_H、DISP_L加入观察窗口，并设置仿真暂停条件

```
;00~99间隔1秒加1计数（硬件译码、静态显示）
              ORG 0000H
              AJMP MAIN
              ORG 000BH
              AJMP INT_T0
              ORG  30H
MAIN:         MOV TMOD,#01H;定时器T0工作方式1
              MOV TH0,#3CH ;定时50MS初值
              MOV TL0,#0B0H
              SETB EA
              SETB ET0
              MOV R7,#20   ;定时器软件计数次数,50ms*20=1000ms
              MOV R0,#0 ;累加寄存器清0
              MOV P0,#00
              SETB TR0
              SJMP $
INT_T0:       MOV TH0,#3CH
              MOV TL0,#0B0H
              DJNZ R7, EXIT_T0 ;1s不到直接退出
              MOV R7,#20
              MOV  A,R0 ;计数值送A
              ADD A,#1 ;加1，并调整为十进制数
              DA   A
              MOV R0,A ;计数值送R0保存
              MOV P0, A ;计数值输出
EXIT_T0:      RETI
              END
```

图8.60　任务8.1程序（静态显示方式）

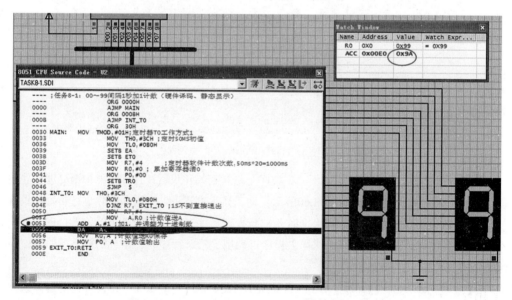

图8.61　任务8.1静态显示方式下的一个仿真调试状态

为"ACC_ADDR=99"，仿真暂停后，在指令"INC ACC_ADDR"处设置断点，同样通过断点加单步的方式观察如何实现99到00的改变，此时调试状态如图8.63所示。

注意两种显示方式下，实现00~99循环的方法不同，调试时暂停条件设置也不同，请

```
;00～99循环间隔1s加1计数（软件译码、动态显示）
DISP_L  EQU 60H ;设置显示缓冲区
DISP_H  EQU 61H
ACC_ADDR   EQU 50H ;设置累加和变量
          ORG 0H
          AJMP MAIN
          ORG 000BH
          AJMP T0_50
          ORG 0030H
MAIN:     MOV TMOD, #01H ;定时器初始化
          MOV TH0, #3CH
          MOV TL0,#0B0H
          MOV R4,#20
          MOV IE,#82H ;中断初始化
          MOV ACC_ADDR, #00H ;累加和初值清0
          MOV DISP_L,#00H ;初始显示00
          MOV DISP_H,#00H
          SETB TR0 ;启动定时器
LOOP:      ACALL DISPLAY ;调用显示子程序
          SJMP  LOOP
;定时器中断子程序
;功能：提供1s的定时，并进行加1计数
;出口参数：ACC_ADDR
T0_50:    MOV TL0,#0B0H
          MOV TH0, #3CH
          DJNZ R4,EXIT
          MOV R4,#20
          INC ACC_ADDR
          MOV R1, ACC_ADDR   ;判断是否达到99，达到后将累加和清0实现00～99的循环
          CJNE R1, #100, L1
          MOV ACC_ADDR, #00H
L1:        ACALL DISP_PRO
EXIT:      RETI
;数据处理子程序
;功能：将计数值转化为十进制，分离为2位BCD码送显示缓冲区
;入口参数：ACC_ADDR
;出口参数：DISP_H, DISP_L
;资源：A,B
DISP_PRO: MOV A,ACC_ADDR
          MOV B,#10
          DIV AB
          MOV DISP_H,A
          MOV DISP_L,B
          RET
;显示子程序
;功能：显示2位十进制数据
          ORG 0200H
DISPLAY: MOV R0, #DISP_L ;置显示缓冲区首地址
          MOV R3, #01H ; 置字位码初值，右边第一位开始亮
DIS0:     MOV P2,#0 ; 关显示器
          MOV A, R3
          MOV P2, A ;送字位码
          MOV DPTR, #DISP_TAB
          MOV A, @R0
          MOVC A, @A+DPTR ; 查表取显示的字符的字形码
          MOV P0,A ;送字形码
          ACALL  DELAY
          MOV A, R3 ;取字位码
          JB ACC.1, DISRET ;判断2位是否显示完毕
          RL A ;修改字位码
          MOV R3, A ;保存字位码
          INC R0
          SJMP DIS0 ;继续显示下一位
          DISRET: RET
DISP_TAB:DB 3FH, 06H, 5BH, 4FH, 66H, 6DH, 7DH, 07H, 7FH, 6FH ;0～9的共阴极字形码表
DELAY:   MOV R7,#4H
DEL:      MOV R6,#0FAH
          DJNZ      R6,$  ;T=2*250*4=2ms
          DJNZ      R7,DEL
          RET
          END
```

图8.62 任务8.1程序（动态显示方式）

读者自行思考原因。

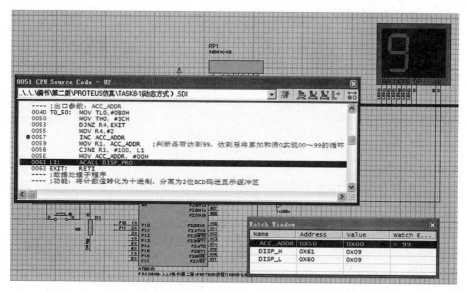

图8.63 任务8.1动态显示方式下的一个仿真调试画面

2. 任务8.2

设计一个显示数值校对系统，具有"加1"和"减1"按键，当按键按下时，能够使LED显示的内容分别加1和减1，LED的初始值为40，校对范围为20~99，不进行校对时显示2位十进制数字。

【任务分析】 2个独立式按键就可以满足要求，加1和减1的功能在按键处理程序中完成，2位十进制的显示可参考任务8.1，本题采用动态显示方式。

【硬件设计】 在任务8.1的基础上增加2个独立式按键，分别与P1.0和P1.1连接，仿真电路如图8.64所示。

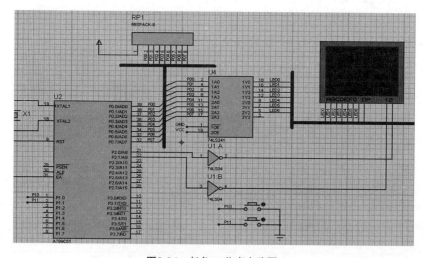

图8.64 任务8.2仿真电路图

【软件设计】 将按键查询和动态显示分别用子程序实现，在主程序中不断调用。因为显示的最大值和最小值有要求，因此加1键按下时，数值不能无限制加1，同样减1键按下时，数值不能无限制减1，要有对限值的处理。显示子程序和数据处理子程序可完全使用任务8.1（动态显示方式）的程序，其他部分程序如图8.65所示。

```
;数值校对(显示范围为20~99)
DISP_L  EQU 60H ;设置显示缓冲区
DISP_H  EQU 61H
ACC_ADDR   EQU 50H ;设置计数变量
        ORG 0H
MAIN: MOV ACC_ADDR, #40
      MOV DISP_L,#00H
      MOV DISP_H,#04H
LOOP: ACALL DISPLAY ;调用显示子程序
      ACALL DETECT;调用按键查询子程序
      SJMP LOOP
;按键查询子程序
;功能：进行加1或减1计数并对结果进行处理
;出口参数：ACC_ADDR
DETECT: MOV P1,#0FFH
        MOV A,P1 ;读按键状态
        CPL A
        ANL A,#03H  ;
        JZ EXIT ;判断是否有键闭合，没有则退出子程序
        ACALL DISPLAY ;延时消抖
        MOV A,P1 ;再次判断是否有键闭合
        CPL A
        ANL A,#03H
        JZ EXIT
        JB ACC.0, KEY_INC ;若KEY1闭合，则转加1处理
        JB ACC.1, KEY_DEC ;若KEY2闭合，则转减1处理
        SJMP EXIT
KEY_INC: JNB P1.0, KEY_INC;等待P1.0键抬起
        INC ACC_ADDR ;显示变量加1
        MOV R1,ACC_ADDR;上限处理，最大值保持99
        CJNE R1,#100,EXIT1
        MOV ACC_ADDR,#99
        SJMP EXIT1
KEY_DEC: JNB P1.1,KEY_DEC;等待P1.1键抬起
        DEC ACC_ADDR  ;显示变量减1
        MOV R1,ACC_ADDR;下限处理，最小值保持20
        CJNE R1,#19,EXIT1
        MOV ACC_ADDR,#20
EXIT1: ACALL DISP_PRO ;调用数据处理程序
EXIT:  RET
       ...... ......
       END
```

此处省略了数据处理子程序和动态显示子程序，以及字形码表和2MS延时子程序，均同图8.62中的程序一致

图8.65 任务8.2部分程序

【系统仿真及调试】 依然把ACC_ADDR、DISP_H、DISP_L加入观察窗口，按下不同按键，可观察到显示器上的数字对应加1或减1。仿真过程中的一个画面如图8.66所示。

3. 任务8.3

利用定时器和DAC0832设计三角波发生器，幅值为0～-3.9V，周期为80ms。

【任务分析】 用DAC0832产生三角波的原理见实例8.7，已知波形的周期和幅值就可

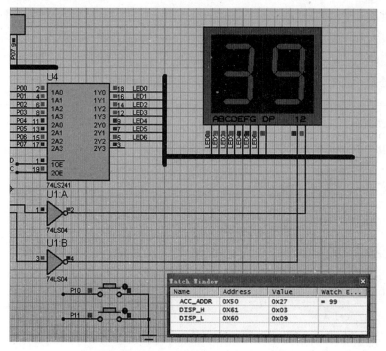

图8.66　任务8.2仿真过程中的一个画面

以计算出数字量加1或减1的间隔时间，用定时器实现这个时间，即每到定时时间，就给数字量加1或减1，然后送DAC0832输出就可获得幅值和周期满足要求的三角波。

【硬件设计】　只有一路模拟量输出，可采用单缓冲单极性方式，仿真电路同实例8.7的图8.31。DAC0832的地址为7FFFH。

【软件设计】　由表8.4给出的公式可计算出峰值-3.9所对应的数字量为200，因此数字量的范围为0～200。三角波上升边和下降边的时间各为40ms，因此数字量变化的间隔时间为t=40/200=0.2ms，因此定时器的定时时间应为0.2ms，根据表7.4中的公式可计算方式1下的初值为FF38H。在定时器中断服务程序中，只需将数字量不断加1，直至200，然后再减1直至0，就可实现三角波的上升边和下降边，如此反复循环即可产生连续的波形。同样，进入定时器中断程序后，数字量加1还是减1要看标志F0的状态。程序如图8.67所示。

【系统仿真及调试】　利用示波器观察波形，并计算三角波的幅值和周期，通过示波器上按钮调节显示单位，可方便地计算出幅值和周期。横的小格代表时间，调节为20ms，纵的小格代表幅值，调节为1V，仿真结果如图8.68所示。观察图可知：周期=4×20=80ms，幅值略小于4格，大致等于3.9V。

4. 任务8.4

设计一个温度采集系统，要求每间隔50ms，对温度值采样两次，以中断方式读入温度值，将两次采集数据的平均值转换成BCD码，用LED显示器实时显示，单片机的主频为12MHz。

【任务分析】　这是一个比较综合的题目，包含了定时器、中断、显示器和A/D转换，

```
            ORG 0000H
            AJMP MAIN
            ORG 000BH
            AJMP T0_W
    MAIN:   MOV TMOD, #01H ；定时器初始化，方式1，软件计数
            MOV TH0, #0FFH
            MOV TL0, #38H
            SETB EA
            SETB ET0
            MOV DPTR, #7FFFH ；DPTR指向DAC0832
            CLR A ；数字量清0
            CLR F0 ；标志清0，先进入上升边
            SETB TR0 ；启动定时器T0
            SJMP $ ；等待中断
    T0_W:   MOV TH0, #0FFH ；定时器重置初值
            MOV TL0, #38H
            JB F0, LOOP1 ；根据F0判断当前处于上升边还是下降边
            MOVX @DPTR, A ；数字量送DAC0832转换
            INC A ；数字量加1
            CJNE A, #200, EXIT ；是否上升到最大值，没有则继续
            SETB F0 ；达到最大值，标志位置1
            SJMP EXIT
    LOOP1:  MOVX @DPTR, A ；数字量送DAC0832转换
            DEC A ；数字量减1
            JNZ EXIT ；是否下降到0，没有则继续
            CLR F0 ；达到0，标志位置0
    EXIT:   RETI
            END
```

定时时间为0.2ms，也可以使用方式2，由于不需要给定时器重新置初值，程序更简练，请读者自行修改

图8.67 任务8.3三角波程序

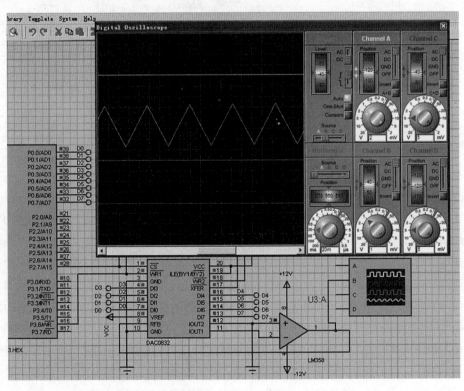

图8.68 任务8.3仿真结果

但是基本工作在前面的例子或任务中都完成过，本任务只要将工作内容进行划分，然后再整合即可。

【硬件设计】 涉及数模转换的仿真要用ADC0808，也是一款8位的模数转换芯片。ADC0808是0809的简化版，主要的不同点是0808的转换输出OUT0~7与常用的输出端高低位是相反的，即0809的最低位是OUT0，0808的最低位是OUT7。ADC0808在实际中不常用，一般在硬件仿真时采用，而实际使用时采用0809，因为在Proteus里没有0809的模型库，无法仿真。ADC0808的引脚也与ADC0809的引脚相对应，与单片机的连接可参考图8.37，设温度值转换后的电压信号与IN0相连，因而将ADDA~ADDC接地以简化电路，片选线使用P2.7。注意OUT1~OUT8对应接P0.7~P0.0，顺序与0809的接法相反，仿真电路如图8.69所示，所需元器件如表8.10所示。为便于验证，在电路中增加了直流电压表，添加方法如下：单击左侧工具栏中的图标"🖾"，进入虚拟仪器模式"Virtual Instrument Mode"，选择"DC VOLTMETER"即可，如图8.70所示。为便于仿真，用可变电阻上的电压模拟温度传感器输出的0~5V电压。

表8.10 任务8.4所需元器件清单

元件名称	所属类	所属子类
AT89C51 （单片机）	Microprocessor ICs	8051 Family
CAP （电容）	Capacitors	Generic
RES （电阻）	Resistors	Generic
CRYSTAL （晶振）	Miscellaneous	——
BUTTON （按钮）	Switches & Relays	Switches
ADC0808	Data Converters	
RX8 （排阻）	Resistors	Resistor Packs
NOT （非门）	Simulator Primitives	Gates
74LS02 （或非门）	TTL 74LS Seriers	——
7SEG-MPX4-CC-BLUE （4位蓝色共阴极显示器）	Optoelectronics	
POT-LIN （可变电阻）	Resistors	
DC VOLTMETER （直流电压表）		

【软件设计】 主程序进行初始化设置，调用显示子程序完成结果显示。定时器T0定时50ms，用于启动对通道IN0的第一次转换。外部中断0用于启动第二次转换，读取两次转换完成的数据，并对数据进行处理，更新显示缓冲区。3位动态显示子程序可参考图8.62进行修改。程序架构如图8.71所示，详细程序如图8.72所示。本任务虽然使用了2个中断源，但是定时器中断每50ms请求一次，这段时间足够ADC0809完成2次A/D转换以及对数据的处理，因此可不考虑优先权的问题。

【系统仿真及调试】 调试时，拖动可变电阻的触点改变电阻，看显示的数字量是否随之改变，然后进行定量计算，看转换是否正确。根据电压表给出的电压值，可计算出对应的数字量，并与显示器上的数字进行对比。图8.73是电压为2.5时的仿真结果。

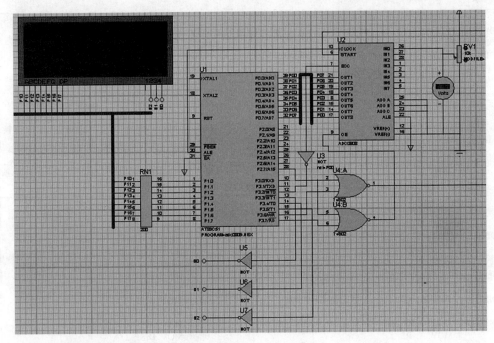

图8.69   任务8.4仿真电路图

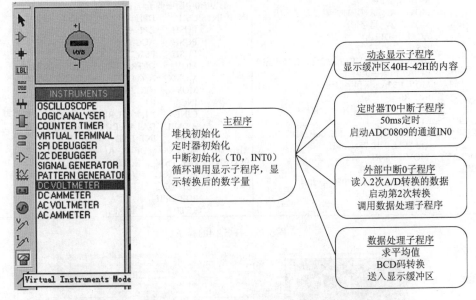

图8.70   添加"直流电压表"界面

图8.71   任务8.4程序架构

```
; 主程序
DISP_0  EQU 40H
DISP_1  EQU 41H
DISP_2  EQU 42H
        ORG  0000H
        SJMP    MAIN
        ORG  03H
        AJMP    EX0_INT
        ORG  0BH
        AJMP    T0_INT
MAIN:   MOV     SP, #68H   ; 设置堆栈指针
        MOV     TMOD, #  01H; 定时器0初始化
        MOV     TH0, #3CH
        MOV     TL0, #0B0H
        SETB    ET0 ; 中断初始化
        SETB    EX0
        SETB    IT0 ; 设外部中断0边沿触发
        SETB    TR0 ; 启动定时器0
DP0:    ACALL   DISPLAY ; 调用显示子程序
        SJMP    DP0
```

```
;动态显示子程序
;功能：显示3位十进制数据
        ORG 0200H
DISPLAY:MOV R0, #DISP_0 ;置显示缓冲区首地址
        MOV R3, #08H ; 置字位码初值
DIS0:   ANL P3,#0C7H ;关显示器
        MOV A, R3
        ORL P3, A ; 送字位码
        MOV DPTR, #DISP_TAB
        MOV A, @R0
        MOVC A, @A+DPTR ; 查表取字形码
        MOV P1,A ; 送字形码
        ACALL  DELAY
        MOV A, R3 ; 取字位码
        JB ACC.5, DISRET ;判断2位是否显示完毕
        RL A ; 修改字位码
        MOV R3, A ; 保存字位码
        INC R0
        SJMP DIS0 ;继续显示下一位
DISRET: RET
DISP_TAB:DB 3FH, 06H, 5BH, 4FH, 66H, 6DH
        DB 7DH, 07H, 7FH, 6FH
DELAY:  MOV R7,#4H
DEL:    MOV R6,#0FAH
        DJNZ  R6,$  ;T=2*250*4=2ms
        DJNZ     R7,DEL
        RET
```

```
; 定时器T0中断服务子程序
T0_INT:MOV     TL0, #0B0H
       MOV     TH0, #3CH
       PUSH    DPH         ; 保护现场
       PUSH    DPL
       PUSH    ACC
       PUSH    PSW
       MOV     R1, #30H    ; 数据的地址指针
       MOV     DPTR, #7F00H ; P2.7=0; 指向IN0
       MOVX    @DPTR, A    ; 启动通道3 的A/D转换
       POP     PSW
       POP     ACC         ; 恢复现场
       POP     DPL
       POP     DPH
       RETI                ; 中断返回
```

```
; 数据处理子程序
; 功能：求平均值、BCD码转换、送入显示缓冲区
DATA_PRO:  MOV A, 30H     ; 求平均值
           ADD A, 31H
           RRC A ; 右移1位相当于除以2
           MOV B,#100 ; 转换为3位分离BCD码
           DIV AB
           MOV DISP_2, A ; 按位更新显示缓冲区
           MOV A, B
           MOV B, #10
           DIV AB
           MOV DISP_1, A
           MOV DISP_0, B
           RET
```

```
; 外部中断0中断服务子程序
INT0_INT:PUSH    DPH    ;   保护现场
         PUSH    DPL
         PUSH    ACC
         PUSH    PSW
         MOV     DPTR, #7F00H ; DPTR指向IN0
         MOVX    A, @DPTR ; 从ADC读入数据
         MOV     @R1, A ; 送入内存
         INC     R1
         CJNE    R1, #32H, RE_AD; 判断2次采集是否完成
         ACALL   DATA_PRO ; 结束则处理数据
         SJMP    INT_END
RE_AD:   MOVX    @DPTR, A; 再次启动A/D转换
INT_END: POP PSW ; 恢复现场
         POP ACC
         POP DPL
         POP DPH
         RETI    ; 中断返回
```

图8.72 任务8.4的程序

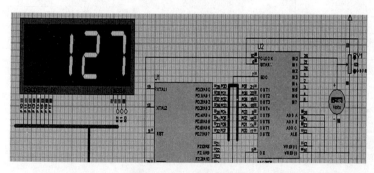

图8.73 任务8.4仿真结果

知识与技能归纳

由于实际应用需求，单片机系统常常需要外接各种输入输出设备以及进行A/D和D/A的转换，因此接口技术对于单片机的实际应用非常重要。另外，本章的程序设计往往涉及中断、定时器等知识，因此既是对新知识的学习，也是对前面已学知识的一个综合应用。

（1）P0口、P2口、P3口在系统进行外部扩展时用于第二功能，不能再作为通用I/O接口使用，此时只有P1口可以直接与外设连接，因此常常需要对I/O接口进行扩展。

（2）8051单片机的扩展能力：

- 程序存储器扩展最多可扩展64KB。
- 数据存储器扩展最多可扩展64KB。
- 并行I/O接口占用片外RAM的一部分。

（3）在需要输入模拟量或输出模拟控制信号的单片机系统中，能够利用A/D和D/A转换技术将模拟量转换为数字量再输入给单片机系统以及将数字量转换为模拟量再输出给被控对象的执行机构。掌握ADC0809和DAC0832与单片机的接口方式和程序设计方法。

（4）实际使用中，注意按键消抖问题以及检测按键释放后再对按键进行处理，以保证一次按键闭合只处理一次。

（5）掌握简单I/O接口扩展及利用8255A扩展I/O接口的方法。

（6）掌握静态和动态显示方式下的接口设计及程序设计方法

思考与练习

1. 详细说明单片机扩展的总线结构。

2. 8255A有几种工作方式？如何进行选择？

3. 8255A有几种控制字，详细说明功能和使用方法。

4. 已知8255A的$\overline{CS}$接8051单片机的P2.5，A1和A0分别接P2.1和P2.0，A口工作在方式1输入，B口为方式0输出，C口高4位PC7~PC4为输出，C口低4位PC3~PC0为输入。编写实现8255A的初始化程序段。

5. 在单片机控制系统中，为什么需要进行A/D和D/A转换？

6. DAC0832与8051单片机连接时有哪些控制信号？其作用是什么？共有几种连接方式？

7. 利用如图8.25所示电路，编写使用DAC0832作波形发生器产生方波的程序，方波的幅值范围为-1V ~ -4V。

8. 利用定时器和DAC0832设计锯齿波发生器，幅值为0 ~ -2.5V，周期为64ms。

9. ADC0809与8051单片机连接时有哪些控制信号？其作用是什么？

10. 设计一个检测系统，要求每间隔10s，对通道5连续采样两次，以中断方式读入数据，当两次采集数据的平均值超过80H时，就点亮P1.0引脚连接的发光二极管报警，并将其存入片外1000H开始的单元，单片机的主频为12MHz。

11. LED的动态显示方式和静态显示方式有何区别？

12. 为什么要进行按键消抖？按键消抖的方法有几种？

13. 按键输入程序应具备哪些功能？

14. 利用LED显示器设计一个统计按键次数的系统，能够实时将当前按键次数以十进制形式显示在3位LED显示器上。

第9章

串行总线及串行接口技术

9.1   串行通信概述

在当前微型计算机应用中，CPU与外设之间、单片机与其他计算机之间需要进行信息的交换，这种信息交换被称为"通信"。

9.1.1   数据通信方式

在计算机系统中，有两种基本的通信方式：串行通信和并行通信。

1）并行通信

*N*位数据在*N*条数据线上同时传送，即字节数据的各位在多条数据线上同时传送，每一位数据都需要一条数据传输线。如图9.1（a）所示，8位数据总线的通信系统，一次传输8位数据（1个字节），就需要8条数据线。本书前面几章涉及的数据传送都是采用并行方式，如CPU与存储器、I/O接口电路等。

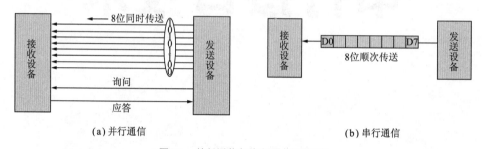

(a) 并行通信   (b) 串行通信

图9.1   并行通信与串行通信示意图

这种方式数据传送速度极快，但所需传输线数多，只适用于近距离的高速数据传送。

2）串行通信

*N*位数据在1条数据线上按位顺序传送，即字节数据的各位只在一条数据线上按顺序一位一位的传送，如图9.1（b）所示。双向数据传送只需要一对传输线，所以此方式比较适用于计算机与外设、计算机与计算机之间的数据传送。尤其是数据位数较多和传输距离较远时，其优点极为突出。但其传送速度较并行传送要慢得多。目前微型计算机、数码设备等普遍采用的USB接口就是采用串行方式传送数据的。

上述两种通信方式比较：并行通信传送速度高，传输线缆数多，传送距离短；串行通信传送速度慢，线缆数少，适于远距离传送。

9.1.2   串行通信方式

串行通信也有两种方式：异步串行通信方式和同步串行通信方式。

1）异步通信

在异步通信中数据是以字符为单位进行传送的，字符与字符之间的时间间隔是任意的，可不同。而字符帧中的各位是以通信双方约定的时间顺序发送的，各位的时间间隔相同。

异步通信的一帧字符信息由4部分组成：起始位、数据位、奇偶校验位和停止位，如图9.2所示。

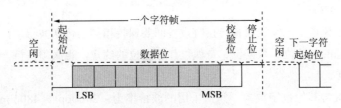

图9.2 串行异步通信的字符格式示意图

（1）起始位。起始位位于一帧字符的开头，用低电平0表示。它是一个起始标志，发送方告知接收方数据开始传送的标志。当接收方检测到传输线上出现低电平时，开始按位接收数据。

（2）数据位。数据位紧跟在起始位之后，一般是8位数据。发送时从数据的最低位开始传送。

（3）奇偶校验位。奇偶校验位位于数据最高位之后，用于数据传送差错的校验。分为奇校验和偶校验。偶校验使一帧信息（8位数据＋奇/偶位）中"1"的位数为偶数，奇校验则相反。奇偶校验位是一个选择位，用户可根据需要选择是否使用及使用哪一种，在通信协议中约定一致的奇偶检验方式。

（4）停止位。停止位位于奇偶校验位或数据位之后，以高电平"1"表示。它是一个字符数据结束的标志。停止位之后可以是下一帧字符的开始，也可以是若干个空闲位，使线路处于等待状态。空闲位也用高电平"1"表示。接收方不断地检测线路状态，若连续为"1"后又检测到一个"0"，就知道有一个新的字符到来了。

异步通信的特点是：不需要传送双方的时钟一致，设备简单。但每个字符要附加2~3位，用于起始位、校验位和停止位，从而降低了有效数据的传输速率。在单片机与单片机之间，单片机与外设之间通常采用异步串行通信方式。

2）同步通信

同步通信是一种连续传送数据流的串行通信方式。一帧信息由1~2个同步字、N个数据字符、校验字组成。数据之间无间隔位，即去掉了异步通信时每个字符的起始位和停止位，仅在数据块开始处用1~2个同步字符来指示。

由于同步通信要求由时钟来实现发送端与接收端之间的同步，故硬件较复杂。MCS-51片机单的串行口采用异步通信方式，同步通信不再做详细介绍。

9.1.3 串行通信的传输速率

串行通信数据线上的数据按位传送，每位信号持续的时间是由数据传送速率确定。在串行通信中用波特率（Baud Rate）作为数据传送速率的单位。

波特率：单位时间内传送的信息量，以每秒传送的二进制代码的位数表示，即1波特=1位/秒，单位是bps（位/秒）。

每位二进制数在线上的持续时间为波特率的倒数，如波特率为9600位/秒，则位时间t_{bit}=1/9600≈1.042ms；如传送10位数据（起始位+8位数据位+1位停止位）的时间t=10×1.042=10.42ms。

在异步串行通信中，发送设备与接收设备间要保持相同的传送波特率，在同一次传送过程中一帧信息的起始位、数据位、奇偶位和停止位的约定，也必须保持一致，这样才能成功地传送数据。

目前单片机与其他数字设备之间常采用的波特率为：2400bps、4800bps、9600bps、19200bps、38400bps、57600bps等。51单片机波特率的实现与主频有关，随着其主频的不断提高，串行口的传输速率也在提高。

9.1.4 串行通信的差错检验

在串行通信中数据按位在数据线上传送，如果距离较远，由于信号畸变、线路干扰以及设备质量等问题很容易出现传输错误，所以串行通信中一项很重要的技术就是差错控制技术，它包括对传送的数据进行校验，并在检测出错误时能够校正。目前常用的校验方法有奇偶校验、校验和及循环冗余码校验等。

1）奇偶校验

这是一种最简单的校验方法，用于对一个字符的传送过程进行校验。检验方法分奇校验和偶校验。用这种校验方法，发送时在每一个字符的最高位之后都附加一个奇偶校验位，这个校验位可为"1"或为"0"。如果是偶校验，它要保证整个字符（包括奇偶校验位）中"1"的个数为偶数。如果是奇校验则相反，保证"1"的个数为奇数。接收时，按照发送方所确定的检验方法，对接收到的每一个字符进行校验，若二者不一致，便说明数据传送出现了差错。例如欲传送的数据为C7H，此字符中有5个"1"，即奇数个"1"。如果是偶校验，发送方就要在奇偶校验位上置"1"，使这一帧信息"1"的位数为偶数。接收方在接收数据时统计"1"的个数，如出现奇数个"1"，则判定此帧字符传送错误。

奇偶校验方法只能检查出所传输字符的一位错误，对两位以上同时出错就不能检出。所以奇偶校验在串行通信中是一种有限的差错检验方法。奇偶校验的产生和检验，可用软件实现，也可通过硬件的方法实现。现在已有专用的奇偶校验集成电路芯片，有些可编程串行通信接口芯片中也都包含有硬件的奇偶校验电路，可以编程选用。

2）校验和

校验和的检验方法是对数据块进行校验，而不是单个字符。在数据发送时，发送方将所发数据块简单求和，产生一个单字节的校验字符（校验和）附加到数据块结尾。接收方对接收到的数据块（除校验字节外）也作算术求和，将所得的结果与接收到的校验和进行比较，如果两者不同，则说明接收有错。

3）循环冗余校验CRC

循环冗余校验是一个数据块校验一次，它是通过某种数学运算实现有效信息与校验位之间的循环校验，常用于对磁盘信息的传输、存储区的完整性校验等，这种校验方法纠错能力强，广泛应用于同步通信中。

9.2　51单片机的串行接口

在51单片机内部，有一个全双工（数据可同时发送和接收）的异步串行接口。可用作通用异步收发器UART（Universal Asynchronous Receiver/Transmitter），也可作同步移位寄存器用。作为UART可以实现单片机之间的双机通信、多机通信，以及与其他数字设备（如PC机）之间的通信。本节重点介绍UART方式的使用。

9.2.1　串行接口结构

1）串行接口的内部结构

51单片机的串行接口主要由两个物理上独立的串行数据缓冲器SBUF、发送控制器、接收控制器、输入移位寄存器和输出控制门组成，如图9.3所示。

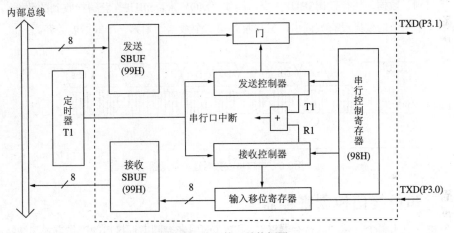

图9.3　串行接口结构框图

两个相互独立的接收缓冲器SBUF和发送缓冲器SBUF，可以同时进行数据的发送和接收，实现全双工通信。它们属于特殊功能寄存器，共用一个SFR地址：99H。发送SBUF用于存放将要发送的数据，只能写，不能读。接收SBUF用于存放接收到的数据，只能读，不能写。由于一个地址99H对应着2个数据缓冲器，CPU只能通过识别对SBUF的操作指令是"读"还是"写"，来选择接收缓冲器或发送缓冲器。

P3口的P3.0和P3.1是与外部串行通信的数据传输线，数据的接收和发送是通过这两根信号线来实现的。P3.0—接收端RXD，P3.1—发送端TXD。

2）数据传送过程

发送数据时，CPU执行写入SBUF指令，例如"MOV SBUF，A"，将8位数据通过内部数据线写入发送数据缓冲器，发送控制器在8位数据前插入起始位，在8位数据后插入TB8位和1位停止位，构成1帧信息。在波特率发生器T1产生的移位脉冲作用下，依次由TXD端发出。在数据发出完毕以后，将串口发送中断标志位TI置1，如图9.4所示。

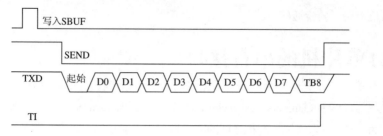

图9.4 串口发送数据过程示意图

接收数据时，数据从RXD端输入。当允许串口接收数据后，接收器便以波特率的16倍速率采样RXD端电平，当采样到有1至0的跳变时，就启动接收器接收数据。位检测器对每位数据采样集3个值，用采3取2办法确定每位的状态。然后将数据移入输入移位寄存器中，直到采集全最后一位数据后，将8位数据装入接收数据缓冲器，如果有第9位数据则装入RB8位，并将串口接收中断标志位RI置1，如图9.5所示。CPU可通过查询RI状态或中断方式得知串口接收到了数据，执行读出SBUF指令，例如"MOV A，SBUF"获得接收到的数据。如果接收了一个字节的数据没有被读出，又接收到第二个数据，则第一个数据被丢弃。

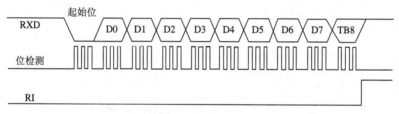

图9.5 串口接收数据过程示意图

9.2.2 串行接口控制寄存器

51单片机用两个特殊功能寄存器SCON和PCON用来控制串行接口的工作方式和波特率。

1）串行控制寄存器SCON

串行接口控制寄存器SCON用于设定串行接口的工作方式，控制数据的接收和发送及设置串行接口状态标志。SCON在特殊功能寄存器中的字节地址为98H，可以位寻址。SCON的位格式如图9.6所示。其中的D7～D2位是控制选择位，要由软件置位或清零。而D1和D0位是状态标志位，由硬件置位，但必须用软件清零。51单片机上电复位时，SCON的各位均被清零。

SCON	D7	D6	D5	D4	D3	D2	D1	D0
(98H)	SM0	SM1	SM2	REN	TB8	RB8	TI	RI

图9.6 串行接口控制寄存器SCON

（1）SM0、SM1：串行接口工作方式选择位。51单片机的串行接口有四种工作方式，通过SM0、SM1的组合可选择其中一种，如表9.1所示。

表9.1 串行接口工作方式选择

SM0	SM1	工作方式	功能描述
0	0	0	同步移位寄存器方式（通常用于I/O接口的扩展）
0	1	1	10位UART（8位数据），波特率可变(由定时器T1的溢出率控制)
1	0	2	11位UART（9位数据），波特率固定为fosc/32或fosc/64
1	1	3	11位UART（9位数据），波特率可变(由定时器T1的溢出率控制)

（2）SM2：多机通信控制位。51单片机的串行接口工作在方式2或方式3时可进行双机通信和多机通信，由SM2位选择。SM2=0，选择双机通信；SM2=1，选择多机通信。51单片机的多机通信功能应用较少，在此不做过多的赘述。

（3）REN：允许串行接收位。串行接口是否可以接收数据的控制位。当REN=1，允许串行接口接收数据；REN=0，禁止串行口接收数据。可用位指令对其进行设置，例如指令"SETB REN"允许串行接口接收数据；指令"CLR REN"禁止串行接口接收数据。

（4）TB8：发送数据的D8位。该位是方式2、3中要发送的第9位数据。在双机通信中，该位是奇偶校验位。可用软件置位或清零。偶校验时，如数据中有奇数个"1"时，将TB8置位；数据中有偶数个"1"时，将TB8清零。可通过图9.7的程序实现，奇校验则相反。

```
MOV    A,@R1        ; 取欲发送的数据——A
MOV    C,PSW.0      ; P——C，A中数据有奇数个"1"时，P=1
MOV    TB8，C        ; 设置TB8
MOV    SBUF，A       ; 数据SBUF，启动发送
```

图9.7 偶校验时奇偶校验位的设置

在51单片机的多机通信中用来表示传送的数据是地址帧还是数据帧，TB8=1为地址帧；TB8=0为数据帧。在方式0和方式1时此位不用。

（5）RB8：接收数据的D8位。该位是方式2、3中接收到的第9位数据。同样在双机通信中，该位是发送方送出的奇偶校验位。接收方通过检测它的状态，判断接收的数据是否正确。如果接收SBUF的数据读入A累加器后，程序状态字PWS的D0位（奇偶标志位）与RB8的内容相同则接收的数据可能正确。校验方法见图9.8的程序。

```
       MOV    A,SBUF        ; 读SBUF数据——A
       JNB    PSW.0,PNP     ; P=0,转PNP标号
       JNB    RB8，PER       ; P=1，而RB8=0，传送错误
       SJMP   RIGHT         ; 传送数据正确
PNP:   JB     RB8，PER       ; P=0，而RB8=0，传送错误
RIGHT: ……                  ; 数据正确处理
```

图9.8 奇偶校验位的检测

在双机通信方式1时，RB8是接收到的停止位。

（6）TI：发送中断标志位。串行接口发送数据结束，开始发送停止位时，内部硬件使TI置位。此标志可供中断或查询。如果程序设定了中断方式发送数据，当其被置位后，向CPU发出中断请求，CPU相应中断，进入中断服务程序，必须用软件将其清零，取消此中断请求，否则退出中断服务程序后，会继续向CPU申请中断。如果选择查询方式发送数据，可通过位测试指令查询其状态，等待一帧信息发送完毕，软件清零后，继续发送数据。

（7）RI：接收中断标志位。串行接口的接收控制器收到一帧数据的停止位后，内部硬件使其置位，并将数据装入接收SBUF。同样此标志可供中断或查询。注意：如果接收到数据后，RI=1，则数据不装入SBUF，被丢弃。所以读入SBUF数据后必须用软件清零。

2）特殊功能寄存器PCON

PCON是电源控制寄存器，其特殊功能寄存器中的字节地址为87H，无位寻址功能，其位格式如图9.9所示。

PCON	D7	D6	D5	D4	D3	D2	D1	D0
(87H)	SMOD				GF1	GF0	PD	IDL

图9.9 电源控制寄存器PCON

在PCON中只有SMOD位与串行接口工作有关，SMOD为波特率倍增位。串行接口工作在方式1、方式2和方式3时，SMOD=1，波特率提高一倍。例如：串行接口工作在方式2时，波特率=$f_{osc} \times 2^{SMOD}/64$，如果SMOD=0，则波特率=$f_{osc}/64$；如果SMOD=1，则波特率=$f_{osc}/32$，比前者提高一倍。对SMOD的设置只能使用字节操作指令，如图9.10所示。

```
        MOV     PCON,#00H      ；设置SMOD=0
        MOV     PCON,#80H      ；设置SMOD=1
```

图9.10 电源控制寄存器PCON设置指令

9.2.3 串行接口的工作方式

由表9.1可见，51单片机串行口的四种工作方式中方式1、方式2和方式3只是在传送数据位数和传输速率方面有所不同。下面重点介绍四种工作方式的特点和应用，数据传送的详细过程不再赘述。

1）方式0

方式0是同步移位寄存器的输入／输出方式，主要用于扩展并行输入/输出接口。数据由RXD（P3.0）引脚输入或输出，同步移位脉冲由TXD（P3.1）引脚输出。发送和接收均为8位数据，低位在先，高位在后，波特率固定为$f_{osc}/12$。

2）方式1

方式1是10位数据的异步通信口，其中1位起始位，8位数据位，1位停止位。TXD（P3.1）

为数据发送引脚，RXD（P3.0）为数据接收引脚。

方式1的传输速率是可变的，可在单片机主频能够实现的范围内任意选择。对于51单片机，方式1波特率的实现要使用定时器T1作为波特率发生器，与定时器的溢出率有关。

方式1波特率=定时器T1的溢出率×2^{SMOD}/32

由于奇偶校验在串行通信中是一种低级的差错检验方法，51单片机使用起来程序处理较繁杂，影响传输速度，尤其是数据块传送时，尤为突出，所以在单片机与计算机串口通信时不大采用奇偶校验方法进行差错检验。此时选择方式1数据传送，传输速率设置灵活，易于与对方相适应；数据位少，传送速度快，因此这种方式使用较多。

3）方式2

方式2是11位数据的异步通信口。1位起始位，9位数据（含1位附加的第9位，发送时为SCON中的TB8，接收时为RB8），1位停止位，一帧数据为11位。同样TXD（P3.1）为数据发送引脚，RXD（P3.0）为数据接收引脚。

方式2的波特率是固定的，只取决于单片机的晶振频率f_{osc}。

方式2波特率=f_{osc}×2^{SMOD}/64

根据SMOD的选择，波特率为f_{osc}的1/64或1/32。虽然一帧信息传输的数据多了1位，但方式2的传输速率远高于方式1、方式3采用的规范系列的波特率。例如51单片机在晶振频率f_{osc}=11.0592MHz时，方式1的最高传输速率可达到57 600bps，而方式2的最高传输速率为345 600bps。并且不使用定时器T1，节省系统资源，但这种特殊的波特率值使得51单片机很难与其他系列、其他类别的计算机进行串行通信，所以一般使用在51单片机之间的数据通信。

4）方式3

方式3是方式1与方式2的组合，传输的数据位与方式2一样，是11位数据的异步通信口，但波特率与方式1一样可变，设定方法也相同。可根据需要来选择。

9.2.4　MCS-51串行通信接口的应用

1）波特率的设计

（1）波特率计算公式。综上所述，51单片机的串行接口的四种工作方式对应了三种波特率。由于移位脉冲的时钟来源不同，所以各种方式的波特率计算公式也不相同。归纳总结，以下是四种方式波特率的计算公式。

方式0的波特率=f_{osc} / 12　　　　　　　　　　　　　　　　　　　　　　　　　　（9.1）

方式1的波特率=定时器T1的溢出率×2^{SMOD}/32　　　　　　　　　　　　　　（9.2）

方式2的波特率=f_{osc}×2^{SMOD}/64　　　　　　　　　　　　　　　　　　　（9.3）

方式3的波特率=定时器T1的溢出率×2^{SMOD}/32　　　　　　　　　　　　　　（9.4）

式中，f_{osc}为系统晶振频率，通常为12MHz、11.0592MHz或是它们的倍数。其中方式0和方式2的波特率是固定的，其应用比较简单。而方式1和方式3的波特率是可变的，由定时器T1的溢出率来决定。本节重点介绍定时器T1溢出率的计算和波特率的设置。

（2）方式2的波特率。方式2的波特率是固定的，只取决于单片机的晶振频率f_{osc}。程序设计时只需设定串口控制寄存器SCON和电源控制寄存器PCON即可。

如系统晶振频率为12MHz，双机通信，串行接口工作方式2，SMOD置1，则串行接口以波特率=$f_{osc}/32=12\times10^6/32=37\,500$bps的速率传输数据。初始化程序如图9.11所示。

```
MOV        PCON,#80H      ; 设SMOD=1，波特率倍增

MOV        SCON,#90H      ; 设SM0=1，SM1=0，选择方式2

                         ; 设SM2=0，双机通信

                         ; 设REN=1，允许串口接收数据

                         ; TB8、RB8、TI、RI全部清零
```

图9.11　串行口方式2初始化程序

（3）方式1、方式3的波特率计算。方式1和方式3的波特率取决于定时器T1的溢出率，即定时器T1的溢出频率。如第7章所述，51单片机定时器工作时，从预先设定的计数初值N开始计数，当计数脉冲到来时，计数器加1，加到最大值，再来一次计数脉冲，计数器归零，称为溢出。单片机晶振频率不同，定时器计数的位数不同，计数初值N不同，定时器的溢出频率就不同。

51单片机串行接口通信时，一般使用定时器T1（或T2，如果有）作波特率发生器，定时器工作在方式2是一个自动重装初值的8位计数器。此时TH1只是保存预装的8位计数初值N，而TL1在进行加1计数。当内部电路产生一个计数脉冲，使TL1加1，加至FFH时，再增1，TL1就产生溢出。溢出后，定时器自动地将TH1中的初值N送入TL1中，使TL1从初值N重新开始计数，初值N也称为时间常数，由用户在初始化定时器T1时写入TH1。

上述过程表明，定时器每计256-N个数，溢出一次，每计数一次的时间为1个机器周期=12个振荡周期，由此得出定时器溢出一次的时间如式（9.5）所示，其倒数为定时器溢出率如式（9.6）所示。

$$定时器溢出一次的时间 = \frac{12\times(256-N)}{f_{osc}} \tag{9.5}$$

$$定时器T1的溢出率 = \frac{f_{osc}}{12}\cdot\frac{1}{(256-N)} \tag{9.6}$$

由式（9.6）得出方式1、方式3的波特率=$\dfrac{2^{SMOD}}{32}\times\dfrac{f_{osc}}{12\times(256-N)}$ 　（9.7）

在串口通信程序中，设定波特率后，需要计算定时器T1计数初值N，并写入定时器T1的TL1和TH1中。由式（9.7）可推导出初值N的计算公式，如式（9.8）所示。

$$N = 256 - \frac{2^{SMOD}\times f_{osc}}{波特率\times32\times12} \tag{9.8}$$

实例9.1　设系统晶振频率f_{osc}=11.0592MHz，波特率为9600bps，串行接口方式1工作，设计串行接口通信的初始化程序。

解 首先计算定时器计数初值N，设定SMOD=1，将f_{osc}和波特率等带入式（9.8），即可求得计数初值N为：

$$N = 256 - \frac{2^1 \times 11.0592 \times 10^6}{9600 \times 32 \times 12} = 253 = \text{FDH}$$

初始化程序如图9.12所示。

INIT:	MOV	TMOD, #20H	; 选择定时器T1方式2，计时方式
	MOV	TH1, #0FDH	; 预置时间常数N
	MOV	TL1, #.0FDH	
	SETB	TR1	; 启动定时器T1
	MOV	PCON,#80H	; 设SMOD=1，波特率倍增
	MOV	SCON,#50H	; 设SM0=0,SM1=1,选择方式1
	...		; 设SM2=0，双机通信
			; 设REN=1，允许串口接收数据
			; TB8、RB8、TI、RI全部清零

图9.12 串行口方式1初始化程序

（4）晶振频率对波特率的影响。在实例9.1中为什么单片机系统的晶振频率要选用11.0592MHz呢？在此对使用12MHz晶振频率的计数初值作个比较。在9.1.3节说过，目前单片机与其他数字设备之间常采用的波特率为：2400、4800、9600、19 200、38 400、57 600等，这是串行口通信的常用规范系列。若采用晶振频率12MHz或24MH，则计算得出的计数初值N就不是一个整数，在串行通信时便会产生积累误差，影响串行通信的同步性能。尤其在使用9600bps以上的较高波特率时，影响更大。当不同机种之间进行通信时，对方采用标准的波特率，而己方采用的波特率有大于2.5%以上的相对误差，双方在传输速率上不同步，在传送信息时会出现数据传送错误。例如：甲方以标准波特率19 200bps传输数据34H，乙方51单片机的主频12MHz，设定SMOD=1，带入式（9.8）得出计数初值N：

$$N = 256 - \frac{2^1 \times 12.0 \times 10^6}{19200 \times 32 \times 12} = 252.75$$

计数初值只能取整数，则N=253，将此值带入式（9.7），可得出乙方实际的波特率：

$$波特率 = \frac{2^1}{32} \times \frac{12 \times 1\,000\,000}{12 \times (256 - 253)} = 20\,833.33$$

此波特率与标准波特率的相对误差为：

$$波特率误差 = \frac{20\,833.33 - 19\,200}{19\,200} \times 100\% = 8.51\%$$

这样的误差造成数据传送错误，图9.13给出了两者在一帧信息的传输时间上的误差示意，从图中可以看到在数据的第3、4位时数据就不同步了。

解决此问题的方法只有调整单片机的时钟频率f_{osc}，如果采用11.0592MHz的晶振频率，计算得出的定时器计数初值N为整数，就可以保证波特率的准确性。所以51单片机在串行接口数据通信时常采用11.0592MHz的晶振频率或它的倍数，表9.2给出了单片机与其他计算机之间数据传输常用的波特率及两种晶振频率的波特率对比。

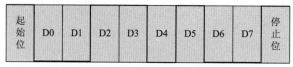

(a) 标准波特率19 200bps一帧信息的传输

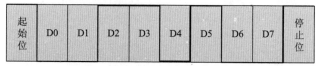

(b) 实际波特率20 833bps一帧信息的传输

图9.13 标准波特率与误差一帧信息传输时时间上的误差示意

表9.2 51单片机串行接口常用的波特率及两种晶振频率的波特率对比

波特率（bps）	晶振频率11.0592MHz		晶振频率12.0000MHz	
	计数初值（SMOD=1）	误差（0%）	计数初值（SMOD=1）	误差（0%）
2400	232(E8H)	0	230(E6H)	0.16
4800	244(F4H)	0	243(F3H)	0.16
7200	248(F8H)	0	247(F7H)	−3.55
9600	250(FAH)	0	249(F9H)	−6.99
14 400	252(FCH)	0	252(FCH)	8.51
19 200	253(FDH)	0	253(FDH)	8.51
28 800	254(FEH)	0	254(FEH)	8.51

2）串行接口程序设计实例

（1）通信接口设计。如果两个51单片机应用系统距离很近，将它们的串行接口直接相连，即可实现双机通信，如图9.14所示。如要长距离通信，就要考虑线路驱动和减少通道方面的干扰等问题，可以在通信线路上采用RS-232C标准或RS-422标准进行双机通信（9.3节介绍）。

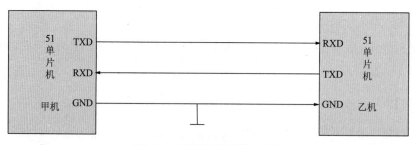

图9.14 双机异步通信接口电路

（2）查询方式通信程序设计。

实例9.2 设计程序在串行接口的输出端循环发送十六进制数AAH。单片机的 f_{osc}=22.1184MHz，串行接口工作方式1，波特率38 400bps。运行程序用示波器观察单片机

P3.1口波形。

解 晶振频率22.1184MHz是11.0592MHz的倍数,提高单片机的主频可使串行接口的波特率相应提高。设SMOD=1,带入式(9.8)得出计数初值N,程序如图9.15所示。此程序经常在调试串行接口电路时使用,运行程序用示波器观察单片机P3.1口波形。如果观察到AAH对应的波形,如图9.16(a)所示,则说明串行接口电路工作正常,否则电路存在问题。需要在电路沿线所涉及的芯片输入/输出端逐点观察、测试,进行故障定位。电路测试时还可以变换字符,变换波特率,观察示波器显示的波形。仿真电路图及仿真运行画面如图9.16(b)所示。从仿真结果可看到,虚拟终端上显示单片机发送的数据是"AA",示波器上的波形也与理论分析的一致。

$$N = 256 - \frac{2^1 \times 22.1184 \times 10^6}{38400 \times 32 \times 12} = 253 = FDH$$

调试串口通信程序时,可在电路中添加一个虚拟终端"Virtual Terminal",这样可实时观察串口发出的数据。需要注意,虚拟终端也要设置波特率、数据位、奇偶校验位、停止位等参数。开始仿真后,如果需要以十六进制数进行显示,可暂停仿真然后右键单击虚拟终端,在弹出的菜单中选中"Hex Display Mode"。另外单片机的晶振也要进行设置,方法是双击单片机,输入新的时钟频率即可,各参数设置如图9.17所示。

实例9.3 设计串行接口数据接收程序,接收另一台单片机发送的十六进制数据,将其送到P1口控制的8个LED上显示。单片机的f_{osc}=12MHz,串行接口工作方式2,设定SMOD=0。

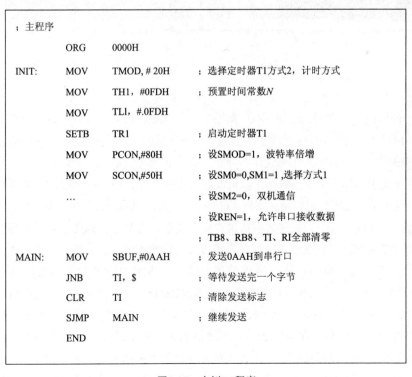

```
; 主程序
        ORG     0000H
INIT:   MOV     TMOD, # 20H     ; 选择定时器T1方式2, 计时方式
        MOV     TH1, #0FDH      ; 预置时间常数N
        MOV     TLl, #.0FDH
        SETB    TR1             ; 启动定时器T1
        MOV     PCON,#80H       ; 设SMOD=1, 波特率倍增
        MOV     SCON,#50H       ; 设SM0=0,SM1=1,选择方式1
        ...                     ; 设SM2=0, 双机通信
                                ; 设REN=1, 允许串口接收数据
                                ; TB8、RB8、TI、RI全部清零
MAIN:   MOV     SBUF,#0AAH      ; 发送0AAH到串行口
        JNB     TI, $           ; 等待发送完一个字节
        CLR     TI              ; 清除发送标志
        SJMP    MAIN            ; 继续发送
        END
```

图9.15 实例9.2程序

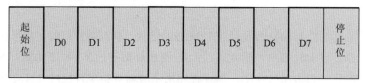

起始位	D0	D1	D2	D3	D4	D5	D6	D7	停止位

(a) 输出波形示意图

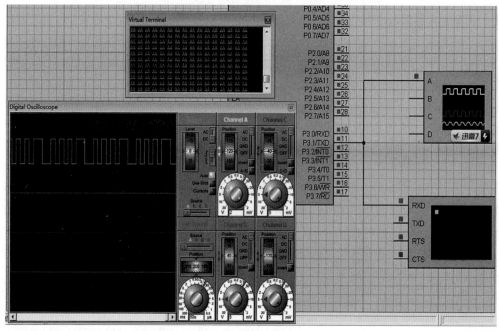

(b) 仿真电路及运行画面

图9.16 实例9.2波形输出结果

解 串行接口工作方式2，SMOD=0，波特率固定，由式（9.3）计算可得187 500bps。P1接LED的电路可参考图2.6，图中所示电路P1口输出低电平时LED点亮。如希望数据为"1"时LED点亮，需将接收到的数据取反后，再输出到P1口。接收程序如图9.18所示。

实例9.4 两个51单片机系统串行通信，设计查询方式的双机通信程序。甲机将存放在程序存储器中的16个字节的数据向乙机发送，乙机接收后存入片内RAM。要求进行差错检验，传送正确，乙机向甲机发送字符"G"；有错误，则向甲机发送字符"E"。

解 在双机通信中为保证数据传送正确，通信双方必须在软件上有一系列的约定，通常称为"通信协议"。在协议中规定通讯方式、传输速率、差错检验方法、呼叫信息、数据块长度或数据结束的方法、错误处理方法等。本例中约定如下：通信双方均采用9600bps的速率传送（设系统时钟频率$f_{osc}=11.0592\text{MHz}$），甲机发送、乙机接收，数据块长度16字节；差错检验方法采用"校验和"方法。即甲方在发送数据的同时将数据累加（只取低8位），16字节数据发送后，将"累加和"发送给乙方。乙方接收数据时也同样做数据累加，16个数据接收后，再接收甲方发送的"累加和"，然后比较双方的"累加和"，如果相等，接收的数据正确，反之数据错误。这种差错校验方法比"奇偶检验"可

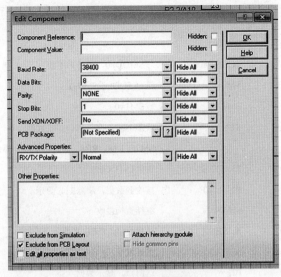

(a) 虚拟终端通信参数设置

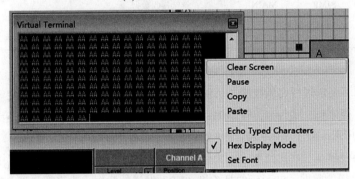

(b) 虚拟终端显示方式设置

(c) 单片机晶振频率设置

图9.17　实例9.2仿真参数设置

```
; 主程序
            ORG         0000H
            MOV         PCON, #00H      ; 设SMOD=0，波特率不变
            SETB        SM0             ; 选择方式2,设SM0=1,
            CLR         SM1             ; 设SM1=0,
            SETB        REN             ; 设REN=1，允许串口接收数据
                                        ; SM2、TB8、RB8、TI、RI上电全部为零
            MOV         P1,#0FFH        ; 关闭LED
MAIN:       JBC         RI, RECE        ; 接收到数据，清除R1，显示
            SJMP        MAIN            ; 继续查询接收
RECE:       MOV         A, SBUF         ; 从接收SBUF读取数据
            CPL         A               ; 数据取反
            MOV         P1, A           ; 送P1口，显示数据
            SJMP        MAIN            ; 继续接收数据
            END
```

图9.18　实例9.3程序

靠性要高。因不要求进行奇偶校验，所以设定串行接口工作在方式1，使用定时器T1作为波特率发生器。查表9.2，f_{osc}=11.0592MHz，SMOD=1时，定时器的计数初值N=0FAH。程序流程如图9.19所示，程序如图9.20、图9.21所示。

仿真电路及结果如图9.22所示，为便于观察，添加了两个虚拟终端，其中S1显示的是甲机（U1）发送的数据，S2显示的是乙机（U2）发送的数据，为直观起见，S1设置为十六进制模式。图中可看出S1显示为甲机发送的16个数据以及累加和，S2显示为乙机发送的代表传送状态的字符，观察U2的地址由40H至4FH的存储单元，可看到接收的数据完全正确，因此乙机发送的是字符"G"。

（3）中断方式通信程序设计。

实例9.5　两个51单片机系统串行通信，设计中断方式的双机通信程序。要求甲机将存放在片内RAM30H~3FH中的数据通过串行接口向乙机发送，乙机接收甲机发送过来的数据块，依次存入片内RAM的40H~4FH。差错检验采用偶校验方法，设置差错标志，数据传送正确，将F0清零；接收错误F0置1。波特率4800bps（f_{osc}=12MHz）。

解　本例中通信协议约定如下：差错检验采用偶校验方法，所以串行接口工作方式双方均应选用方式3；系统时钟频率f_{osc}=12MHz，波特率4800bps时，查表9.2，定时器T1的计数初值N=0F3H（SMOD=1），数据块长度16字节。甲机在主程序中发送第一个字节的数据启动发送过程。串口控制器按位发送完9位数据后，将TI标志置1，向CPU发出串口中断请求。CPU进入串口中断服务子程序后，必须软件清除TI标志，否则中断处理完退出中断服务子程序，CPU执行一条指令后，查询到TI=1，会再次相应中断，进行中断处理。16个

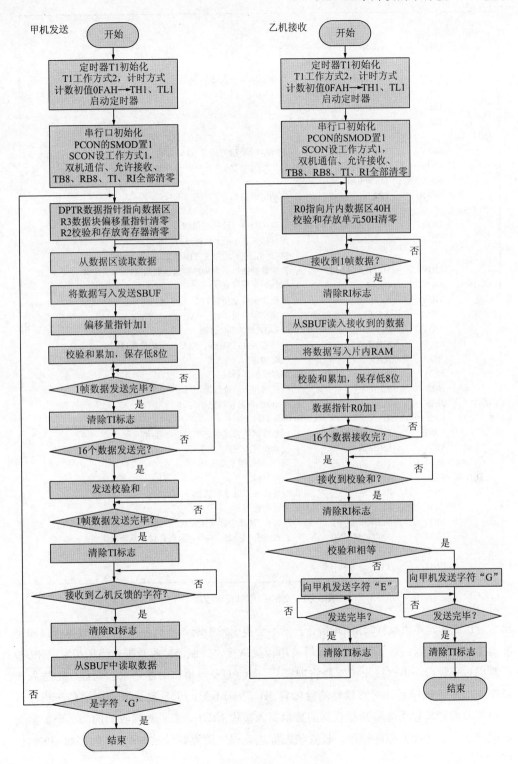

图9.19 实例9.4程序流程图

```
; 甲机查询发送程序
            ORG         0000H
            SJMP        INIT_T1
TABLE:      DB          82H,01H,81H,94H      ; 程序存储器待发送的数据
            DB          84H,0B4H,0A4H,04H
            DB          82H,32H,97H,0A5H
            DB          83H,01H,0ACH,87H
INIT_T1:
            MOV         TMOD, # 20H          ; 选择定时器T1方式2，计时方式
            MOV         TH1,#0FAH            ; 预置时间常数N，波特率9600bps
            MOV         TLl,#0FAH
            SETB        TR1                  ; 启动定时器T1
INIT_SER:
            MOV         PCON,#80H            ; 设SMOD=1，波特率倍增
            MOV         SCON,#50H            ; 串行口工作方式1,允许串口接收数据
                                             ; SM2=0，双机通信,；TB8、RB8、TI、RI
            MOV         DPTR,#TABLE          ; 设置数据指针指向程序存储器数据区
MAIN0:      MOV         R3,#0                ; 校验和存放寄存器清零
            MOV         R2,#0                ; 数据块偏移量指针为零
MAIN:       MOV         A,R2                 ; 数据块偏移量指针——▶A
            MOVC        A,@A+DPTR            ; 从TABLE中读取数据
            MOV         SBUF,A               ; 数据写入发送SBUF，启动数据按位发送
            ADD         A,R3                 ; 校验和累加
            MOV         R3,A                 ; 保存校验和低8位
            INC         R2                   ; 指针指向下一位数据
WAIT:       JNB         TI,$                 ; 等待1帧数据发送完毕
            CLR         TI                   ; 清除TI标志
            CJNE        R2,#10H,MAIN         ; 16个数据是否发送完毕？否则继续
            MOV         SBUF,A               ; 校验和写入发送SBUF
            JNB         TI,$                 ; 等待1帧数据发送完毕
            CLR         TI                   ; 清除TI标志
            JNB         RI,  $               ; 等待接收乙机返回的字符
            CLR         RI                   ; 清除RI标志
            MOV         A,SBUF               ; 从接收SBUF中读取接收到的数据
            CJNE        A,#'G',MAIN0         ; 乙机返回字符非"G"，数据有误，重新发送
            SJMP        $                    ;
            END
```

图9.20 实例9.4甲机发送程序

字节发送完毕，不再执行写SBUF指令，就不会再引发中断。乙机在主程序完成串行口和定时器T1初始化后，执行等待指令，等待串行接口接收控制器接收数据，当甲机发送来的9位数据被接收后，串口接收控制器将RI置1，向CPU发出串口中断请求。同样CPU进入串口中断服务子程序后，必须软件清除RI标志，否则不但CPU反复进入中断服务子程序，串口接收控制器也不会将新接收到的数据写入接收SBUF。乙机对接收到的每一个数据进行偶校验，如接收到数据错误，设置状态标志。程序流程如图9.23所示，程序如图9.24、图9.25所示。

```
; 乙机查询接收程序
        ORG     0000H
INIT_T1:
        MOV     TMOD, # 20H      ; 选择定时器T1方式2, 计时方式
        MOV     TH1,#0FAH        ; 预置时间常数N, 波特率9600bps
        MOV     TLl,#0FAH
        SETB    TR1              ; 启动定时器T1
INIT_SER:
        MOV     PCON,#80H        ; 设SMOD=1, 波特率倍增
        MOV     SCON,#50H        ; 串行口工作方式1,允许串口接收数据
                                 ; SM2=0, 双机通信,; TB8、RB8、TI、RI
MAIN:   MOV     R0,#40H          ; 设置接收数据指针
        MOV     50H,#0           ; 校验和存放单元清零
WAIT:   JNB     RI,  $           ; 等待接收甲机发送的数据
        CLR     RI               ; 接收到数据, 清除RI标志
        MOV     A,SBUF           ; 从接收SBUF中读取接收到的数据
        MOV     @R0,A            ; 数据送入片内数据存储器
        ADD     A,50H            ; 校验和累加
        MOV     50H,A            ; 保存校验和低8位
        INC     R0               ; 指针指向下一位数据
        CJNE    R0,#50H,WAIT     ; 16个数据是否接收完毕? 否则继续
        JNB     RI,  $           ; 等待接收甲机发送的校验和
        CLR     RI               ; 清除RI标志
        MOV     A,SBUF           ; 从接收SBUF中读取接收到的校验和
        CJNE    A,50H,           ; 判别校验和是否相等,不相等转ERROR
        MOV     A,#'G'           ; 相等向甲机反馈字符 "G" 的ASCII码
        MOV     SBUF,A           ;
        JNB     TI,  $           ; 等待1帧信息发送完毕
        CLR     TI               ; 清除TI标志
        SJMP    $
ERROR:  MOV     A,#'E'           ; 不相等向甲机反馈字符 "E" 的ASCII码
        MOV     SBUF,A           ;
        JNB     TI,  $           ; 等待1帧信息发送完毕
        CLR     TI               ; 清除TI标志
        SJMP    MAIN             ; 重新接收
        END
```

图9.21　实例9.4乙机接收程序

9.3　嵌入式计算机和单片机之间的通信

在嵌入式计算机控制系统中, 通常需要一台主机管理一台或若干台以单片机为核心的智能测控系统。在这种主从机控制系统中, 主机一般采用PC机或其他高性能的微处理器, 单片机与之通信, 接口电路存在着电平匹配的问题。另一方面主从机距离相隔较远, 采用TTL电平的单片机长距离传送数据驱动能力有限。所以在接口电路设计时要考虑传输介质、电平转换及长线驱动等问题, 要根据需要选择标准接口, 这样才能方便地把主机、单片机、外设和智能测量仪表等有机地结合起来, 构成一个嵌入式测控系统。

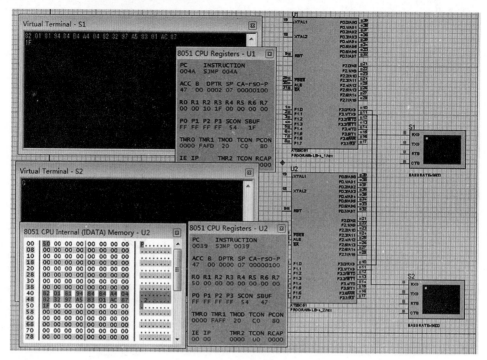

图9.22   实例9.4仿真电路及结果

目前在单片机异步串行通信中，接口电路常使用的标准总线有RS-232C和RS-485。

9.3.1   RS-232C接口

RS-232C是美国电子工业协会（EIA）1969年公布的串行异步通信总线标准，是使用最早、应用最多的串行总线标准，用来实现计算机与计算机之间、计算机与外设之间的数据通讯。一般PC机都带有二个RS-232C接口，很多智能测量仪表也都带有RS-232C接口。

1）RS-232C接口简介

（1）接口的信号内容。RS-232C标准早期用于数据终端设备（DTE）和数据通讯设备（DCE）之间串行二进制数据的交换。它规定一个完整的RS-232C标准接口有22根信号线，采用25个引脚的DB-25连接器。后来该标准用于计算机间的数据通信，IBM的PC机将其简化成9根信号线，采用9个引脚的DB-9连接器，成为事实标准，其接口各引脚定义见表9.3。在嵌入式计算机控制系统中的RS-232C接口因为不使用传送控制信号，只使用RXD、TXD、GND三条线，电路连接方式如图9.26所示。

（2）RS-232C接口的电气特性。RS-232C标准采用负逻辑，即：逻辑"1"为–15V~-5V；逻辑"0"为+5V~+15V；最大负载电容为2500pF。

（3）RS-232C接口的物理结构。现RS-232C接口采用型号为DB-9 的9芯连接器，如图9.27所示。

（4）通信距离。RS-232-C接口的通信距离受接口驱动器负载电容（小于2500pF ）的限制。例如，采用150pF/m的电缆通讯时，在码元畸变小于4%时，最大通信距离为15m。

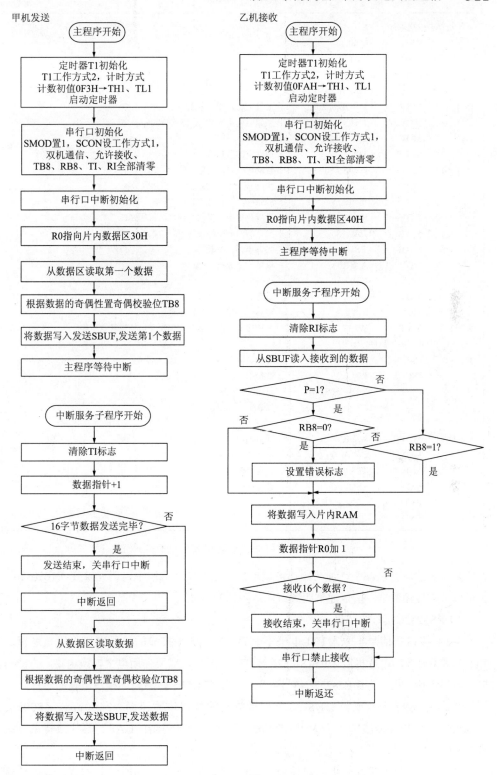

图9.23 实例9.5程序流程图

```
; 甲机中断发送程序
            ORG         0000H
            SJMP        INIT_T1
            ORG         0023H
            AJMP        TI_INT
INIT_T1:    MOV         TMOD, # 20H        ; 选择定时器T1方式2, 计时方式
            MOV         TH1,#0F3H          ; 预置时间常数N, 波特率4800bps
            MOV         TL1,#0F3H
            SETB        TR1                ; 启动定时器T1
INIT_SER:   MOV         PCON,#80H          ; 设SMOD=1, 波特率倍增
            MOV         SCON,#0D0H         ; 串行口工作方式3,允许串口接收数据
                                           ; SM2=0, 双机通信TB8、RB8、TI、RI;
            MOV         R0,#30H            ; 设置数据指针指向片内器数据区30H
            SETB        EA                 ; 允许CPU响应外设的中断请求
            SETB        ES                 ; 允许串行口中断
            MOV         A,@R0              ; 取第一个数据→A
            MOV         C,PSW.0            ; P→C
            MOV         TB8,C              ; 设置TB8
            MOV         SBUF,A             ; 数据→SBUF, 启动发送
WAIT:       SJMP        WAIT               ; 主程序等待, 在实际应用程序可处理其他事物
; 串行口中断服务子程序
TI_INT:     CLR         TI                 ; 清除TI标志
            INC         R0                 ; 数据指针+1
            CJNE        R0,#40H,SEND       ; 是否发送结束?
            CLR         ES                 ; 发送结束, 禁止中断
            RETI
SEND:       MOV         A,@R0              ; 取数据→A
            MOV         C,PSW.0            ; P→C
            MOV         TB8,C              ; 设置TB8
            MOV         SBUF,A             ; 数据→SBUF
            RETI
            END
```

图9.24 实例9.5甲机中断发送程序

若每米电缆的电容量减小，通信距离可以增加。但在实际应用中，码元畸变在10%~20%时也可以正常传输数据，所以通信距离可以达到100m左右。

2）RS-232C接口的特点

（1）接口的信号电平与TTL电平不兼容。RS-232C接口的信号电平采用负逻辑，与TTL电平不兼容，单片机若采用RS-232C标准传送数据，需要使用电平转换电路，方能与其接口电路连接。另一方面RS-232C信号电平值高于TTL电平，易损坏接口电路的芯片。

（2）传输速率较低。原RS-232C标准规定的数据传输速率为2400bps、4800bps、9600bps、19 200bps波特。不大于20Kbps。现在由于采用新的UART芯片波特率可达到115.2Kbps。

（3）抗噪声干扰性弱。接口使用一根信号线和一根信号返回线而构成共地的传输形式，这种共地传输容易产生共模干扰，所以抗噪声干扰性弱。

```
; 乙机中断接收程序
            ORG     0000H
            SJMP    INIT_T1
            ORG     0023H
            AJMP    RI_INT
INIT_T1:    MOV     TMOD, # 20H      ; 选择定时器T1方式2，计时方式
            MOV     TH1,#0F3H        ; 预置时间常数N，波特率4800bps
            MOV     TL1,#0F3H
            SETB    TR1              ; 启动定时器T1
INIT_SER:   MOV     PCON,#80H        ; 设SMOD=1，波特率倍增
            MOV     SCON,#0D0H       ; 串行口工作方式3,允许串口接收数据
                                     ; SM2=0，双机通信,；TB8、RB8、TI、RI
            SETB    EA               ; 允许CPU响应外设的中断请求
            SETB    ES               ; 允许串行口中断
            MOV     R0,#40H          ; 设置数据指针指向片内器数据区40H
WAIT:       SJMP    WAIT             ; 主程序等待，在实际应用程序可处理其他事物
; 串行口中断服务子程序
RI_INT:     CLR     RI               ; 清除RI标志
            MOV     A,SBUF           ; 读SBUF数据→A
            JNB     PSW.0,PNP        ; P=0,转PNP标号
            JNB     RB8,PER          ; P=1，而RB8=0，传送错误
            SJMP    RIGHT            ; P=1，RB8=1，传送数据正确
PNP:        JNB     RB8,RIGHT        ; P=0，而RB8=0，传送正确
PER:        SETB    F0               ; 接收到任一个数据错误，F0都置1
RIGHT:      MOV     @R0,A            ; 无论数据正确与错误均送入片内RAM
            INC     R0               ; 数据指针+1
            CJNE    R0,#50H,NEXT     ; 是否接收了16个数据？
            CLR     ES               ; 接收到16个数据后，关闭串行口中断
            CLR     REN              ; 禁止串行口接收数据
NEXT:       RETI
            END
```

图9.25 实例9.5乙机中断接收程序

表9.3 RS-232C标准接口（9针）引脚定义

插针序号	信号名称	功　能
1	DCD	载波检测
2	RXD	接收数据（串行输入）
3	TXD	发送数据（串行输出）
4	DTR	DTE就绪（数据终端准备就绪）
5	GND	信号地线
6	DSR	DCE就绪（数据设备就绪）
7	RTS	请求发送
8	CTS	清除发送
9	RI	振铃指示

（4）传输距离短。如前所述最大传输距离标准值15m，实际应用时传输距离一般小于100m。

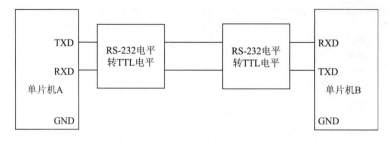

图9.26 RS-232C双机通信接口电路

3）RS-232C接口的电平转换

目前在单片机应用系统中，使用最多的RS-232C电平转换器电路是MAX232。一片MAX232就可以完成2路发送、接收的电平转换功能。MAX232的引脚图如图9.28所示。其中：$T1_{IN}$、$T2_{IN}$是发送端，单片机的TTL电平经T_{IN}至T_{OUT}，转换成RS-232电平；$R1_{IN}$、$R2_{IN}$是接收端，RS-232电平经R_{IN}至R_{OUT}转换成TTL电平。MAX232的外围电路简单，只需4只0.1μF的电容。

图9.27 RS-232C接口DB-9连接器

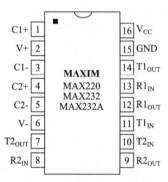

图9.28 MAX232的引脚图

对于51单片机，利用其RXD线、TXD线和1根地线，可构成符合RS-232C接口标准的全双工串行通信口，图9.29给出了采用MAX232芯片的PC机和单片机串行通信接口电路，与PC机相连采用PC机的DB-9标准插座。

1. 任务9.1

51单片机与PC机双机通信，在PC机上可应用任一款"串口调试助手"工具软件向单片机发送、接收数据。设计51单片机与PC机的通信程序。

【任务要求】 通信双方波特率19 200bps（AT89C51单片机fosc=22.1184MHz），8位数据，无奇偶检验；PC机在发送数据块前先发送一联络信号，也称为握手信号，用"？"的ASCⅡ码。单片机接到"？"号后回发一个"！"号作为回应信号。随后PC依次发送数据块长度（字节数，小于32字节），发送数据，最后发送校验和。单片机将收到的校验和与自己所累加的校验和相比较，相同则发送一字符串"Right"，表示传送正确，并结束本次的通信过程；若不相同，则发送一个"Error"，告知接收错误，请PC机重新发送握手信号、数据块长度及数据组，直到接收正确为止。

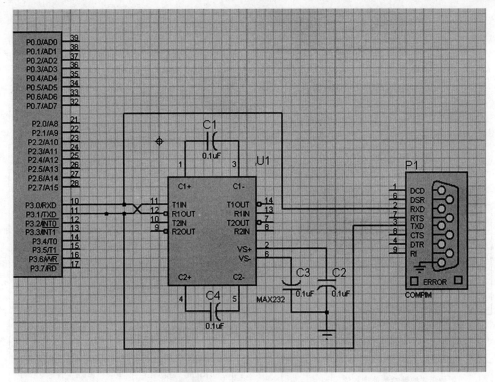

图9.29 MAX232的连接电路

【任务分析】

（1）一帧信息8位数据，无奇偶检验，所以串行接口工作方式1。

（2）单片机f_{osc}=22.1184MHz则，定时器T1的计数初值：

$$N_{SMOD} = 256 - \frac{2^1 \times 22.1184 \times 10^6}{19200 \times 32 \times 12} = 250 = FAH$$

（3）单片机上电作RAM、定时器和串行接口初始化后，查询方式等待PC发送的握手信号，如接收到"？"，回答"！"，然后等待接收数据块长度，打开串口中断接收数据，并作校验和；如接收到非"？"字符，则不予理睬。

（4）根据任务要求，接收的数据块不论正确与否均中断方式回送一组字符串，则在中断服务子程序中，要分别处理接收中断和发送中断。单片机在发送数据时，禁止接收。

（5）如果单片机的P1口扩展了8个独立式按键，则单片机的主程序要调用按键检测和处理子程序，可参考例8.9的KEY子程序（图8.42），不断地扫描键盘。中断服务子程序中也要保护现场，为了不与其他程序冲突，工作寄存器使用工作寄存器1组。

（6）当完成了一次正确或有错误的接收过程，程序要返回到查询方式等待PC发送的握手信号处，所以在中断服务程序中，接收数据完毕，可设完成标志，供主程序查询。

（7）单片机的串口通信程序流程图如图9.30所示，程序如图9.31、图9.32所示。

运行、调试任务9.9程序时，按图9.29电路连接单片机与PC机，接通电源、运行"串口调试助手"软件，此例中使用TKS_COM串口调试助手，其程序界面如图9.33所示。

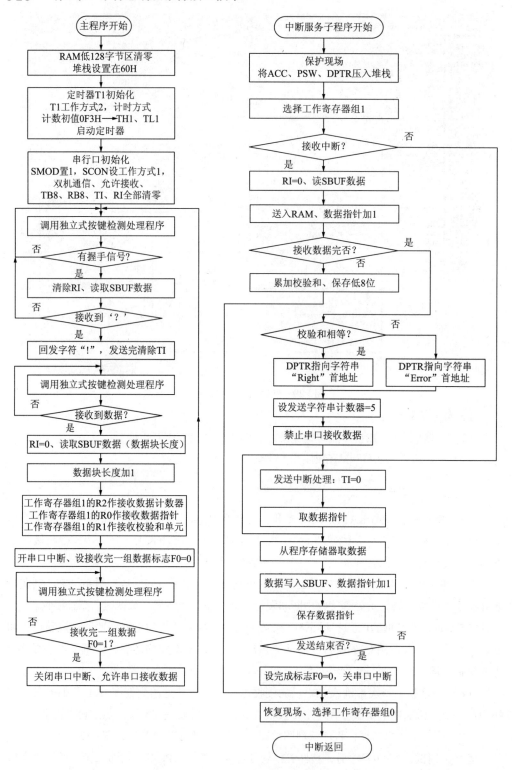

图9.30 任务9.1程序流程图

```
; 单片机中断接收、发送主程序
            ORG       0000H
            SJMP      INIT_T1
RIGHT:      DB        'Right'              ; 在程序存储区连续存放字符串的ASCII码
ERROR:      DB        'Error'
            ORG       0023H
            AJMP      SER_INT
INIT_T1:    MOV       R0,#7FH             ; RAM区清零
CLR_RAM:    MOV       @R0,#0
            DJNZ      R0,CLR_RAM
            MOV       SP,#60H             ; 将堆栈设在高区
            MOV       TMOD,#20H           ; 选择定时器T1方式2，计时方式
            MOV       TH1,#0FAH           ; 预置时间常数N，波特率19200bps
            MOV       TL1,#0FAH
            SETB      TR1                 ; 启动定时器T1
INIT_SER:   MOV       PCON,#80H           ; 设SMOD=1，波特率倍增
            MOV       SCON,#50H           ; 串行口工作方式1，允许串口接收数据
                                          ; SM2=0，双机通信，; TB8、RB8、TI、RI
WAIT_H:     ACALL     KEY                 ; 独立式按键检测、处理程序
            JNB       RI,WAIT_H           ; 若未接收到PC发送的握手信号，继续扫描按键
            CLR       RI                  ; 接收到数据，清除RI标志
            MOV       A,SBUF              ; 从接收SBUF中读取接收到的数据
            CJNE      A,#'?',WAIT_H       ; 接收的字符非"？"，不予理睬
            MOV       SBUF,#'!'           ; 接收到"？"字符，则返回字符"！"
            JNB       TI,$                ; 等待一个字符的发送完成
            CLR       TI                  ; 清除TI标志
WAIT_L:     ACALL     KEY                 ; 继续扫描键盘
            JNB       RI,WAIT_L           ; 查询是否接收到PC发送的数据块长度
            CLR       RI                  ; 接收到数据，清除RI标志
            MOV       A,SBUF              ; 读取数据块长度
            INC       A                   ; 接收的数据总数为数据长度加一个校验和
            MOV       0AH,A               ; 使用工作寄存器1组的R2作接收数据计数器
            MOV       08H,#30H            ; 使用工作寄存器1组的R0作接收数据指针
            MOV       09H,#0              ; 使用工作寄存器1组的R1作校验和单元
            MOV       IE,#90H             ; 允许串口中断
            SETB      PSW.0               ; 数据传送完成标志，F0=1，未完成，F0=0完成
MAIN:       ACALL     KEY
            JB        PSW.0,MAIN          ; F0=1，继续扫描键盘
            MOV       IE,#0               ; F0=0，完成一次正确的数据接收，关中断
            SETB      REN                 ; 允许串口接收数据
            SJMP      WAIT_H              ; 转握手信号查询处
KEY:        见图8.42
            RET
```

图9.31　任务9.1单片机串口通信程序1

先根据题目要求设定PC机"串口调试助手"的串口参数，点击"打开串口"键。运行51单片机的通信程序后，在"串口调试助手"的发送框内输入待发送的字符，按"发送"按钮，串口即可发送数据，单片机回送的数据会显示在接收框内。

```
; 单片机中断服务子程序
SER_INT:     PUSH     ACC                    ; 保护现场，主程序的KEY中使用了A、PSW和
             PUSH     PSW                    ; 工作寄存器0组的R6、R7
             PUSH     DPL
             PUSH     DPH
             SETB     RS0                    ; 选择工作寄存器1组
             CLR      RS1
             JBC      TI,TI_INT              ; TI=1，使TI=0，转发送中断处理，
RI_INT:      CLR      RI                     ; RI=1，清除RI，接收中断处理
             MOV      A,SBUF                 ; 读取数据
             MOV      @R0, A                 ; 数据送片内数据存储器
             INC      R0                     ; 指针指向下一位数据
             DJNZ     R2,CHECKSUM            ; 未接收完，累加校验和
             XRL      A,R1                   ; A中是接收到的校验和，R1中是累加的校验和
             JZ       DATA_R                 ; 异或运算：相同为零，所以两校验和相等，A=0
DATA_E:      MOV      DPTR,#ERROR            ; 取字符串 'Error' 首地址；
             SJMP     SEND_INIT
DATA_R:      MOV      DPTR,#RIGHT            ; 取字符串 'Right' 首地址；
SEND_INIT:   MOV      R2,#5                  ; 发送5个字符，R2作计数器
             CLR      REN                    ; 禁止串口接收数据
             SJMP     TI_INT1                ; 发送第一个字符
CHECKSUM:    ADD      A,R1                   ; 校验和累加
             MOV      R1,A                   ; 保存校验和低8位
             SJMP     INT_END                ; 中断返回处理
                                             ; 发送中断处理
TI_INT:      MOV      DPH,R4                 ; 取数据指针
             MOV      DPL,R3
TI_INT1:     CLR      A
             MOVC     A,@DPTR+A              ; 取数据——A
             MOV      SBUF, A                ; 数据——SBUF，启动发送
             INC      DPTR                   ; 指针加1
             MOV      R3,DPL                 ; DPTR有可能在其他程序中使用，因此用R3、
             MOV      R4,DPH                 ; R4寄存器保存数据指针
             DJNZ     R2,INT_END             ; 发送未结束，转中断返回处理
             CLR      F0                     ; 发送结束，设完成标志F0=0
             MOV      IE,#0                  ; 发送结束，禁止中断
INT_END:     CLR      RS0                    ; 恢复现场
             POP      DPH
             POP      DPL
             POP      PSW
             POP      ACC
             RETI
             END
```

图9.32   任务9.1单片机串口通信程序2

注意：若未点击"串口调试助手"的"□HEX发送"和"□HEX显示"选项，发送框输入的是字符，串口发送的数据是字符的ASCII码；接收框显示的是串口接收的ASCII码所对应的字符。若想看到十六进制数值可选中上述两个选项。

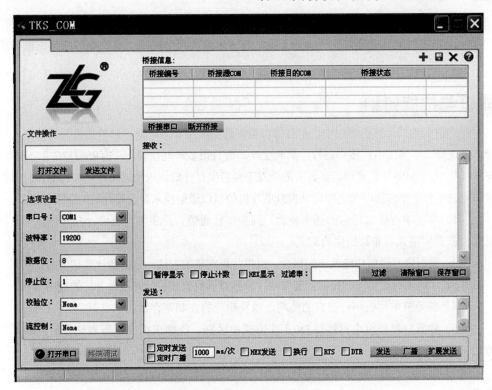

图9.33 TKS_COM串口调试助手

9.3.2 RS–485接口

RS-232C接口虽然应用很广,但因其推出较早,在现代网络通讯中已暴露出明显的缺点,如TTL电平不兼容、数据传输速率低、通讯距离短等,因此EIA又制定了新的标准——RS-449、RS-422、RS-423和RS-485。当前在嵌入式应用系统中RS-485接口使用较多,尤其是长导线传输时。

1)RS–485的电气特性

逻辑"1"以两线间的电压差+2V~+6V表示;逻辑"0"以两线间的电压差–2V~–6V表示。接口信号电平比RS-232C低,因此不易损坏接口电路的芯片,且该电平与TTL电平兼容,可方便与TTL电路连接。

2)RS–485的数据传输速率

RS-485的数据最高传输速率可达到10Mbps。

3)RS–485的传输距离

RS-485接口的最大传输距离标准值为4000ft(1ft=0.3048m),实际上可达3000m。 因为RS-485接口只需两根电缆,所以一般采用屏蔽双绞线传输。抗共模干扰能力增强,即抗噪声干扰性好。

4)RS–485是多发送器标准

RS-485接口在总线上是允许连接多达128个收发器。即具有多站能力,这样可以利用单一的RS-485接口建立起多机通信网络。

RS-485接口因具有良好的抗噪声干扰，长传输距离和多站能力等优点而成为首选的串行接口。

知识与技能归纳

在当前嵌入式计算机应用中，串行接口数据通信应用非常广泛，51单片机与其他嵌入式计算机或外设多通过串行接口进行信息的交换。而且很多智能仪表均带有RS-232C接口或RS-485接口，对于51单片机来讲，其具有的全双工异步串行接口，应用这两种串口标准，只需在接口电路中作电平转换即可。因此掌握51单片机的串口通信技术对于单片机的应用很重要。

（1）掌握串行接口通信的基本概念，同步串行通信、异步串行通信，尤其是异步串行通信的数据帧格式，非数据位的意义。

（2）掌握串行通信传输速率的概念，51单片机实现的方法，定时器计数初值的计算。

（3）了解串行通信中差错的检验方法，掌握奇偶校验和校验和检验方法的程序设计。

（4）熟悉51单片机串行接口的结构，以及相应的控制寄存器。

（5）熟悉51单片机串行接口3种工作方式的区别，能够根据应用需要选择相应的工作方式。

（6）掌握串行接口的初始化程序设计、查询方式的通信程序设计、中断方式的通信程序设计。

思考与练习

1. 何谓波特率？在51单片机中如采用标准系列波特率，如何实现？

2. 画图说明异步串行通信一帧信息的格式。

3. 说明串行通信常用的几种差错检验方式。

4. 51单片机的串行接口有几种工作方式，各有何特点？使用中如何选择？

5. 说明RS-232C接口的特点。

6. 编写程序，用51单片机的串行接口以波特率19 200bps的速率连续发送字符"OK"的ASCII码。已知单片机的晶振频率为11.0592MHz，串行接口工作在方式1。

7. 51单片机的串行口与PC机连接进行数据传送。编写中断方式、中断接收的51单片机通信程序。要求：PC机向单片机的串行接口发送字母"U"的ASCII码（可通过PC机的串口调试程序实现），单片机接收到后，判定，如果是55H，返回字母"A"的ASCII码，程序结束；反之返回字母"E"的ASCII码，程序结束。

8. 如任务9.1中，单片机接收数据后要回发的字符串长度不同，程序应如何处理？

9. 思考：任务9.1在中断服务子程序中，接收完数据，准备发送字符串时，禁止了串口接收（REN清零了）。如不作此处理，程序运行时可能发生什么情况？

第10章

单片机应用系统的
设计与开发

由于单片机体积小、功耗低、使用灵活方便、易于维护和操作、性价比高，因此适用于各行各业以及生活的各个领域。那么究竟如何来设计一个单片机应用系统呢？在学习完单片机基础知识后，本章简要介绍单片机应用系统的一般开发和设计方法，使读者对整个单片机系统的研发过程有一个清楚的认识。

10.1　单片机应用系统的结构

经过前面的学习以及各种任务的训练，这里对单片机应用系统的结构组成进行一个总结，即一个单片机应用应该包括哪些基本配置。

正如日常使用的计算机系统包括CPU、内存、硬盘、显示器、键盘、鼠标以及各种接口一样，单片机应用系统仅有单片机也是不够的，图10.1给出了一个典型的单片机应用系统的硬件配置，包括：

（1）单片机。

（2）人机通道，包括按键、拨动开关、键盘等输入设备，LED指示灯、数码管、液晶显示块、打印机等输出设备。

（3）各种信号（可以是开关量也可以是模拟量）的输入通道，包括各种传感器及其接口电路。

（4）控制信号的输出通道，包括各种执行机构及其接口电路。

（5）通信接口，以实现与其他单片机、PC机等设备的数据交换。

（6）扩展存储器模块，当单片机自带的存储器容量不能满足要求时，需要在外部扩展数据存储器或者程序存储器。

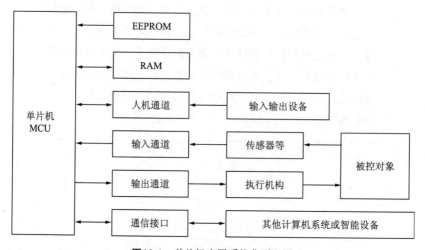

图10.1　单片机应用系统典型配置

当然，在进行实际开发时，可根据应用系统的要求，在图10.1的基础上增减设备。例如一般温度报警系统，由于只需测量，不对温度进行控制，因此没有执行机构，也就不需要配置输出通道。然而对于一个温度控制系统来说，由于要对温度进行调节，因此需要配置输出通道。再比如，如果选择的单片机自带的RAM足够大，就不需要外接RAM芯片。

10.2　单片机应用系统的设计过程

单片机应用系统的设计就是针对具体的应用背景和各种需求设计一个专门的单片机用

户系统，用于完成一定的功能，因此不同的单片机系统，其功能和用途也不尽相同。但是单片机系统的研发过程却大致相同，如图10.2所示。

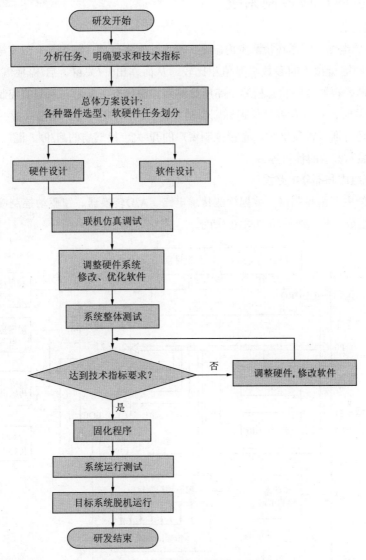

图10.2 单片机应用系统设计流程

正如本书在第1章就强调过的，单片机系统是硬件和软件结合的产物，因此单片机系统的设计包含两方面，即硬件设计和软件设计。只有硬件和软件紧密配合，协调一致，才能设计出符合要求且性能优良的单片机应用系统。也正因此，对硬件和软件的反复调试过程在单片机系统的整个研发过程中占有很大比重。

10.3 单片机应用系统设计实例

本节通过两个实例来详细说明单片机系统的设计方法，一个是室内环境控制系统[5]，一个是水位控制系统[4]。

10.3.1 室内环境控制系统

1）设计思想

通过传感电路不断循环检测室内温度、湿度、有害气体（如煤气）浓度等环境参数，然后与由控制键盘预置的参数临界值相比较，从而作出开/关窗、启/停换气扇、升/降温（湿）等判断，再结合窗状态检测电路所检测到的窗状态，发出一系列的控制命令，完成下雨则自动关窗、室内有害气体超标则自动开窗、开/启换气扇、恒温（湿）等自动控制功能。用户还可通过控制键盘，直接控制窗户的开/关、换气扇的启/停、温（湿）度的升/降，选择所显示参数的种类等。

2）系统组成和部分电路设计

控制系统主要由控制器、数据检测传感电路、A/D转换器、窗驱动控制接口电路、窗驱动电路等组成。其系统原理如图10.3所示。

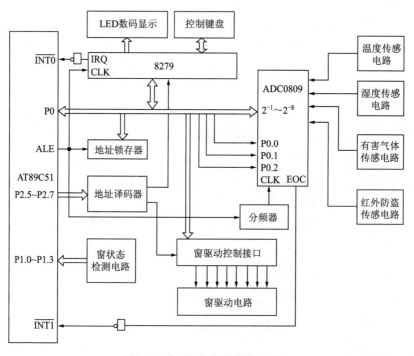

图10.3 室内环境控制系统原理图

控制器采用美国Atmel公司的AT89C51单片机。利用89C51的P0口采集数据，作为控制端口，完成控制信息的采集和控制功能。利用P1.0～P1.3作为窗状态检测端口，完成对窗状态（即窗是否移到边框）的检测。

数据检测传感电路由温度传感电路、湿度传感电路、有害气体传感电路、红外防盗传感器四个部分组成。在此只以温度传感电路为例进行设计。

通常，在自然情况下，窗户的开/关与生活环境和人体的舒适度有关，温度的检测是该系统设计的关键。为了较好地测出温度参数，选用集成温度传感器AD590（测温范围为-55℃~+55℃）。测量电路如图10.4所示。

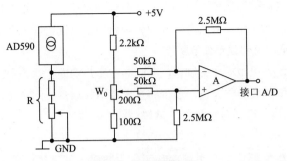

图10.4　温度检测电路

为了便于与AT89C51单片机连接，同时又有利于系统设计，A/D转换器选用了ADC0809。本系统中只用4路输入。利用单片机对7FFFH口写数据启动A/D转换器，A/D转换结束时ADC0809的EOC向AT89C5 1发出中断请求信号，CPU响应中断请求信号，并通过对7FFFH口的读操作，读取转换结果，并存入被测量的缓存单元中。再重新选择被测量（修改各相关指针），再次启动A/D转换后，中断返回。通过A/D转换实现的数据采集电路如图10.5所示。

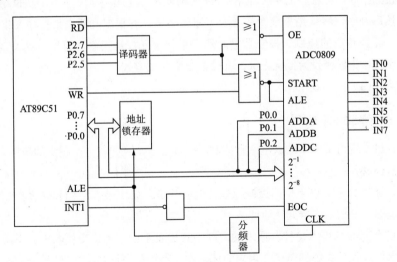

图10.5　数据采集电路

根据驱动信号与所控对象的关系，将窗驱动电路分解为移窗驱动电路、换窗驱动电路、锁窗驱动电路、温度调节驱动电路、湿度调节驱动电路、换气扇驱动电路和报警驱动电路等，分别用它们去控制1个对象。

窗状态检测电路采用4个开关型磁敏器件。外窗、内窗所对应的左、右墙框各一个，在外窗、内窗的左、右边上，与磁敏器件相对应的地方，各贴上一小片磁铁，当小磁铁随窗户的移动而移近相对应的磁敏器件时，该磁敏器件的输出信号从高电平变为低电平，表示窗户已移到相应边上。

键盘输入及显示电路采用Intel公司生产的8279通用可编程键盘、显示器接口芯片。利用8279，可实现对键盘和显示器的自动扫描，并识别键盘上闭合键的键号，节省了单片机对键盘和显示器的操作时间，从而减轻单片机的负担。该键盘输入及显示电路具有显示稳定、程序简单、不会出现错误动作等优点。

对于控制键盘，采用微动开关制作，并安装在窗户的固定边框上。通过控制键盘，用户不但可设置各环境参数的临界值，还可随意选择所显示参数的种类，并直接控制窗户的开/关、换气扇的启/停、温（湿）度的升/降等。

3）软件设计

控制系统的软件主要由一个主程序和两个中断服务程序等组成。主程序的主要作用是在系统复位后对系统进行初始化，如设置8279，ADC0809等的工作方式和初始状态，设置各中断的优先级别并开中断，首次启动A/D转换等，然后向8279循环送显示字符，进行显示。

键中断服务程序的主要作用是在AT89C5响应$\overline{INT0}$而中断（有键按下，则产生该中断）后，读出键值，并根据键值依序发出相应的控制命令字，完成相应的控制功能。该中断应设为高优先级。

循环检测中断服务程序的主要作用是在89C51响应$\overline{INT1}$中断后，将A/D转换结果送相应缓冲区，然后判断该转换结果是否在上、下限值之间，并根据判断结果按序发出相应的控制命令字，完成相应的控制、报警功能。然后重新选择被转换量，再次启动A/D转换后，返回主程序。该中断应设为低优先级，并设为电平触发方式。

程序流程图如图10.6所示。

10.3.2　水位控制系统

用单片机实现对某水塔的水位进行控制，使其可自动维持在一个正常的范围之内。

1）题目分析

首先，通过分析水塔水位的控制原理，明确任务，确定硬件结构和软件控制方案；然后，再画框图，分配工作单元及地址。

图10.7所示为水塔水位控制原理图。图中虚线表示允许水位变化的上、下限。在正常情况下，水位应保持在虚线范围之内。为此，在水塔内的不同高度安装3根金属棒，以感知水位变化情况。其中，A棒处于下限水位，C棒处于上限水位，B棒处于上、下水位之间。A棒接+5V电源，B棒、C棒各通过一个电阻与地相连。

水塔由电机带动水泵供水，单片机控制电机转动以达到对水位控制之目的。供水时，水位上升，当达到上限时，由于水的导电作用，B棒、C棒连通+5V，b、c两端为1状态。这时，应停止电机和水泵工作，不再给水塔供水。当水位降到下限时，B、C棒都不能与A棒导电b、c两端均为0状态。这时应启动电机，带动水泵工作，给水塔供水。

当水位处于上、下限之间时，B棒与A棒导通，因C棒不能与A棒导通，故b端为1状

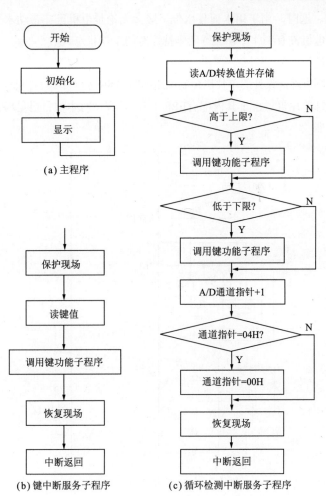

(a) 主程序

(b) 键中断服务子程序

(c) 循环检测中断服务子程序

图10.6 程序流程图

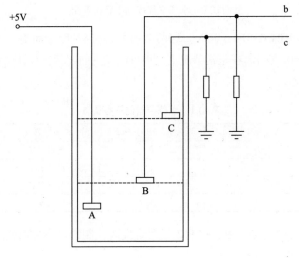

图10.7 水塔水位控制原理图

态，c端为0状态。这时，由于用水而使水位下降，无论是电机已在带动水泵给水塔加水使水位上升，还是电机没有工作，都应继续维持原有的工作状态。

2）硬件设计

根据上述控制原理而设计的单片机控制电路如图10.8所示。下面对控制电路进行说明。

使用AT89S51单片机，由于其内部有EPROM，且容量对本项目已足够，因此，无需外加扩展程序存储器。

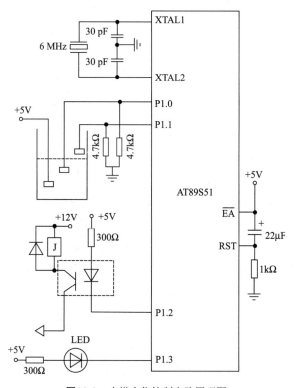

图10.8   水塔水位控制电路原理图

两个水位信号由P1.0和P1.1输入。这两个信号共有4种组合状态，如表10.1所列。其中，第3种组合（b=0，c=1）在正常情况下是不可能发生的，但在设计中还是应该考虑到，并作为一种故障状态。

表10.1   水位控制信号的状态

c（P1.1）	b（P1.0）	操 作
0	0	电机运转
0	1	维持原状
1	0	故障报警
1	1	电机停转

控制信号由P1.2端输出，用于控制电机。为提高控制的可靠性而使用了光电隔离器。图中"J"表示继电器。

由P1.3输出报警信号，驱动一支发光二极管进行光报警。

3）软件设计

按照上述设计思想，设计程序流程如图10.9所示。

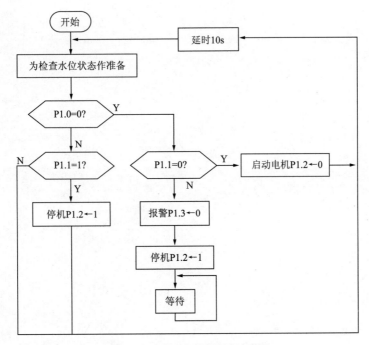

图10.9　水塔水位控制程序流程图

知识与技能归纳

（1）熟悉单片机应用系统的设计流程。

（2）掌握软件设计、硬件设计和系统调试与测试的方法。

思考与练习

1. 设计一个节日彩灯循环闪烁的控制系统。

2. 设计一个粮库温度监测系统，要求每间隔5s顺序检测10个库房的温度，并用5位LED共阴极数码管实时显示库房号和所测温度值，最低3位显示温度（如25.5），第4位显示符号"一"，第5位显示库房号（即0~9）。

第 *11* 章

课程设计项目

本章给出几个综合性的课程设计项目，每个项目都不同程度地涵盖了定时器、中断、显示器和键盘等知识点，还有的项目涉及了A/D和D/A的转换。其目的在于使读者将前面所学的各种理论知识和基本技能进行综合，进一步锻炼单片机应用系统的开发能力。

11.1 电子秒表的设计

1. 任 务

设计制作一个电子秒表。

2. 要 求

1）基本功能

（1）该秒表具有4位LED显示器，用于实时显示测量的时间，显示时间的精度为0.01s，如显示23.14，表示用时为23.14s。

（2）该秒表的启动计时和停止计时均由按键控制。当"开始"键按下时，秒表开始计时，显示时间随计时时间进行改变。当"停止"键按下时，秒表停止计时，显示时间也停止变化，保持所计的时间。当再次按下"开始"键后，秒表又继续计时。

（3）该秒表应具有"清零"按键。当计时结束后，按下"清零"键，显示器应回到0状态。

2）发挥功能

（1）按键按下时有声音进行提示，使用蜂鸣器发声。

（2）当"停止"键按下时，显示当前所计时间，但秒表不停止计时；再次按下"开始"键后，秒表持续计时状态，显示时间又随计时时间进行改变。

（3）设计与总结报告。

完成方案论述，理论分析与计算，电路原理图及程序设计说明，测试方法与仪器，测试数据及测试结果分析。

11.2 电子时钟的设计

1. 任 务

设计制作一个电子时钟。

2. 要 求

1）基本功能

（1）该时钟具有4位LED显示器，用于显示当前时间的小时和分钟，如14.34，表示14时34分。

（2）该时钟应具有"校时"和"校分"按键，用于对时间进行校准。在任何时候均可通过以上两个按键对时间进行调整。每按动一次"校时"键，小时自动加1，当小时指示为23时，再按下"校时"键，小时将自动回零。每按动一次"校分"键，分钟自动加1，当分钟指示为59时，再按下"校分"键，分钟将变为0。

2）发挥功能

（1）增加闹钟功能。设置"设定"按键，用于启用闹钟，设置启闹的时间。当"设定"键按下后，通过"校时"和"校分"按键来选择所需的启闹时间，然后再次按下"设定"键以保存启闸时间。设定完成后再返回正常计时状态。

（2）所有按键按下时以声音进行提示。

3）设计与总结报告

完成方案论述，理论分析与计算，电路原理图及程序设计说明，测试方法与仪器，测试数据及测试结果分析。

11.3 步进电机的控制

1. 任 务
设计程序实现步进电机的控制。

2. 要 求
1）基本功能

（1）控制步进电机，使其按"正转"键时步进电机正转；按"反转"键时步进电机反转；按"停止"键时步进电机停转。

（2）可按键设定步进电机的转速，按"加一"键时步进电机的转速增加1r/min，按"减一"键时步进电机的转速减少1r/min，转速在20~30r/min范围内设定。默认值为20r/min。

（3）利用4位LED显示器实现转动状态和转速的显示。显示器的左1位显示转动状态，正转时显示"A"，反转时显示"B"，停止时显示"C"。显示器的右两位显示设定的转速（r/min）。

2）发挥功能

（1）应用红外传感器测量步进电机的转速（r/min）。步进电机转动时显示实际测量的转速，步进电机停止时显示设定的转速。

3）设计与总结报告

完成方案论述，理论分析与计算，电路原理图及程序设计说明，测试方法与仪器，测试数据及测试结果分析。

11.4 直流电机的控制

1. 任 务
设计程序利用PWM控制直流电机的转动。

2. 要 求
1）基本功能

（1）控制直流电机，使其按"正转"键时直流电机正转；按"反转"键时直流电机反转；按"停止"键时直流电机停转。

（2）通过改变PWM信号的占空比可改变直流电机的转速。PWM信号的周期为8ms，PWM的占空比可在8ms的2/16～14/16范围内选择。按键设定PWM的占空比，按"加一"

键时PWM的占空比增加1/16，按"减一"键时PWM的占空比减少1/16。占空比默认值为8/16。

（3）利用4位LED显示器实现转动状态和转速的显示。显示器的左1位显示转动状态，正转时显示"A"，反转时显示"B"，停止时显示"C"。显示器的右两位显示设定占空比的分子数。

2）发挥功能

（1）应用红外传感器测量直流电机的转速（r/min）。直流电机转动时显示实际测量的转速，直流电机停止时显示设定的转速。

3）设计与总结报告

完成方案论述，理论分析与计算，电路原理图及程序设计说明，测试方法与仪器，测试数据及测试结果分析。

11.5 数字温度计的设计

1. 任 务

设计程序实现数字式温度计。

2. 要 求

1）基本功能

（1）设计数字温度计，测量范围为0~100℃，分辨率为0.5℃。

（2）应用铂电阻温度变送器测量温度，其输出0~5V的电压信号对应温度0~100℃。设计中断方式工作的ADC0809接口电路进行模/数转换。设计定时数据采集程序，中断方式读取数据，应用电压–温度换算公式，计算出对应的温度。

（3）应用4位LED显示器实现温度显示。显示器的右三位显示温度值，两位整数，一位小数。整数的个位带小数点。

（4）可实现上、下限报警功能。若温度超过上限—35℃，显示器的左一位显示"三"，同时蜂鸣器声报警；若温度低于下限—15℃，显示器的左一位显示"一"，同时蜂鸣器声报警。

2）发挥功能

（1）可以按键设定温度的上下限。共设四个按键，1为"设定键"，进入设定报警值模式；2为"选择键"，选择要设定的是上限还是下限；3为"加功能键"，报警值以1℃递增，4为"减功能键"，报警值以1℃递减。要求上限最高为50℃，下限为10℃。上下限设定时，显示器配合选择的状态在左一位上显示。

3）设计与总结报告

完成方案论述，理论分析与计算，电路原理图及程序设计说明，测试方法与仪器，测试数据及测试结果分析。

11.6 交通灯控制系统的设计

1. 任 务

设计程序实现交通灯控制系统。

2. 要 求

1）基本功能

（1）设计程序能够控制红灯、黄灯和绿灯的切换。假设十字路口为东西南北走向，南北方向为主干道，东西方向为辅干道，主干道通行时间长于辅干道。要求按表11.1实现过程控制。

表11.1 交通灯控制顺序要求

过程顺序	红绿灯状态	时 间
1	东西红灯，南北红灯	10s
2	南北绿灯，东西红灯	40s
3	南北绿灯闪烁3次，东西红灯	闪烁间隔1s
4	南北黄灯，东西红灯	4s
5	南北红灯，东西绿灯	30s
6	南北红灯，东西绿灯闪烁3次	闪烁间隔1s
7	南北红灯，东西黄灯	4s
8	转过程2，循环执行	

（2）应用两位动态显示的LED显示器倒计时显示通行时间，总时间应包含绿灯闪烁和黄灯亮的时间。

（3）当绿灯闪烁和黄灯亮时，蜂鸣器发声提示。

2）发挥功能

（1）处理紧急状况，由按键引发外部中断进入紧急状况。在紧急状况下东西、南北均为红灯，15s后恢复进入紧急状况之前的正常运行状态。

（2）按键设定东西、南北方向的通行时间。

3）设计与总结报告

完成方案论述，理论分析与计算，电路原理图及程序设计说明，测试方法与仪器，测试数据及测试结果分析。

11.7 波形发生器1的设计

1. 任 务

设计制作一个波形发生器，该波形发生器能产生方波、锯齿波、三角波等波形。图11.1为波形发生器组成示意图。

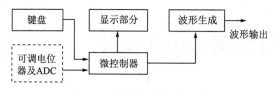

图11.1　波形发生器1示意图

2．要　求

1）基本功能

（1）具有产生方波、锯齿波、三角波三种周期性波形的功能。

（2）用按键选择上述三种波形，KEY1—方波、KEY2—锯齿波、KEY3—三角波。

（3）输出波形的频率为15Hz。输出波形的幅值范围0～-4V（峰-峰值）。输出幅值的上限通过可调电位器在-3V～-4V范围内设定。可调电位器输出的直流电压提供给ADC0809（定时采集），转换成数字量确定输出波形的幅度。

（4）LED发光二极管配合按键指示输出的波形类型。

（5）运行程序后，先设定输出波形的幅度，调节可调电位器，使其输出的电压在-3V～-4V范围内，用数字电压表测量；再按键选择波形类型，用示波器观察DAC0832输出的波形。

2）发挥功能

（1）通过3个按键选择（KEY5～KEY7）输出波形的频率，频率可设定为15Hz、18Hz、21Hz。运行程序后，先设定输出波形的频率和幅度；再按键选择波形。

3）设计与总结报告

完成方案论述，理论分析与计算，电路原理图及程序设计说明，测试方法与仪器，测试数据及测试结果分析。

11.8　波形发生器2的设计

1．任　务

设计制作一个波形发生器，该波形发生器能产生方波、锯齿波、三角波等波形。图11.2为波形发生器组成示意图。

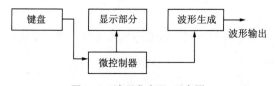

图11.2　波形发生器2示意图

2．要　求

1）基本功能

（1）具有产生方波、锯齿波、三角波三种周期性波形的功能。

（2）用按键选择上述三种波形，KEY1—方波、KEY2—锯齿波、KEY3—三角波。

（3）输出波形的频率为16Hz。输出波形的幅值范围为0～-4V（峰-峰值）。输出幅值的上限可通过按键加1键KEY7及减1键KEY6在-3.0V～-4.0V范围内设定。按一次KEY7，输出波形幅值增加0.1V。按一次KEY6，输出波形幅值减小0.1V。上电后，输出波形的幅值范围默认值为0～-3V（峰-峰值）。

（4）利用4位LED显示器实现输出波形的频率和幅度。显示器的左两位显示输出波形的频率；显示器的右两位显示输出波形的幅度，显示格式：X.X（V）。

（5）运行程序后，先设定输出波形的幅度；按键选择波形后，在DAC0832的输出端用示波器观察输出的波形。

2）发挥功能

（1）通过3个按键选择（KEY5~KEY7）输出波形的频率，频率可设定为18Hz、20Hz、22Hz。运行程序后，先设定输出波形的频率和幅度；再按键选择波形。

3）设计与总结报告

完成方案论述，理论分析与计算，电路原理图及程序设计说明，测试方法与仪器，测试数据及测试结果分析。

11.9 项目设计报告参考格式

1. 设计报告正文内容

1）设计任务与要求

2）总体方案设计

包括理论分析与计算，以方框图的形式给出，并作出说明。

3）硬件设计

（1）各单元模块功能介绍及电路设计，绘制电路原理图。

（2）电路参数的计算及元器件的选择。

（3）地址分配。

4）软件设计

（1）分模块介绍程序功能，阐述程序设计思路。

（2）程序中重要参数（控制字、定时器初值等）的计算及说明。

（3）程序流程图。

5）系统调试及结果

（1）完成的调试内容、调试方法以及调试仪器。

（2）说明系统能实现的功能，给出测试数据、测试结果以及结果分析。

6）设计总结

收获体会以及对项目设计提出的改进意见或建议。

2. 参考文献

3. 附件

（1）系统电路原理图。

（2）程序清单及注释。

参考文献

［1］ 雨宫好文,末松良一. 控制用单片机入门. 北京：科学出版社, 2001.

［2］ 秦志强等. C51单片机与智能机器人. 北京：电子工业出版社, 2007.

［3］ 胡健. 单片机原理及接口技术. 北京：机械工业出版社, 2005.

［4］ 张迎新等. 单片机初级教程——单片机基础. 北京航空航天大学出版社, 2006.

［5］ 张鑫等. 单片机原理及其应用. 北京：电子工业出版社, 2005.

［6］ 江力等. 单片机原理与应用技术. 北京：清华大学出版社, 2006.

［7］ 蒋辉平, 周国雄. 基于Proteus的单片机系统设计与仿真实例. 北京：机械工业出版社, 2012.

［8］ 徐爱钧. 单片机原理与应用：基于Proteus虚拟仿真技术. 北京：机械工业出版社, 2010.

［9］ 朱清慧. Proteus——电子技术虚拟实验室. 北京：中国水利水电出版社, 2010.

［10］ 卫晓娟. 单片机原理及应用系统设计. 北京：机械工业出版社, 2012.

［11］ 李学礼. 基于Proteus的8051单片机实例教程. 北京：电子工业出版社, 2008.

［12］ 江和. PIC16系列单片机C语言程序设计与Proteus仿真. 北京航空航天大学出版社, 2010.

附 录

附录A　Proteus ISIS功能概述

Proteus ISIS的工作界面是一种标准的Windows界面，如附图A.1所示。包括：标题栏、主菜单、标准工具栏、绘图工具栏、状态栏、对象选择按钮、预览对象方位控制按钮、仿真进程控制按钮、预览窗口、对象选择器窗口、图形编辑窗口。

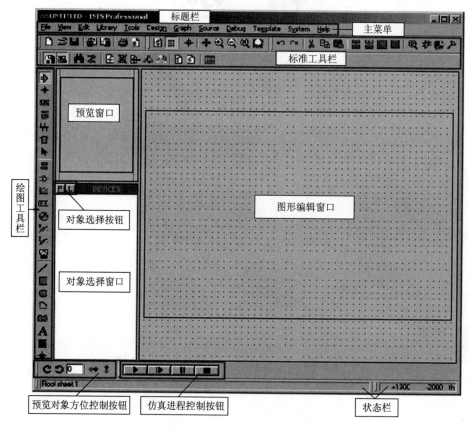

附图A.1　Proteus ISIS工作界面

● 主菜单功能说明

1）File菜单

New Design	新建一个电路文件
Open Design	打开一个已有电路文件
Save Design	将电路图和全部参数保存在打开的电路文件中
Save Design As	将电路图和全部参数另存在一个电路文件中
Import Bitmap	导入图形文件
Export Graphics	导出图形文件
Print	打印当前窗口显示的电路图
PageSetup	设置打印页面
Exit (退出)	退出Proteus ISIS

2）View菜单

Redraw	重画电路
Grid	显示/不显示栅格
Origin	图纸的坐标原点设置
X Cursor	改变鼠标的光标样式
Snap 10th/50th/100th/0.5in	设置捕捉栅格的大小
Pan	显示移动
Zoom In	放大电路到原来的两倍
Zoom Out	缩小电路到原来的1/2
Zoom All	缩放到整图
Zoom to Area	缩放到区域

3）Eidt菜单

Undo	取消
Redo	重做
Find and Edit Component	查找元件
Cut/Copy to clipboard	剪切或拷贝对象到剪贴板
Paste form clipboard	从剪贴板粘贴对象
Send to back	把备选对象移至下层
Bring to front	把备选对象移至上层
Tidy	把当前未用的元件从已取到元件缓存区中移除

4）Tool菜单

Real Time Annotation	实时自动标注
Wire Auto Router	自动连线
Search and Tag	查找并标记
Property Assignment Tool	属性设定工具
Global Annotator	在整个设计中对未编号的元件自动编号
ASCII Data Import	导入元件模型参数
Bill of Materials	按指定格式输入图纸的元件清单
Electrical Rule Check	电气规则检查
Net list Compiler	建立网络表
Model Compiler	模块编译

5）Design菜单

Edit Design Properties	编辑设计属性
Edit Sheet Properties	编辑图纸属性
Edit Design Notes	编辑设计说明
Configure Power Rails	配置电源
New/Remove Sheet	新建或移除图纸
Previous Sheet	前一张图纸
Next Sheet	下一张图纸
Go to Sheet	跳转到图纸
Design Explorer	设计浏览器

6）Graph菜单

Edit Graph	编辑当前图表
Add Trace	在当前仿真图表新加入曲线
Simulate Graph	根据所设置的参数进行图表仿真
View Log	显示仿真相关信息
Export Data	把仿真图表中的仿真曲线以文本方式输出到指定目录的指定文件命中。文件名后缀自动设定为DAT
Clear Data	清除仿真图表中的曲线
Conformance Analysis(All Graph)	对所有的图表进行一致性分析
Bath Mode Conformance Analysis	进行批处理方式的一致性分析

7）Source菜单

Add/Remove Source file	增加/移除源文件
Define Code Generation Tools	定义代码产生工具
Setup External Text Editor	安装外部文本编辑器
Build All	全部编译

8）Debug菜单

Start/Restart Debugging	开始／重启动调试
Pause Animation	暂停动画
Stop Animation	停止动画
Execute	执行
Execute Without Breakpionts	无断点执行
Execute for Specified Time	定时限执行
Step Over	单步执行
Step Into	跟踪
Step Out	步出
Step To	单步到
Reset Popup Windows	重置弹出窗口
Reset Persistent Model Data	重置不变模型数据
Use Remote Debug Moniter	使用远程调试设备
Title Horizontally	标题水平
Title Vertically	标题垂直

9）Template菜单

Go to Master Sheet	直接转向主图纸
Set Design Default	设置设计默认参数
Set Graph Colours	设置图表颜色
Set Graphics Styles	设置图形格式
Set Text Styles	设置文本格式
Set Graphics Text	设置图形文本
Set Junction Dots	设置连接点
Load Styles from Design	从已有设计中应用模板

10）System菜单

System Info	系统信息
Text Viewer	文本预览
Set BOM Scripts	设置（BOM）脚本
Set Environment	设置环境
Set Paths	设置路径
Set Property Definitions	设置属性定义
Set Sheet Sizes	设置设计页大小
Set Text Editor	设置文本编辑器
Set Keyboard Mapping	设置键盘映象
Set Animation Options	设置动画选项
Set Simulator Options	设置仿真选项
Save Preferences	保存参数

11）标准工具栏介绍

	刷新显示		组成新元件
	切换网格		封装工具
	设置或取消图纸的坐标原点		元件拆卸
	设置图纸的中心点		连线自动选择
	图纸的放大,缩小		查找元件
	显示全图		为元件参数赋值
	局部放大		显示当前图纸中的元件清单
	撤销/重做		新建图纸
	剪切/复制/粘贴		移除当前图纸
	块拷贝/移动/翻转/删除		退出到父页面
	拾取元件		显示元件清单
	电气规则检查并显示检查结果		将网络表转换为PCB设计

12）绘图工具栏介绍

	选择模式		当对设计电路分割仿真时采用此模式
	拾取元器件		在对象选择器中列出各种激励源
	放置节点		在原理图中添加电压探针
	标注线段或网络名		在原理图中添加电流探针
	输入文本		在对象选择器中列出各种虚拟仪器
	绘制总线		绘制直线、矩形、圆形、弧线和封闭的多边形。
	绘制子电路块		放置单行文本
	在对象选择器中列出各种终端		从库中放置符号
	在对象选择器中列出各种引脚		放置标记
	在对象选择器中列出各种仿真分析所需图表		在放置元件前，选择所要放置元件的放置方向，文本框显示当前设置的方向角度（逆时针为正），分别为顺时针、逆时针，水平翻转，垂直翻转

13）激励源的种类（14种）

序 号	名 称	含 义
1	DC	直流电压源
2	Sine	正弦波发生器
3	Pulse	脉冲发生器
4	Exp	指数脉冲发生器
5	SFFM	单频率调频波信号发生器
6	Pwlin	任意分段线性脉冲信号发生器
7	File	文件信号发生器
8	Audio	音频信号发生器
9	DState	稳态逻辑电平发生器
10	DEdge	单边沿信号发生器
11	DPulse	单周期数字脉冲发生器
12	DClock	数字时钟信号发生器
13	DPattern	模式信号发生器
14	Scriptable	可编程信号源

14）图表的种类（13种）

序 号	名 称	含 义
1	ANALOGUE	模拟图表
2	DIGITAL	数字图表
3	MIXED	混合分析图表
4	FREQUENCY	频率分析图表
5	TRANSFER	转移特性分析图表
6	NOISE	噪声分析图表
7	DISTORTION	失真分析图表
8	FOURIER	傅立叶分析图表
9	AUDIO	音频分析图表
10	INTERACTIVE	交互分析图表
11	CONFORMANCE	一致性分析图表
12	DC SWEEP	直流扫描分析图表
13	AC SWEEP	交流扫描分析图表

15）虚拟仪器的种类（13种）

序 号	名 称	含 义
1	OSCILLOSCOPE	虚拟示波器
2	LOGIC ANALYSER	逻辑分析仪
3	COUNTER TIMER	计数/定时器
4	VIRUAL TERMINAL	虚拟终端
5	SIGNAL GENERATOR	信号发生器
6	PATTERN GENERATOR	模式发生器
7	AC Voltmeters	交流电压表
8	DC Voltmeters	直流电压表

序　号	名　称	含　义
9	AC Ammeters	交流电流表
10	DC Ammeters	直流电流表
11	SPI DEBUGGER	SPI调试器
12	I2C DEBUGGER	I2C调试器
13	USB DEBUGGER	USB调试器

附录B　Proteus元件分类说明

1）Analog ICs模拟集成器件共有8个子类

子　类	含　义
Amplifier	放大器
Comparators	比较器
Display Drivers	显示驱动器
Filters	滤波器
Miscellaneous	混杂器件
Regulators	三端稳压器
Timers	555定时器
Voltage Reference	参考电压

2）Capacitors电容共有23个子类

子　类	含　义
Animated	可显示充放电电荷电容
Audio Grade Axial	音响专用电容
Axial Lead polypropene	径向轴引线聚丙烯电容
Axial Lead polystyrene	径向轴引线聚苯乙烯电容
Ceramic Disc	陶瓷圆片电容
Decoupling Disc	解耦圆片电容
Genetic	普通电容
High Temp Radial	高温径向电容
High Temp Axial Electrolytic	高温径向电解电容
Metallised polyester Film	金属聚酯膜电容
Metallised polypropene	金属聚丙烯电容
Metallised polypropene Film	金属聚丙烯膜电容
Miniture Electrolytic	微型电解电容
Multilayer Metallised Polyester Film	多层金属聚酯膜电容
Mylar Film	聚酯薄膜电容
Nickel Barrier	镍栅电容
Non Polarised	无极性电容
Polyester Layer	聚酯层电容
Radial Electrolytic	径向电解电容
Resin Dipped	树脂蚀刻电容
Tantalum Bead	钽珠电容
Variable	可变电容
VX Axial Electrolytic	VX轴电解电容

3）CMOS 4000 series系列数字电路共有16个子类

子　类	含　义
Adders	加法器
Buffers & Drivers	缓冲和驱动器

子 类	含 义
Comparators	比较器
Counters	计数器
Decoders	译码器
Encoders	编码器
Flip-Flops & Latches	触发器和锁存器
Frequency Divides &Timer	分频和定时器
Gates &Inverters	门电路和反相器
Memory	存储器
Misc.Logic	混杂逻辑电路
Multiplexers	数据选择器
Multivibrators	多谐振荡器
Phase-locked Loops(PLL)	锁相环
Registers	寄存器
Signal Switcher	信号开关

4）Connectous接头共有8个子类

子 类	含 义
Audio	音频接头
D-Type	D型接头
DIL	双排插座
Header Blocks	插头
Miscellaneous	各种接头
PCB Transfer	PCB传输接头
SIL	单排插座
Ribbon Cable	蛇皮电缆
Terminal Blocks	接线端子台

5）Data Converters数据转换共有5个子类

子 类	含 义
A/D Converters	A/D 转换
D /A Converters	D/A转换
Light Sensors	光传感器
Sample & Hold	采样和保持
Temperature Sensors	温度传感器

6）Debugging Tools调试工具共有3个子类

子 类	含 义
Breakpoint Triggers	断点触发器
Logic Probes	逻辑输出探针
Logic Stimuli	逻辑状态输入

7）Diodes二极管共有8个子类

子　类	含　义
Bridge Rectifiers	整流桥
Generic	普通二极管
Rectifiers	整流二极管
Schottky	肖特基二极管
Switching	开关二极管
Tunnel	隧道二极管
Varicap	变容二极管
Zener	稳压二极管

8）Inductors电感共有3个子类

子　类	含　义
Generic	普通电感
SMT Inductors	表面安装技术电感
Transformers	变压器

9）Laplace Primitives拉普拉斯模型共有7个子类

子　类	含　义
1st Order	一阶模型
2nd Order	二阶模型
Controllers	控制器
Non-Linear	非线性模型
Operators	算子
Poles/Zeros	极点/零点
Symbols	符号

10）Memory ICs存储芯片共有7个子类

子　类	含　义
Dynamic RAM	动态数据存储器
EEPROM	电可擦除程序存储器
RPROM	可擦除程序存储器
I2C Memories	I2C总线存储器
Memory Cards	存储卡
SPI Memories	SPI总线存储器
Static RAM	静态数据存储器

11）Microprocessor ICs微处理器芯片共有13个子类

子　类	含　义
68000 Family	68000系列
8051 Family	8051系列
ARM Family	ARM系列
AVR Family	AVR系列

子　类	含　义
BASIC Stamp Modules	Parallax公司微处理器
HCll Family	HC11系列
Peripherals	CPU外设
PIC 10 Family	PIC 10 系列
PIC 12 Family	PIC 12 系列
PIC 16 Family	PIC 16 系列
PIC 18 Family	PIC 18 系列
PIC 24 Family	PIC 24 系列
Z80 Family	Z80系列

12）Modelling Primitives建模源共有9个子类

子　类	含　义
Analog(SPICE)	模拟（仿真分析）
Digital(Buffers & Gates)	数字（缓冲器和门电路）
Digital(Combinational)	数字（组合电路）
Digital(Miscellaneous)	数字（混杂）
Digital(Sequential)	数字（时序电路）
Mixed Mode	混合模式
PLD Elements	可编程逻辑器件单元
Real time(Actuators)	实时激励源
Real time(Indictors)	实时指示器

13）Operational Amplifiers运算放大器共有7个子类

子　类	含　义
Dual	双运放
Ideal	理想运放
Macro model	大量使用的运放
Octal	八运放
Quad	四运放
Single	单运放
Triple	三运放

14）Optoelectronics光电器件共有11个子类

子　类	含　义
7-Segment Display	7段显示
Alphanumeric LCDs	液晶数码显示
Bargraph Displays	条形显示
Dot Matrix Displays	点阵显示
Graphical LCDs	液晶图形显示
Lamps	灯
LCD Controllers	液晶控制器

子　类	含　义
LCD Panels Displays	液晶面板显示
LEDs	发光二极管
Opt couplers	光电耦合
Serial LCDs	串行液晶显示

15）Resistors电阻共有11个子类

子　类	含　义
0.6W Metal Film	0.6瓦金属膜电阻
10 Watt Wire wound	10瓦绕线电阻
2W Metal Film	2瓦金属膜电阻
3 Watt Wire wound	3瓦绕线电阻
7 Watt Wire wound	7瓦绕线电阻
Generic	普通电阻
High Voltage	高压电阻
NTC	负温度系数热敏电阻
Resistor Packs	排阻
Variable	滑动变阻器
Varisitors	可变电阻

16）Simulator Primitives仿真源共有3个子类

子　类	含　义
Flip-Flops	触发器
Gates	门电路
Sources	电源

17）Switches and Relays开关盒继电器共有4个子类

子　类	含　义
Key pads	键盘
Relays(Generic)	普通继电器
Relay(Specific)	专用继电器
Switches	开关

18）Switching Devices开关器件共有4个子类

子　类	含　义
DICAs	两端交流开关
Generic	普通开关元件
SCRs	可控硅
TRIACs	三端双向可控硅

19）Thermionic Valves热离子真空管共有4个子类

子　类	含　义
Diodes	二极管
Pentodes	五极真空管
Tetrodes	四极管
Triodes	三极管

20）Transducers传感器共有2个子类

子　类	含　义
Pressure	压力传感器
Temperature	温度传感器

21）Transistors晶体管共有8个子类

子　类	含　义
Bipolar	双极型晶体管
Generic	普通晶体管
IGBT	绝缘栅双极晶体管
JFET	结型场效应管
MOSFET	金属氧化物场效应管
RF Power LDMOS	射频功率LDMOS管
RF Power VDMOS	射频功率VDMOS管
Unijunction	单结晶体管

22）ECL10000 系列

23）Electromechanical 电动电机

24）Mechanics 机械电机

25）Miscellaneous各种器件（天线、电池、保险丝等）

26）PICAXE系列单片机

27）PLDs & FPGAs

28）TTL 74XX 系列有12个子类

子　类	含　义
Adders	加法器
Buffers&Drivers	缓冲驱动器
Comparators	比较器
Decoders	解码器
Counters	计数器
Encoders	编码器
Filp-Flops&Latches	触发器
Gate &Inventers	门电路
Misc.Logic	混合逻辑
Multiplexers	数据选择器
Multivibrators	多诺振荡器
Regisers	寄存器

29）常用元器件列表

序 号	元件名称	中文名
1.	AT89C51	51单片机
2.	RESISTORS	电阻
3.	RESISTOR BRIDGE	桥式电阻
4.	POT	滑线变阻器
5.	CAPACITORS	电容
6.	CAPVAR	可调电容
7.	ELECTRO	电解电容
8.	INDUCTOR	电感
9.	INDUCTOR IRON	带铁芯电感
10.	INDUCTOR3	可调电感
11.	MISCELLANEOUS	晶振
12.	Switches&Relays	继电器
13.	PNP	三极管
14.	NPN DAR	NPN三极管
15.	PNP DAR	PNP三极管
16.	NPN-PHOTO	感光三极管
17.	DIODE	二极管
18.	DIODE SCHOTTKY	稳压二极管
19.	DIODE VARACTOR	变容二极管
20.	LED	发光二极管
21.	Optoelectronics	7段数码管
22.	DPY_3-SEG	3段LED
23.	DPY_7-SEG	7段LED
24.	DPY_7-SEG_DP	7段LED(带小数点)
25.	BATTERY	电池/电池组
26.	BUS	总线
27.	AND	与门
28.	OR	或门
29.	NOT	非门
30.	NAND	与非门
31.	NOR	或非门
32.	CLOCK	时钟信号源
33.	D-FLIPFLOP	D触发器
34.	POWER	电源
35.	GROUND	地
36.	LM016L	2行16列液晶
37.	SWITCH	按钮，手动按一下一个状态
38.	SWITCH-SPDT	二选通一按钮
39.	AMMETER-MILLI	mA安培计
40.	VOLTMETER	伏特计
41.	INDUCTORS	变压器
42.	LOGIC ANALYSER	逻辑分析器

序 号	元件名称	中文名
43.	LOGICTOGGLE	逻辑触发
44.	LOGICPROBE	逻辑探针
45.	VTERM	串行口终端
46.	Electromechanical	电机
47.	ANTENNA	天线
48.	BELL	铃,钟
49.	BVC	同轴电缆接插件
50.	BRIDEG 1	整流桥(二极管)
51.	BRIDEG 2	整流桥(集成块)
52.	BUFFER	缓冲器
53.	BUZZER	蜂鸣器
54.	COAX	同轴电缆
55.	CON	插口
56.	DB	并行插口
57.	METER	仪表
58.	LAMP NEDN	起辉器
59.	MICROPHONE	麦克风
60.	MOSFET	MOS管
61.	JFET N	N沟道场效应管
62.	JFET P	P沟道场效应管
63.	MOTOR AC	交流电机
64.	MOTOR SERVO	伺服电机
65.	LAMP	灯泡
66.	FUSE	熔断器
67.	SCR	晶闸管
68.	SW-PB	按钮
69.	THERMISTOR	电热调节器
70.	TRANS1	变压器
71.	TRANS2	可调变压器

附录C 8051指令速查表

8051指令系统的标识符含义：

- Rn（n=0~7）：表示工作寄存器R0~R7。
- Ri（i=0，1）：表示用作地址指针的寄存器R0、R1。
- #data：表示8位常数，也称为立即数。
- #data16：表示16位立即数。
- direct：表示片内RAM的8位存储单元的直接地址，可以是低128B的单元地址，也可以是SFR的地址或符号地址。
- rel：表示补码形式的8位地址偏移量。
- bit：表示片内RAM的位寻址区或是SFR的位地址。
- @：表示间接寻址寄存器指针的前缀符号，用于间接寻址方式。
- /bit：对位先取反再操作，但不改变指定位（bit）的原值。
- addr11：表示11位目的地址，用于ACALL和AJMP指令。
- addr16：表示16位目的地址，用于LCALL和LJMP指令。
- $：表示当前指令的首地址。
- √：表示对标志位有影响。
- ×：表示对标志位没有影响。

8051指令共分为5类：数据传送类、算术运算类、逻辑操作类、控制转移类和位操作类，为方便读者查询，速查表中的指令按字母顺序排列。

指令类别	助记符	功能说明	P	OV	AC	Cy	字节数	周期数
控制转移	ACALL addr11	子程序绝对短调用，调用范围为2KB	×	×	×	×	2	2
算数运算	ADD A, Rn	A与Rn相加，结果送A	√	√	√	√	1	1
算术运算	ADD A, direct	A与直接RAM单元内容相加，结果送A	√	√	√	√	2	1
算数运算	ADD A, @Ri	A与间接RAM单元内容相加，结果送A	√	√	√	√	1	1
算术运算	ADD A, #data	A与立即数相加，结果送A	√	√	√	√	2	1
算数运算	ADDC A, Rn	A与Rn带进位相加，结果送A	√	√	√	√	1	1
算术运算	ADDC A, direct	A与直接RAM单元内容带进位相加，结果送A	√	√	√	√	2	1
算数运算	ADDC A, @Ri	A与间接RAM单元内容带进位相加，结果送A	√	√	√	√	1	1
算术运算	ADDC A, #data	A与立即数带进位相加，结果送A	√	√	√	√	2	1

对标志位的影响表头跨列：P、OV、AC、Cy

指令类别	助记符	功能说明	对标志位的影响				字节数	周期数
			P	OV	AC	Cy		
控制转移	AJMP addr11	绝对短转移，转移范围为2KB	×	×	×	×	2	2
逻辑操作	ANL A, Rn	A与Rn按位相与，结果送A	√	×	×	×	1	1
逻辑操作	ANL A, direct	A与直接RAM单元内容按位相与，结果送A	√	×	×	×	2	1
逻辑操作	ANL A, @Ri	A与间接RAM单元内容按位相与，结果送A	√	×	×	×	1	1
逻辑操作	ANL A, #data	A与立即数按位相与，结果送A	√	×	×	×	2	1
逻辑操作	ANL direct, A	直接RAM单元内容与A按位相与，结果送直接RAM单元	×	×	×	×	2	1
逻辑操作	ANL direct, #data	直接RAM单元内容与立即数按位相与，结果送直接RAM单元	×	×	×	×	3	2
位操作	ANL C, bit	Cy与直接地址位相与，结果送Cy	×	×	×	√	2	1
位操作	ANL C, /bit	直接地址位求反后与Cy相与，结果送Cy	×	×	×	√	2	1
控制转移	CJNE A, direct, rel	A与直接RAM单元内容比较，不相等则转移	×	×	×	√	3	2
控制转移	CJNE A, #data, rel	A与立即数比较，不相等则转移	×	×	×	√	3	2
控制转移	CJNE Rn,#data,rel	Rn与立即数比较，不相等则转移	×	×	×	√	3	2
控制转移	CJNE @Ri,#data,rel	间接RAM单元与立即数比较，不相等则转移	×	×	×	√	3	2
逻辑操作	CLR A	A清零	√	×	×	×	1	1
位操作	CLR C	Cy清零	×	×	×	√	1	1
位操作	CLR bit	直接地址位清零	×	×	×	×	2	1
逻辑操作	CPL A	A内容求反	×	×	×	×	1	1
位操作	CPL C	Cy求反	×	×	×	√	1	1
位操作	CPL bit	直接地址位求反	×	×	×	×	2	1
算数运算	DA A	将A的内容调整为十进制数	√	√	√	√	1	1
算数运算	DEC A	A的内容减1	√	×	×	×	1	1
算术运算	DEC Rn	Rn的内容减1	×	×	×	×	1	1
算数运算	DEC direct	直接RAM单元内容减1	×	×	×	×	2	1
算术运算	DEC @Ri	间接RAM单元内容减1	×	×	×	×	1	1
算数运算	DIV AB	A除以B，商的整数送A，余数送B	√	√	×	0	1	4
控制转移	DJNZ Rn, rel	Rn的内容减1，不等于0则转移	×	×	×	×	2	2
控制转移	DJNZ direct, rel	直接RAM单元内容减1，不等于0则转移	×	×	×	×	3	2
算术运算	INC A	A的内容加1	√	×	×	×	1	1
算数运算	INC Rn	Rn的内容加1	×	×	×	×	1	1
算术运算	INC direct	直接RAM单元内容加1	×	×	×	×	2	1
算数运算	INC @Ri	间接RAM单元内容加1	×	×	×	×	1	1
算术运算	INC DPTR	DPTR内容加1	×	×	×	×	1	2

指令类别	助记符	功能说明	对标志位的影响				字节数	周期数
			P	OV	AC	Cy		
位操作	JB bit, rel	直接地址位为1，则转移	×	×	×	×	3	2
位操作	JBC bit, rel	直接地址位为1，则转移，且将该位清零	×	×	×	×	3	2
位操作	JC rel	Cy为1，则转移	×	×	×	×	2	2
控制转移	JMP @A+DPTR	以DPTR为基址A为偏移量的间接转移，转移范围为64KB	×	×	×	×	1	2
位操作	JNB bit, rel	直接地址位为0，则转移	×	×	×	×	3	2
位操作	JNC rel	Cy为0，则转移	×	×	×	×	2	2
控制转移	JNZ rel	A的内容不为零，则转移	×	×	×	×	2	2
控制转移	JZ rel	A的内容为零，则转移	×	×	×	×	2	2
控制转移	LCALL addr16	子程序长调用，调用范围为64KB	×	×	×	×	3	2
控制转移	LJMP addr16	长转移，转移范围为64KB	×	×	×	×	3	2
数据传送	MOV A, Rn	Rn内容送A	√	×	×	×	1	1
数据传送	MOV A, direct	直接RAM单元内容送A	√	×	×	×	2	1
数据传送	MOV A, @Ri	间接RAM单元内容送A	√	×	×	×	1	1
数据传送	MOV A, #data	立即数送A	√	×	×	×	2	1
数据传送	MOV Rn, A	A的内容送Rn	×	×	×	×	1	1
数据传送	MOV Rn, direct	直接RAM单元内容送Rn	×	×	×	×	2	2
数据传送	MOV Rn, #data	立即数送Rn	×	×	×	×	2	1
数据传送	MOV direct, A	A的内容送直接RAM单元	×	×	×	×	2	1
数据传送	MOV direct, Rn	Rn的内容送直接RAM单元	×	×	×	×	2	2
数据传送	MOV direct1,direct2	直接RAM单元的内容送直接RAM单元	×	×	×	×	3	2
数据传送	MOV direct, @Ri	间接RAM单元内容送直接RAM单元	×	×	×	×	2	2
数据传送	MOV direct, #data	立即数送直接RAM单元	×	×	×	×	3	2
数据传送	MOV @Ri, A	A的内容送间接RAM单元	×	×	×	×	1	1
数据传送	MOV @ Ri,direct	直接RAM单元内容送间接RAM单元	×	×	×	×	2	2
数据传送	MOV @ Ri,#data	立即数送间接RAM单元	×	×	×	×	2	1
位操作	MOV C,bit	直接地址位内容送Cy	×	×	×	√	2	1
位操作	MOV bit,C	Cy内容送直接地址位	×	×	×	×	2	2
数据传送	MOV DPTR,#data16	16位立即数地址送DPTR（惟一的一条16位数据传送指令）	×	×	×	×	3	2
数据传送	MOVC A, @ A+DPTR	将DPTR为基址A为变址的变址ROM单元内容送A	√	×	×	×	1	2
数据传送	MOVC A, @ A+PC	将PC为基址A为变址的变址ROM单元内容送A	√	×	×	×	1	2

指令类别	助记符	功能说明	对标志位的影响				字节数	周期数
			P	OV	AC	Cy		
数据传送	MOVX A, @Ri	外部RAM单元（8位地址）内容送A	√	×	×	×	1	2
数据传送	MOVX A, @DPTR	外部RAM单元（16位地址）内容送A	√	×	×	×	1	2
数据传送	MOVX @Ri, A	A内容送外部RAM单元（8位地址）	×	×	×	×	1	2
数据传送	MOVX @DPTR, A	A内容送外部RAM单元（16位地址）	×	×	×	×	1	2
算术运算	MUL AB	A乘以B，乘积的高8位送B，低8位送A	√	√	×	0	1	4
	NOP	空操作	×	×	×	×	1	1
逻辑操作	ORL A, Rn	A与Rn按位相或，结果送A	√	×	×	×	1	1
逻辑操作	ORL A, direct	A与直接RAM单元内容按位相或，结果送A	√	×	×	×	2	1
逻辑操作	ORL A, @Ri	A与间接RAM单元内容按位相或，结果送A	√	×	×	×	1	1
逻辑操作	ORL A, #data	A与立即数按位相或，结果送A	√	×	×	×	2	1
逻辑操作	ORL direct, A	直接RAM单元内容与A按位相或，结果送直接RAM单元	×	×	×	×	2	1
逻辑操作	ORL direct, #data	直接RAM单元内容与立即数按位相或，结果送直接RAM单元	×	×	×	×	3	2
位操作	ORL C, bit	Cy与直接地址位相或，结果送Cy	×	×	×	√	2	1
位操作	ORL C, /bit	直接地址位求反后与Cy相或，结果送Cy	×	×	×	√	2	1
数据传送	POP direct	直接RAM单元内容压入栈顶单元	×	×	×	×	2	2
数据传送	PUSH direct	栈顶单元的内容弹出到直接RAM单元	×	×	×	×	2	2
控制转移	RET	子程序返回	×	×	×	×	1	2
控制转移	RETI	中断返回	×	×	×	×	1	2
逻辑操作	RL A	A的内容循环左移一位	×	×	×	×	1	1
逻辑操作	RLC A	A的内容带进位循环左移一位	√	×	×	√	1	1
逻辑操作	RR A	A的内容循环右移一位	×	×	×	×	1	1
逻辑操作	RRC A	A的内容带进位循环右移一位	√	×	×	√	1	1
位操作	SETB C	Cy置1	×	×	×	×	1	1
位操作	SETB bit	位bit置1	×	×	×	×	2	1
控制转移	SJMP rel	短转移，转移范围为-128B~+127B	×	×	×	×	2	2
算数运算	SUBB A, Rn	A带借位减去Rn，结果送A	√	√	√	√	1	1
算术运算	SUBB A, direct	A带借位减去直接RAM单元内容，结果送A	√	√	√	√	2	1
算数运算	SUBB A, @Ri	A带借位减去间接RAM单元内容，结果送A	√	√	√	√	1	1
算术运算	SUBB A, #data	A带借位减去立即数，结果送A	√	√	√	√	2	1
数据传送	SWAP A	A的高低4位互换	×	×	×	×	1	1
数据传送	XCH A, Rn	A与Rn的内容互换	√	×	×	×	1	1
数据传送	XCH A, direct	A与直接RAM单元的内容互换	√	×	×	×	2	1
数据传送	XCH A, @Ri	A与间接RAM单元的内容互换	√	×	×	×	1	1
数据传送	XCHD A, @Ri	A与间接RAM单元内容进行低4位互换	√	×	×	×	1	1

指令类别	助记符	功能说明	对标志位的影响				字节数	周期数
			P	OV	AC	Cy		
逻辑操作	XRL A, Rn	A与Rn按位相异或，结果送A	√	×	×	×	1	1
逻辑操作	XRL A, direct	A与直接RAM单元内容按位相异或，结果送A	√	×	×	×	2	1
逻辑操作	XRL A, @Ri	A与间接RAM单元内容按位相异或，结果送A	√	×	×	×	1	1
逻辑操作	XRL A, #data	A与立即数按位相异或，结果送A	√	×	×	×	2	1
逻辑操作	XRL direct, A	直接RAM单元内容与A按位相异或，结果送直接RAM单元	×	×	×	×	2	1
逻辑操作	XRL direct, #data	直接RAM单元内容与立即数按位相异或，结果送直接RAM单元	×	×	×	×	3	2

科 学 出 版 社

科龙图书读者意见反馈表

书　　名 _____

个人资料

姓　　名：_____ 年　　龄：_____ 联系电话：_____

专　　业：_____ 学　　历：_____ 所从事行业：_____

通信地址：_____ 邮　编：_____

E-mail：_____

宝贵意见

◆ 您能接受的此类图书的定价

　　20元以内□　30元以内□　50元以内□　100元以内□　均可接受□

◆ 您购本书的主要原因有(可多选)

　　学习参考□　教材□　业务需要□　其他_____

◆ 您认为本书需要改进的地方(或者您未来的需要)

_____

_____

◆ 您读过的好书(或者对您有帮助的图书)

_____

_____

◆ 您希望看到哪些方面的新图书

_____

_____

◆ 您对我社的其他建议

_____

_____

　　　谢谢您关注本书！您的建议和意见将成为我们进一步提高工作的重要参考。我社承诺对读者信息予以保密，仅用于图书质量改进和向读者快递新书信息工作。对于已经购买我社图书并回执本"科龙图书读者意见反馈表"的读者，我们将为您建立服务档案，并定期给您发送我社的出版资讯或目录；同时将定期抽取幸运读者，赠送我社出版的新书。如果您发现本书的内容有个别错误或纰漏，烦请另附勘误表。

回执地址：北京市朝阳区华严北里11号楼3层

　　　　　　科学出版社东方科龙图文有限公司电工电子编辑部(收)

　　　　　　邮编：100029